사용후핵연료 딜레마

사용후핵연료 딜레마

김명자, 김효민

한국여성과학기술단체총연합회 창립 10주년 기념 총서 시리즈 3

까치

사용후핵연료 딜레마

저자 / 김명자, 김효민

발행처 / 까치글방

발행인 / 박종만

주소 / 서울시 마포구 월드컵로 31(합정동 426-7)

전화 / 02 · 735 · 8998, 736 · 7768

팩시밀리 / 02 · 723 · 4591

홈페이지 / www.kachibooks.co.kr

전자우편 / kachisa@unitel.co.kr

등록번호 / 1-528

등록일 / 1977. 8. 5

초판 1쇄 발행일 / 2014. 5. 20

값 / 뒤표지에 쓰여 있음

ISBN 978-89-7291-562-1 93400

이 도서의 국립중앙도서관 출판시도서목록(CIP)은 서지정보유통지원시스템 홈페이지(http://seoji.nl.go.kr)와 국가자료공동목록시스템(http://www.nl.go.kr/kolisnet)에서 이용하실 수 있습니다. (CIP 제어번호: CIP2014014256)

사용후핵연료 딜레마

차례

서문

어쩌다 보니 그동안 쓴 책이 십여 권이다. 그중 2011년 『원자력 딜레마』, 2013년 『원자력 트릴레마』, 그리고 이번에 출간되는 『사용후핵연료 딜레마』는 원자력 주제의 세 권의 시리즈물이 된 셈이다. 만 3년 사이에 세 권의 원자력 책을 쓰게 된 계기는 2011년 3월에 발생한 후쿠시마 사고의 충격에서 비롯됐다. 어려운 용어에다가 딱딱한 내용을 부드럽게 쓰느라 집필 내내 나름대로 애를 써봤지만, 세 권 모두 뜻대로 되어주지는 않았다. 그러다 보니 전문서적도 아니고 교양서적도 아닌 '튀기'가 되고 말았다. 그래도 정책적으로는 상당히 영향을 미친 것 같다. 그것을 보람으로 여기며, 진짜 마지막이 될 것 같은 이 책을 쓴다. 키보드를 너무 두들겨서 손가락에도 신경통이 생겼고, 눈은 시도 때도 없이 눈물을 흘리고 있어서다.

2013년의 『원자력 트릴레마』는 한국여성과총 10주년 기념 총서로 발간됐다. 필자가 회장직을 하는 동안 수행된 미래창조과학부 지원의 프로젝트의 일부를 책으로 펴낸 것이었다. 이번 책 또한 여성과총의 총서로 나간다. 이번에는 여성과총의 명예회장으로 쓴 것이다. 굳이 여성과총의 이름으로 엮은 이유는 두 가지이다. 첫째, 원자력에 대한 인식은 여성이 남성에 비해 훨씬 부정적이다. 그리고 과학계는 데이터로 말하기를 좋아한다. 그래서 여성이자 과학자의 관점에서 원자력 쟁점을 다루는 것이 '균형 잡기'의 의미가 있으리라 생각했다.

둘째, 여성 과학기술계가 과학기술 관련 사회적 이슈에 대해 무엇을 할 수 있는가를 보이고 싶었다. 여성과학기술단체의 회장으로서 여성계를 지원해야 한다는 목소리를 내는 것에서 한 걸음 나아가, 새로운 접근에 의해 사회적 갈등을 풀어내는 여성계의 역량을 보일 수 있기를 소망했다. 흘러간 얘기지만, 여성도 장관을 잘할 수 있다는 것을 보였다는 평가를 받은 것의 연장선상에서 이제 민감한 사회적 현안에 대해 해법을 제시해야 한다는 욕심을 부린 것이다.

이 책을 쓰면서 문제의식이 있었다. 그것은 한마디로 찬핵과 반핵으로 갈려 평행선을 그리고 있는 우리의 현실을 극복하는 길 찾기라고 할 수 있다. 그리하여 양측의 전문가들이 서로의 관점에 귀 기울여 일정 부분 이해하고 간극을 좁힐 수 있기를 기대하면서, 대화의 장을 마련했다. 그런데 참으로 감사하게도 찬성과 반대의 모든 분들이 초청에 응해주었다. 그래서 쟁점토론을 십여 차례 했다. 그중 하나의 대화를 필자가 재정리하고 다시 발언자들의 검토와 동의를 거쳐 이 책에 사용후핵연료 전문가 원탁토론으로 실었다.

원자력 갈등에서도 언론의 중요성은 아무리 강조해도 지나치지 않다. 언론은 여론을 반영하려니와 또한 언론을 통해 여론이 형성되기 때문이다. 그런 뜻에서 그동안 필자를 인터뷰한 언론사의 보도와 서평 등, 몇몇 원자력 관련 기사를 제4장에 실었다. 보다 대중적인 필치와 감각으로 묘사된 언론계의 시각을 소개함으로써 일반 독자의 이해도와 친밀감을 높일 수 있기를 기대하기 때문이다. 개인적으로는 매우 영광스럽게 생각한다.

사용후핵연료 '딜레마'는 사용후핵연료가 폐기물인가 자원인가를 묻고 있다. 그 물음에 대한 답은 본문에 들어 있다. 몇 마디로 줄인다면 이렇게 정리된다. 사용후핵연료는 국가에 따라 고준위 방사성 폐기물이기도 하고, 또한 재처리가 가능한 핵연료 자원이기도 하다. 그런데 딱하게도 어느 쪽으로 보든 간에 기술적, 경제적으로 미완의 정책과제라는 사실이다. 폐기물로 보는 경우, 고준위 방사성 폐기물의 독성을 낮출 수 있는 기술개발이 이루어지지 않아 암반 심지층에 가두는 것이 현존하는 처리방식이다. 세계 최초로 핀란드에서 짓고 있는 온칼로 시설의 설계수명은 10만 년에 이른다. 미래 세대에 엄청난 환경적 위협을 안겨준다는 윤리적 이슈가 제기되는 이유이다.

한편 재처리의 경우에도 현존 기술로는 경제성이 떨어져 재처리를 포기한다는 국가가 나오고 있다. 바로 영국이다. 또한 국제적으로 핵비확산이라는 원칙에 위배된다는 굴레가 씌워져 있다. 재처리를 한다 해도 물량의 차이일 뿐 고준위 방폐물은 여전히 남는다. 상황이 이렇다 보니, 중간저장기간을 늘리면서 시간을 벌고, 관련 기술개발 추이를 보자는 국가가 많다. 대부분 사용후핵연료 발생 물량이 적다는 것이 특징이긴 하지만……그런 가운데 국내외로 대형 원전 사고에다가 원전 운영의 비리사건들이 잇달아 터져나와 원전 자체를 어떻게 할 것이냐의 사회적 논쟁으로 번지는 형국이 되었다. 그러니 가닥을 잡기가 더욱 복잡하다.

실은 이 책의 원고는 일찍이 준비되어 있었다. 그러나 너무 길었다. 줄이느라 시간이 걸렸다. 마침 사용후핵연료 공론화위원회가 활동을 하고 있으니, 이 한 권의 책이 공론화에 도움이 되었으면 하는 바람도 없지 않다. 이 책이 나오기까지 참고한 문헌은 상당히 방대하다. 그러나 지면 관계로 여기에 출처를 싣지는 못했다. 대표적인 것을 하나만 들면, "*Nuclear Energy : What Everyone Needs To Know*"(Charles E. Ferguson, Oxford University Press, Inc., 2011)이다. 거기서 미국의 상황 등을 참조했다.

이 책에는 미래창조과학부가 지원한 프로젝트의 일부 내용이 실려 있다. 원자력 안전에 관한 포럼이다. 필자는 요즈음 후배와 젊은 인재를 돕고 함께 일하는 데서 가장 큰 보람을 느끼고 있다. 그런 노력의 일환으로 이번에는 울산과학기술대학교의 김효민 교수와 공저로 펴내게 되었다. 과학기술정책학을 전공한 젊은 여교수가 이런 분야에서 연구 성과를 거둘 수 있기를 기대한 나의 권유가 잘 먹혀들었던지 김 교수는 해외 학술지에 계속 논문을 내고 있다. 자료 검색과 정리에 오랫동안 애쓴 박혜린 연구원의 기여도 컸다. 그린코리아21의 인턴을 지내고, 카이스트 대학원을 졸업한 그는 지금 GS 칼텍스 연구원으로 재생 에너지 분야에서 일하고 있다.

원고 교정을 보는 데 그린코리아21의 백광훈 연구원(카이스트 과학기술정책대학원 석사)과 여성과총의 최수경 연구원이 합류했다. 그 이전의 자료 검색에는 필자가 초빙교수로 있는 카이스트의 학생들이 그동안 인턴으로 일하면서 애를 써주었다. 진보라 서울대 기술경영정책대학원 과정 대학원생, 이이봉 MIT 과학기술정책학 석사(미국에서 에너지 기업 연구원), 박성윤 카이스트 과학기술정책대학원 학생 등이 그들이다.

한번 맺어진 인연은 소중하게 간직되어야 한다는 평소의 믿음대로, 이 책도 역시 까치에서 내고 있다. 그러고 보니 이것이 까치에서 나온 나의 네 번째 책이다. 팔리지도 않는 이런 책을 계속 내주셨으니, 박종만 대표께 감사를 드려 마땅하다.

2014년 5월

저자 김명자

제1장

사용후핵연료 Q & A

1. 에너지 안보와 원자력

• 에너지 안보란 무엇인가?

에너지 안보는 에너지원의 가용성, 신뢰성, 경제적 합리성을 따지는 개념이다. 에너지 안보를 확보하려면 우선 공급원이 확보돼야 하고, 필요할 때 안정적으로 공급받을 수 있어야 하고, 합리적인 가격으로 에너지 수급의 균형이 이루어져야 한다. OPEC(Organization of Petroleum Exporting Countries)은 원유 가격이 너무 낮거나 높아지지 않도록 원유 공급을 조절하고 있다. 이런 가이드라인에 의해 쿼터를 지키지 않는 경우에는 세계 원유시장에 교란이 생기기 때문이다.

에너지 소비국은 특정 국가에 대한 에너지 공급 의존도가 지나치게 되는 것을 꺼린다. 영국의 윈스턴 처칠은 "석유 공급의 안전성과 확실성은 다원화로부터 확보된다"는 말을 남겼다. 처칠은 제1차 세계대전 직전 해군 장성일 때 영국 해군의 에너지원을 석탄에서 석유로 바꾸는 결정을 내렸었다. 석탄에 비해 석유가 단위 부피당 에너지 함량이 높고 연료 충전이 쉽기 때문이다. 당시 영국의 형편은 석유 시추가 여의치 않았다. 이후 영국은 원유 수입원을 다변화해야 한다는 처칠의 금언을 어기고 이란에 크게 의존하게 된다. 그 과정에서 영국은 이란 정부에 대한 통제에 나서, 1953년 8월 미국과 함께 모하마드 모사데크 수상의 내각을 쿠데타로 몰아내는 데 동조하고 리자 샤 팔레비를 실질적인 독재자로 옹립한다. 이 사건으로 인해 이란의 리더십과 이란 국민은 미국과 영국에 대한 적개심을 갖게 되었다. 이 사례는 안정적인 에너지 공급원의 확보가 지정학적으로 외교관계에 끼친 영향으로 해석되고 있다.

에너지 안보를 위해서는 에너지 생산의 자체 인프라의 구축이 중요하다. 브라질은 최근 연안 석유 탐사에 집중 투자하면서, 동시에 자동차 연료로 사탕수수 에탄올 위주의 바이오 연료 생산에도 투자를 하고 있다. 수십 년간 투자의 결과로 수송용 연료 공급의 자립도가 높아지고 있다.

원전 보유국은 우라늄의 안정적 공급과 원자로 공급원의 다양화를 꾀하고 있다. 한두 가지 유형의 원자로 설계를 선택하는 경우라도 정책결정 단계에서는 다양한 원자로 설계를 고려하면서 각각의 이점과 리스크를 비교하는 등 공급자 간에 경쟁을 붙여서 구매 가격을 끌어내리는 전략을 쓰는 것이 통상적이다.

• 원자력 발전은 언제 시작되었나?

원자력 에너지는 핵융합, 핵분열, 방사성 붕괴로부터 생긴다. 핵분열은 무거운 원자가 두 개 이상의 입자로 쪼개지는 반응이다. 핵융합은 두 개 이상의 가벼운 원자가 서로 합쳐지는 반응이다. 방사성 붕괴는 방사능 원자가 안정된 상태로 되면서 에너지를 방출하는 것이다. 아인슈타인은 이 세 가지 과정에서 빛의 속도의 제곱에 비례하는 막대한 에너지가 발생한다는 사실을 방정식으로 구해냈다.

역사적으로 최초의 상업용 원자력 발전시설은 1956년 가동된 영국 콜더 홀(Calder Hall) 원전이다. 그러나 민수 전용이 아니라 군사용 플루토늄 생산도 겸하고 있었다. 최초의 본격적인 상업용 원전은 1957년 말 미국 펜실베이니아 주의 시핑포트(Shippingport) 원전이 효시이다. 당시 설비 용량은

50MWe이었다. 이 노형은 1953년 유엔 총회에서 아이젠하워 대통령이 선언한 '원자력의 평화적 이용'의 최초의 결실인 1955년 노틸러스(Nautilus) 잠수함에 장착된 가압경수로형(PWR)이었다. 세계적으로 가장 널리 보급된 원자로 노형이 바로 이것이다. 당시 가압경수로는 재원이 많이 들고, 화석연료 발전에 비해 운영비가 많이 든다는 약점이 있었으나, 실험과 실제 운영에서 성능이 좋은 것으로 평가되었다. 이후 10년 동안 미국의 초기 원자로 12기 가운데 10기가 시핑포트 원자로 설계 모델이었다. 핵연료로는 저농축 우라늄을 사용했다.

• 우리나라를 비롯하여 세계적인 원자력 발전 현황은?

2014년 기준 세계 31개국이 원전을 도입하고 있다. 원전이 가장 많이 분포된 지역은 유럽이다. 북미 대륙에는 캐나다, 멕시코, 미국이, 아시아 지역에는 인구 대국인 중국, 인도가 원전 보유국이다. 중국은 아직은 원전 비중이 낮지만, 앞으로의 건설계획은 가장 규모가 크다. 오스트레일리아는 우라늄 공급국이지만 상업용 원전은 없다. 최근에는 원전 개발을 둘러싸고 토론과 협의가 이루어지고 있다.

아프리카 대륙에서는 남아프리카 공화국만이 1기의 원전을 보유하고 있다. 최근 알제리, 이집트, 리비아, 나이지리아가 원전 도입에 관심을 보이고 있다. 남아메리카에서는 아르헨티나와 브라질이 원전을 소유하고 있으며, 칠레와 베네수엘라도 관심을 보이고 있다. 우리나라는 2014년 2월 기준으로 4개 원전 부지에 23기가 가동되고 있고, 건설 중인 원전이 5기, 계획 중인 원전은 6기이다. 원자력 발전의 비중은 미국의 19%에 비해 30%로 높은 편이다.

• 앞으로의 원전 확대 전망은?

2011년 후쿠시마 사고 이전에는 원전의 신규 도입을 고려하는 국가 수가

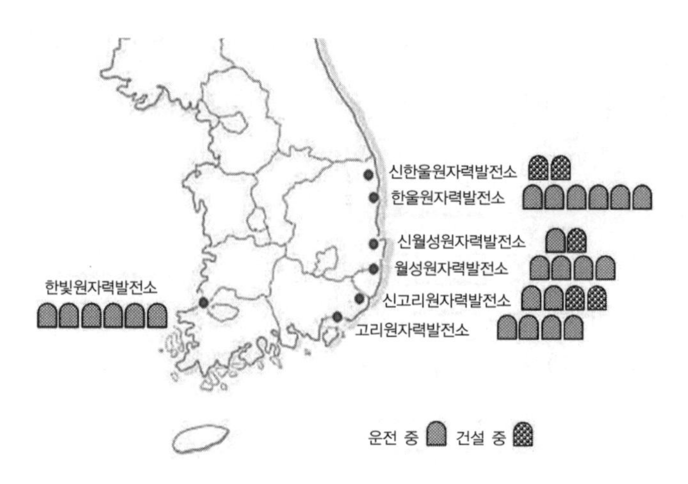

운전 중 원자력 발전소

구분	PWR(가압경수로)형	PHWR(가압중수로)형	합계
운전 중 원전	19기	4기	23기
설비 용량	17,937MWe	2,779MWe	20,716MWe
소재 지역	고리 본부(6기) : 부산 기장군 한빛 본부(6기) : 전남 영광군 한울 본부(6기) : 경북 울진군 월성 본부(1기) : 경북 경주시	월성 본부(4기) : 경북 경주시	

〈그림 1. 1〉 국내 원전 현황
[자료 : 한국수력원자력(주), 2014년 2월 5일 현재]

크게 늘어나고 있었으나, 사고로 인해 일단 관망세로 돌아선 추세이다. 사고 이후 원전 안전기준이 강화되고 사회적 수용성이 악화되고 재생 에너지 보급이 높아지는 등 충격이 크다. 이집트와 터키 등은 이미 원전 신규 도입을 시도한 적이 있었다. 최근 원전 도입에 나선 국가가 사우디아라비아, 아랍에미리트 등이었다. 아랍에미리트는 투자 여력이 있는 국가로 분류되고, 실제로 2009년 12월 한국과 계약을 체결하고 건설이 진행되고 있다. 아랍에미리트가 한국을 선택한 이유로는 공기(工期)가 비교적 짧고, 가격이 낮다는 요인이 작용했다는 것이 국제적 평가다. 가장 최근에 건설된 한국의 원자로는 4년 남짓 걸렸다. 주요 경쟁사였던 프랑스의 아레바 관계자는 아랍에미리트가 가장 안전한 설계인 아레바의 EPR-1600 대신 낮은 가격을 택한 것은 실수라고 불평했다는 사실은 잘 알려져 있다.

새로운 경향을 보면, 원전 도입 검토 국가들이 지역적으로 인접한 클러스터를 이루고 있다는 점이다. 특히 중동과 북아프리카의 아랍 국가들이 원전 도입에 관심을 표하고 있는데, 이에 대해 핵비확산을 주장하는 전문가들은 이란의 핵무기 프로그램과 관련이 있는 것으로 분석한다. 이란의 핵무기 보유 현실화에 대비하기 위해 핵개발의 옵션을 고려하는 것이란 해석이다. 막대한 물량의 원유와 천연가스를 보유한 지역의 국가들이 원전을 건설하려는 것은 원유와 천연가스가 편중되어 분포되어 있다는 사실과도 연관된다. 예를 들면, 요르단과 예멘에는 원유와 천연가스 자원이 거의 없다. 사우디와 아랍에미리트는 석유 자원을 다량 보유하고 있으면서도 수출을 위해 원전 등의 대체 에너지가 필요하다고 주장한다.

원자력의 클러스터는 동남아시아에도 존재한다. 원전 도입을 고려하고 있는 인도네시아, 필리핀, 타이, 베트남 등이 이에 해당된다. 남아메리카에서는 칠레, 에콰도르, 그리고 베네수엘라가 관심을 표하고 있다. 아프리카 사하라 이남 지역에서는 가나, 나미비아, 나이지리아가 원전을 도입할 것으로 보인다. 그러나 원전을 신규로 도입하려면 여러 가지 장애 요인을 극복해야 한다. 안전규제 기관, 원전 건설과 운영의 전문인력 확보, 안전의식 확보는 물론 건설과 운영에 들어가는 장기간의 막대한 자본을 확보해야 하기 때문이다. 지역사회의 수용성도 걸림돌이 될 수 있고, 사용후핵연료 관리도 수백 년이 걸리는 장기사업이다.

• 원전의 경제성은 어떻게 평가할 수 있는가?

원전의 경제성이 다른 발전원에 비해 어떤가는 주요 관심사이다. 원자력 발전 비용은 발전소 건설비, 운용과 유지보수비(연료 구입 비용 포함), 폐로와 폐기물 처리 비용을 모두 포함한다. 특히 원전의 경우에는 잠재적 공격에 대비한 경비원, 게이트와 방화벽 설치 비용 등이 추가되고, 사고에 대비한 배상책임보험도 포함되어야 한다. 민영화 체제의 경우에도 그러한 비용을 모두 사업자가 부담하지는 않는다. 정부가 항공보안 시설에 투자하여 원전 대상의 비행기 추락 테러 등의 위험에 대비한다. 또한 원전 사고에 대비하는 배상책임보험 부담에 대해 상한제를 도입하고 있다.

원자력 발전소는 여러 달 동안 최고 출력에 가깝게 가동할 수 있도록 설계되므로 기저부하 전력의 공급원으로 적절하다. 기저부하란 하루 24시간, 일주일 내내 전력 시스템을 가동할 때 얻어지는 전력량을 뜻한다. 기저부하를 넘어서는 전력 수요는 첨두부하용 전력원(peaking power source)으로 충당한다. 예를 들어, 천연가스 화력 발전소는 수요 변화에 빠르게 대응할 수 있어 첨두부하용으로 쓰인다. 물론 기저부하 공급원으로도 쓸 수 있으나 가격이 비싸기 때문이다. 석탄 화력 발전소도 주요 기저부하 전력원이다. 수력과 지열 발전소도 기저부하 전력원이 될 수 있지만, 조건이 충족되는 지역에서만 가능하다.

그런데 석탄, 천연가스, 원자력의 발전 비용을 비교하는 일은 그리 단순치 않다. 원전은 초기 자본 비용은 가장 높지만 연료 비용이 상대적으로 낮고 예측 가능하다는 점이 유리하다. 천연가스 발전소는 초기 자본 비용이 원자력보다 덜 먹히지만 연료 비용이 비싸고 가격 변동폭이 크다. 석탄 발전소는 두 가지 비용에서 중간에 속한다.

전 세계적으로 원전의 경제성 평가는 나라마다 시기에 따라서도 차이가 난다. 특히 세계적으로 대형 사고가 발생하는 경우 안전강화 조치로 인해 모든 국가에서 비용이 올라가게 된다. 미국은 30년간 신규 건설사업이 없었기 때문에 비용을 산출할 근거도 별로 없는 형편이다. 발전소 건설비에 재무 비용을 어떻게 추가할 것인가도 논란거리이다. 비용의 최종 가격에 모든 재무 비용을 포함시켜야 할 것인지 또는 오버나이트 코스트(overnight cost)

를 반영할 것인지가 쟁점이다. 다시 말해서 발전소 시공에 걸리는 시간을 재무 비용이 필요 없는 단 하루라고 가정하고 건설 자체의 비용만 포함시켜야 하는지의 문제가 따른다. 앞의 것은 보다 정확한 비용이 되지만 후자의 계산방식보다 훨씬 높은 가격이 될 수밖에 없다.

2009년 MIT의 연구에서는 원전의 비용을 오버나이트 코스트 기준으로 1KW당 4,000달러(2007년 기준)로 산출했다. 따라서 1,000MW급 원전의 경우 건설비만 40억 달러가 된다. 여기에 건설 기간과 이자 비용 등으로 20억 달러 이상이 추가될 수도 있다. 신규 원전은 1,000MW급(1,400-1,600MW급까지 상용화)이므로 신형 원자로의 건설비는 90억 달러까지 오를 수도 있다. 이에 비해 천연가스와 석탄 발전소 건설의 단순 비용은 KW당 각각 850달러와 2,300달러이다. 또한 원전에 비해 공사 기간이 짧기 때문에 전체 건설 비용도 상당히 낮아진다. 특히 최근 미국에서는 천연가스 가격이 더 떨어져서 비용 경쟁력이 더 커졌다.

그러나 원전은 초기 자본집약적 산업이지만, 자본 비용, 연료비, 유지 보수비를 40년에서 60년의 운영 기간 동안 분할 상환하는 경우에는 운영비를 낮출 수 있다. 자본 비용 상환이 끝난 뒤에는 원전이 석탄과 천연가스 발전소에 비해 유리해진다. 민영화 체제에서는 정부 대출 보증으로 원전의 초기 재무 리스크를 줄일 수 있다. 그러나 발전소 건설 프로젝트가 파산하는 경우에 대비하여 납세자를 위한 적절한 방어장치를 해야 한다.

• 원전 건설로 전력 수요 증가를 해결할 수 있을까?

현재 원자력은 세계 총 전력 수요의 15% 정도를 담당하고 있다. 전력 수요는 2010년과 2030년 사이에 거의 두 배가 될 것으로 전망된다. 이 예측은 평균적인 에너지 효율 향상을 가정한 것으로 효율화에 의해 발전소 건설 수요가 낮아질 가능성도 있다. 만일 이대로 원자력 비중이 유지된다고 가정한다면, 앞으로 20년 내에 수요 증가에 맞춰 원자력 발전도 두 배가 되어야

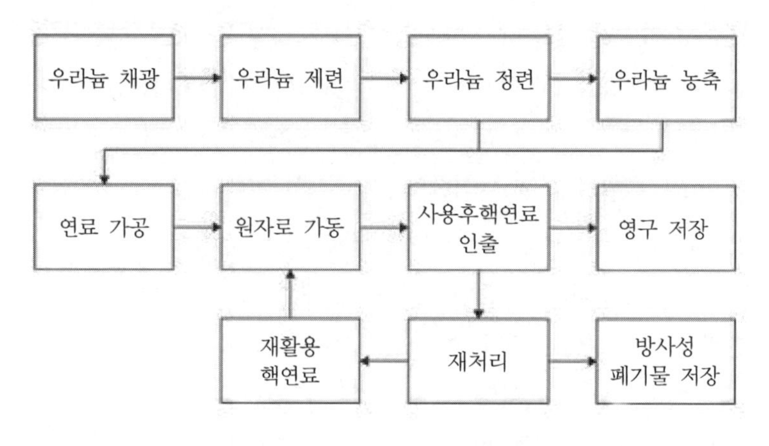

〈그림 1. 2〉 핵연료 사이클

한다. 그렇다면 1980년대 원전 건설의 전성기 때와 비슷한 속도로 원전이 증설되어야 한다는 계산이 나온다. 그러나 그렇게 원전 르네상스가 도래할지는 불확실하다. 사회적 수용성과 경제성, 다른 에너지원의 개발과 보급, 경제성장 속도, 그리고 원전산업의 전문인력과 원전 부품 공급 등 역량 확충 등이 변수이기 때문이다. 또한 사용후핵연료의 관리 등 핵연료 후행주기 관리의 능력도 관건이 될 것이다.

• 핵연료는 어떻게 제조하나?

원자로용 핵연료는 여러 단계를 거쳐 제조된다(〈그림 1. 2〉). 핵연료 주기의 시작은 우라늄 채광이다. 피치블렌드, 우라나이트 등이 우라늄 광원이다. 인 광석, 갈탄 등도 우라늄을 함유하고 있다.

제련(milling)은 원광으로부터 우라늄 광을 분리하는 단계이다. 여기서 '옐로 케이크(Yellow Cake)'라는 노란색의 농축 우라늄 광이 만들어진다. 그러나 이것은 핵연료가 될 수 없고, 정련(conversion)을 거쳐야 천연 우라늄 연료 제조나 우라늄 농축 공정에 들어갈 수 있는 상태가 된다. 정련 공정에서는 저농축 우라늄 원료 제조에 쓰이는 핵분열성 동위원소인 우라늄-235

의 농도가 높아지게 된다.

대부분의 원자로에서는 이산화우라늄을 연료로 쓰는데, 빻아서 연료 펠렛으로 압축해 사용한다. 연료 펠렛을 긴 막대 모양으로 쌓고, 이것을 여러 개 묶어서 핵연료 집합체 한 개를 만들게 된다. 핵연료 집합체의 모양은 단단한 금속 꺾쇠로 이어진 10개 이상의 길고 가는 연료봉이다. 최대 길이는 수 미터이고 최대 지름은 10밀리미터이다. 막대 사이사이로는 핵연료를 냉각시키는 냉각수가 흐르게 된다. 상업용 원자로에서는 여러 개의 핵연료 집합체를 연결시켜 연료를 공급한다.

연료는 대개 여러 해 동안 원자로 속에 들어 있게 된다. 그 속에서 우라늄-235는 핵분열 반응에 의해 에너지를 방출하면서 전기를 생산한다. 우라늄의 핵분열 과정에서는 중성자도 방출된다. 핵분열이 한 번 일어날 때마다 두세 개의 중성자가 방출되는데, 그중 적어도 하나는 우라늄-235 원자핵에 흡수되어 핵분열 반응을 계속 일으킨다. 또한 중성자는 연료 안의 우라늄-238의 핵 또는 원자로 내의 다른 물질의 핵으로 흡수된다.

우라늄-238 핵이 중성자를 흡수하면 넵투늄-239로 붕괴된다. 이것이 다시 붕괴되어 핵분열성 물질인 플루토늄-239가 생성된다. 이렇게 생긴 플루토늄의 대부분은 다시 핵분열을 일으키면서 원자로가 에너지와 전기 생산에 기여한다. 즉 원자로에 따로 플루토늄을 넣지 않는데도 원자로 내의 반응으로 플루토늄이 생성되어 전기 생산에 쓰이고 있는 것이다.

• 우라늄 연료의 고갈 가능성은?

지구의 육지와 바다에는 우라늄이 많이 매장되어 있다. 다만 우라늄 채굴의 경제성이 문제다. 채광회사는 원광 채굴 비용보다 우라늄 판매로 더 수익을 얻어야 한다. 그런데 채광 비용은 원광의 위치, 우라늄 함유량, 채굴방식, 우라늄 수요에 따라 달라진다. 양질의 원광은 우라늄 농도가 높고(1% 이상), 화학적인 추출 과정이 거의 필요 없고, 지표면에 가깝게 매장된 것을 말한다. 1,000MW급 원자로는 매년 25톤 정도의 농축 우라늄을 필요로 하는데, 이 물량은 원광 5만 톤으로부터 200톤의 산화 우라늄을 추출해야 얻을 수 있고, 여기서 25톤의 농축 우라늄 핵연료를 얻을 수 있다.

쓸모 있는 우라늄의 매장량에 대해서는 정확한 정보가 없다. 원자력에너지협회(Nuclear Energy Agency)는 정기적으로 우라늄 가격을 기준으로 매장량을 발표하고 있다. 가령 우라늄 1킬로그램당 가격을 130달러로 놓고 현재 우라늄 수요가 연간 6만8,000톤이라고 할 때, 가채 매장량은 4,700만 톤 이상이다. 현재의 수요를 가정한다면 앞으로 70년간 이 가격으로 우라늄을 확보할 수 있다는 계산이 나온다. 만일 원전 수요가 크게 증대되는 경우에는 우라늄 채광과 탐사의 인센티브도 높아질 것이고, 우라늄 공급을 늘리게 될 것이다. 바다 속에는 수백 년간 원전을 운영할 수 있는 우라늄광이 있다. 그러나 지표 채광에 비해 훨씬 더 비용이 든다. 우라늄 수요가 계속 올라간다면 기술 혁신에 의해 비용을 낮추어 해양으로 진출하게 될 것이다.

에너지 안보의 관점에서 우라늄 광산의 위치는 중요한 이슈이다. 대부분의 우라늄 광산이 독재정권에 의해 통제되는 경우 국제적 위협이 될 것이다. 우라늄 광은 여러 나라에 분포되어 있는데, 오스트레일리아와 캐나다가 최대 공급국이다. 요르단은 최근 풍부한 우라늄 광원을 찾아내 주목을 받고 있다. 중국도 주요 우라늄 공급국이면서도 최근 최고 공급국 중 하나인 카자흐스탄과 공급 계약을 체결했다. 이는 중국의 대규모 원자력 확대계획에 따르는 핵연료 확보 전략으로 해석된다. 현재 장기간 연소시킬 수 있는 핵연료가 개발되고 있어, 우라늄-235의 효율이 높아질 것으로 전망된다.

• 우라늄 농축이란?

우라늄 농축방법에는 여러 가지가 있으나, 현재 세계 표준은 원심분리 기술이다. 기술 혁신이 이루어진다면 언젠가는 레이저 농축기술이 도입될 것으로 전망된다. 여기서 우라늄 농축의 역사를 간략히 살펴보자. 최초의 농축 우라늄은 제2차 세계대전 중 원자탄을 개발한 맨해튼 프로젝트에서 제조되었다. 핵폭탄 제조에는 고농도 농축 우라늄이 필요하다. 그 당시에는 세 가지 방식이 도입되었는데, 전자기적 동위원소 분리(Electromagnetic Isotope Separation, EMIS), 열 확산, 그리고 기체확산 방식이었다.

전자기적 동위원소 분리는 입자가속기를 써서 우라늄-238로부터 우라늄-235를 분리하여 농도를 높이는 방식이다. 그러나 수율이 낮아 비효율적이고, 시간이 오래 걸리고, 수십만 개의 EMIS 가속기와 막대한 에너지를 필요로 하는 등 단점이 많았다. 맨해튼 프로젝트에서는 1940년대 초 테네시의 오크리지 Y-12 발전소에서 칼루트론을 사용했다. 핵무기를 보유한 5개국이 EMIS 시험 등 어느 정도 이 방식을 사용하긴 했지만, 효율성 때문에 폐기된 것으로 알려졌다. 후에 밝혀진 바로, 이라크는 1980년대와 1990년대 초까지도 이 전자기 기술개발을 추진하고 있었다. 이는 EMIS 방식 기술 정보가 기밀사항이 아니었기 때문에 가능했던 것으로 추정된다.

두 번째로 개발된 농축방식은 열 확산법이다. 열을 가하면 가벼운 물질은 무거운 물질에 비해 더 빨리 올라간다는 원리를 이용한 것이다. 열 확산법은 제2차 세계대전 중에 테네시의 오크리지에서 1퍼센트 농도의 우라늄 제조에 쓰였다. 오크리지에서 농축된 우라늄은 앞의 전자기적 동위원소 분리를 위한 주입 물질로 쓰였다. 열 확산 시설은 기체확산 시설이 맨해튼 프로젝트 개발 시기에 가동되면서 해체된다.

세 번째 방식인 기체확산법은 우라늄-238과 우라늄-235를 분리하는 데 기체 분자의 분출(effusion) 원리를 이용한 것이다. 분출이란 가벼운 기체가 무거운 기체보다 작은 구멍을 더 빠르게 통과하는 과정과 연관된다. 기체확산법 농축시설에는 기체를 고압실에서 저압실로 보내는 압축기, 그리고 고압실과 저압실 사이의 다공성 격막으로 이루어진 확산단계 시설로 구성된다. 각각의 확산단계 시설은 파이프를 통해 다음 확산단계 시설로 이어진다. 우라늄 기체확산 시설에 주입되는 기체는 두 가지이다. 하나는 불소화합물인 육불화우라늄-235이고 다른 하나는 육불화우라늄-238이다. 우라늄 원자 하나에 여섯 개의 불소 원자가 결합되었다는 뜻이다.

두 기체의 속력 차이는 0.4% 정도이다. 따라서 저농축 우라늄 제조에도 수없이 많은 확산단계를 거쳐야 한다. 원자로나 폭탄 제조에 쓰일 만큼 고농축 우라늄을 얻으려면 수천 번의 확산단계가 필요하다. 이 시설도 에너지 소모가 매우 크다. 미국과 프랑스는 2011년 초반까지도 상업용 기체확산 시설을 보유하고 있었는데, 훨씬 더 에너지 효율이 높은 원심분리 방식으로 대체하는 일을 추진하게 된다.

원심분리 방식은 회전하는 물체에 작용하는 원심력을 이용하는 방식이다. 원심분리기를 돌리면 가벼운 우라늄-235 육불화물 기체 분자보다 무거운 우라늄-238 육불화물 기체 분자가 더 큰 힘을 받게 된다. 따라서 무거운 기체 분자는 원심분리기 로터의 중심에서 멀어지고, 벽에 가까운 곳에 쌓이게 된다. 이 벽 근처에 있는 스쿠프를 따라서 우라늄-238 기체가 빠져나가게 되고 감손(depleted) 우라늄이 얻어진다. '감손'이란 천연 우라늄에서보다 우라늄-235의 농도가 낮다는 의미이다.

원심분리 방식에서도 농축은 여러 단계를 거치면서 점진적으로 이루어진다. 따라서 원하는 수준의 농도를 얻기 위해서는 여러 원심분리기가 배관을 통해 함께 연결되어야 한다. 보통 몇십 개 또는 몇백 개의 원심분리기가 연결되는데, 이런 배열을 "캐스케이드"라 부른다. 필요한 농도의 우라늄-235로 농축하려면 시설 하나에 수십 개의 캐스케이드가 설치될 수도 있다. 캐스케이드 간의 연결이나 각각의 캐스케이드 내에서 원심분리기가 배치된 방식을 보면, 그 시설이 저농축 우라늄, 즉 상업용 원자로의 핵연료 생산을 위한 설계인지 여부를 알 수가 있다. 핵 사찰단이 이란이 핵무기 개발을 하고 있는지를 평가하려면 농축시설의 설계를 점검하면 되는 것이다.

• 핵확산 우려는 무엇 때문인가?

그동안 국제적으로 이란에 대한 핵확산 우려가 컸다. 이란이 암시장을 통해 우라늄 농축시설을 지었기 때문이다. '파키스탄 핵의 아버지'라는 압둘 카디르 칸은 1970년부터 2004년 사이 비밀 네트워크를 운영했고, 2004년 파키스탄 TV에 출연하여 자신이 금지된 핵 기술 거래의 책임자라고 자백했다. 칸이 운영한 암시장은 아프리카, 아시아, 유럽 등 12개국 이상과 연결되어 있었고, 이란, 리비아, 북한에 원심분리 농축 설비와 관련 지식을 전수해준 것으로 나타났다. 이는 우라늄 농축이 군사용과 상업 발전의 이중 용도를 가질 수 있음을 보여주는 사례이다.

• 한미원자력협정의 주요 내용은 무엇인가?

한미원자력협정은 '원자로 및 연구용 원자로의 설계, 건설 및 가동과 원자력의 기타 평화적 이용과 연구개발'에 관한 한국과 미국 정부 간의 양자 협정을 가리킨다. 공식 명칭은 "원자력의 민간이용에 관한 대한민국 정부와 미합중국 정부 간의 협력을 위한 협정(Agreement for Cooperation between the Government of the Republic of Korea and the Government of the United States of America concerning Civil Use of Atomic Energy)"이다. 최초로 체결된 것은 1956년이었고, 이후 1974년 6월에 개정안이 나왔는데 그 효력은 41년 기간으로 되어 있다. 따라서 만기가 다가오자 협상을 진행했으나, 협상이 종결되지 못함에 따라 2013년 4월, 원래 2014년 3월이 만기였던 현행 협정의 만기를 2016년 3월 19일까지로 연장하는 데 합의하게 되었다.

• 한미원자력협정 개정협상의 주요 쟁점은 무엇인가?

우리나라 입장에서 한미원자력협정 개정의 목표는 핵연료의 안정적 공급과 핵폐기물 처리방안으로써 재처리, 그리고 농축과 파이로프로세싱 등이 핵심 이슈이다. 첫째, 농축에 관한 우리 정부의 입장은, 핵연료 조달에 한국이 매년 9,000억 원을 지출하고 있으므로 안정적이고 경제적인 핵연료 공급을 위해 직접 농축이 필요하다는 주장이다. 우리나라가 원하는 수준은 '평화적 이용'을 위한 저농축이므로 미국이 우려하는 핵확산의 우려와는 상관이 없다는 논리이다.

그러나 미국의 입장은 이와는 크게 차이가 난다. 예를 들어 로버트 아인혼 전 미국 국무부 비확산·군축 담당 특보가 2013년 10월 한국 방문에서 밝힌 골자는 이러하다. 현재의 핵연료 시장 상황으로는 우라늄의 공급이 충분하기 때문에 직접 농축이 필요하지 않고, 안정적인 핵연료 확보를 원한다면 외국의 우라늄 농축 업체를 인수하거나 지분을 확보하면 된다는 것이다.

둘째, 우리 정부는 우리에게도 재처리가 허용되어야 한다는 주장이다. 사용후핵연료 처분시설 건설에는 지질 적합도 실증이나 부지 확보를 위한 사회적 합의에 오랜 시간이 걸리는 등 애로가 크므로 사용후핵연료의 재활용을 위한 파이로프로세싱을 도입해야 한다는 주장이다. 그리고 파이로프로세싱 기술은 핵확산성이 없다고 보고 재처리가 아닌 재활용으로 구분하는 것이 정부의 입장이다.

그러나 미국의 입장은 이와는 거리가 멀다. 미국의 에너지부 산하 7개 핵연구소의 보고서에 따르면, 파이로프로세싱에서 나오는 플루토늄 혼합물에서 플루토늄을 추출할 수가 있어 결과적으로 기존의 재처리와 다르지 않다는 결론을 내리고 있다.

또한 파이로프로세싱 기술이 2025년경에 실용화된다고 가정하더라도, 이러한 재생 핵연료를 사용할 수 있는 고속로는 빨라야 2040년 이후에 상업화될 수 있다고 보아, 현재 한국이 제시하고 있는 사용후핵연료 재처리 문제 해결에 도움을 줄 수 없다는 것이 미국 측의 입장이다. 미국은 자국이 재처리를 하지 않는 상황에서, 한국이 주장하는 재처리와 농축에 동의하는 경우 핵비확산 목표가 훼손될 것이라는 시각을 고수하고 있다.

2. 원자력 안전

• 방사능(radioactivity)이란 무엇인가?

모든 원소는 동위원소를 갖고 있다. 동위원소란 원자번호는 같지만 원자량이 다른 원소, 즉 핵 내부의 양성자 숫자는 같지만 중성자 숫자가 다른 원소를 가리킨다. 불안정한 동위원소는 에너지를 방출하고 안정화되는데, 대부분 방사선을 방출한다. 방사선 방출에서 두 개의 양성자와 두 개의 중성자로 이루어진 헬륨 핵을 내어놓는 경우가 있는데 이를 알파선(alpha radiation)이라 한다.

1899년 영국의 핵물리학자인 러더퍼드(E. Rutherford)는 알파선과 베타선(beta radiation)을 발견한다. 우라늄에서 방출된 방사선은 전기적으로 중성인 원자로부터 전자를 제거하여 양이온으로 만드는데, 이 과정을 이온화라고 한다. 러더퍼드는 이온화 작용이 더 강력한 입자를 그리스 알파벳의 첫 글자를 따서 알파(alpha)라 이름 붙였고, 덜 강력한 입자를 베타(beta)라고 명명했다. 베타 입자는 양전자 또는 음전자로 이루어진다. 알파 입자는 베타 입자보다 전하가 두 배라서 이온화 포텐셜이 더 크다. 그러나 베타 입자는 속도가 더 빠르기 때문에 투과력이 더 크다. 예를 들면, 종이는 알파 입자를 차단할 수 있지만, 베타 입자는 차단하지 못한다. 그러나 알루미늄 박을 여러 겹 겹치면 베타 입자도 차단할 수 있다.

1900년도에는 감마선이 발견되었다. 감마선은 알파선과 베타선과 달리 중성이고, 가시광선보다 에너지가 높고 초속 30만 킬로미터로 움직인다. 따라서 납이나 두꺼운 콘크리트처럼 밀도가 높은 물질을 써야만 차단할 수 있다. 이처럼 이온화 방사선에는 세 가지가 있고, 그 성질에서 차이가 난다. 바로 이러한 방사선이 방사능 오염의 피해를 일으키는 것이다.

• 이온화 방사선(ionizing radiation)은 어째서 해로운가?

이온화 방사선에 많이 노출되면 암 등에 걸릴 확률이 높아진다. 그런데 의학적으로 발암이 분명히 이온화 방사선 때문이라고 진단하기는 쉽지 않고, 여러 해가 걸린다. 우리 몸은 약한 선량의 방사선에 대해서는 방어 능력이 있다. 어느 정도가 안전한가에 대해서는 계속 논란이 되고 있다. 전문적으로는 방사선 노출이 특정 기준치를 넘지 않는다면 인체에 별 영향이 없다고 주장한다. 현재 국제적인 공공보건 정책에서는 자연 방사능 수치를 넘어서지 않도록 최소화한다는 것이 원칙이다. 이러한 기준은 LNT(Linear no-threshold) 모델에 근거한 것으로, 인체 건강에 미치는 방사선의 영향이 노출된 이온화 방사선의 양에 정비례한다는 가정에 기초하고 있다.

과학적으로는 방사선에 노출된 많은 사람 가운데 누가 암에 걸릴지는 알 수가 없다. 다만 어느 정도의 비율로 암에 걸릴지는 예측할 수 있다. 우리는 일생 동안 암을 유발할 수 있는 수많은 유해물질에 노출되기 때문에, 전문가라고 해도 환자의 발암 원인을 정확히 밝혀내기는 어렵다.

대량의 이온화 방사선에 노출되는 경우 그 증세는 이온화 방사선의 피폭량에 비례한다. 구토와 현기증, 심한 설사와 머리카락 탈모가 일어날 수 있다. 아주 심한 피폭의 경우에는 면역체계 손상으로 출혈이 일어날 수도 있다. 극심한 경우 사망한다. 핵폭발 장소의 근처에 간다거나, 차폐(遮蔽)되지 않은 방사선원, 특히 코발트-60이나 세슘-137처럼 강력한 방사선원에 가까이 가는 경우에는 대량의 이온화 방사선에 노출되게 된다.

원자력 발전소는 안전관리를 철저히 한다면 방사능 물질을 제어할 수가 있다. 실제로 안전하게 설계된 원자로보다 석탄을 쓰는 화력 발전소에서 더 많은 양의 방사능 물질이 나온다. 석탄에 우라늄이 함유된 경우가 많기 때문이다.

• 원자로는 핵폭탄처럼 폭발할 위험성이 없나?

발전용 원자로는 기하급수적으로 가속화되는 핵반응을 방지하도록 설계되어 있다. 원전의 원자로가 폭발하지 않는 이유 중 하나는 핵연료의 농도가 폭발적인 연쇄반응을 일으키기에는 아주 낮기 때문이다. 또한 원자로에는 과잉의 중성자를 흡수하는 물질이 들어 있어, 핵분열을 억제하는 기능이 작동한다. 그러나 매우 특이한 악조건에서는 반응성 조절을 넘어서는 예외적 상황이 벌어질 수도 있다. 1986년 체르노빌 사고를 일으킨 원자로의 설계가 바로 그런 사례다. 그러나 이런 예외적 상황이 일어난다 하더라도 활발한 반응이 반드시 핵폭발로 이어지는 것은 아니다.

• 원자력 안전이란 무엇인가?

원자력 안전은 원자력 시설에서 일어날 수 있는 사고를 사전에 방지하고, 원전 사고가 발생하는 경우 방사능 유출로 인해 사람과 환경에 미치는 피해를 최소화하는 모든 활동을 포괄하는 개념이다. 원자로를 안전하게 운영하기 위해서는 고도로 훈련된 운영 인력과 연구원은 물론 모든 근무자의 안전문화가 몸에 배어 있어야 한다. 그리고 예방 차원의 시설 유지 보수, 다중 안전 시스템 설치, 보다 강화된 안전기준을 만족시킬 수 있는 미래형 원자로의 설계 등 구비 조건이 모두 갖추어져야 한다. 한마디로 원자력 안전은 인적 자원과 하드웨어 운영에서 두루 높은 수준을 유지할 수 있어야 보장될 수가 있다.

• 얼마나 안전해야 충분히 안전하다고 할 수 있나?

원자력 산업계에는 '어느 한 곳의 원자력 시설에서 사고가 난다는 것은 모든 원자력 시설에서 사고가 난 것과 마찬가지다'라는 말이 있다. 한 국가는 물론 전 세계 원전 관련시설은 모두 한 배에 타고 있는 공동운명체이다. 원전시설의 사업자나 전력판매 사업자나 할 것 없이 일단 대형 사고가 발생하면 배가 난파하는 것과 마찬가지라는 뜻이다. 가장 타격을 입는 것은 사고로 인해 일반대중의 신뢰를 잃어버리고, 안전 위협이 가중되고, 그로써 신규 원전 건설계획이 취소되고, 기존 원전마저 폐쇄하라는 등의 사회적 압력이 가중되는 사태이다. 실제로 역사적으로 스리마일 섬(Three Mile Island, TMI) 사건, 체르노빌 사건, 후쿠시마 사건은 세계 원전산업을 강타했고, 원자력 산업계에 안전문화가 최우선되어야 한다는 경고를 주었다. 그러나 이런저런 사고방지 노력에도 불구하고 대형 사고가 거듭 발생한 것은 원전의 미래에 위협적인 요인이 되고 있는 실정이다.

• 원자력 안전문화란?

안전문화란 이를테면 위험한 상황이라고 의심될 때는 원전 가동을 중지하고, 만약의 경우 사람에게 미칠지도 모르는 피해 방지를 최우선으로 하는 운영방식을 가리킨다. 안전문화를 정착시키려면 원전의 지휘 체계 전반에 걸쳐 모든 구성원이 인식을 같이 해야 한다. 원전에 관련되는 인력 모두가 지위 고하에 상관없이 안전을 위해서 자기 몫을 충실히 해야 한다는 인식을 공유할 수 있어야 한다. 누군가가 안전사고에 문제가 있을 수 있다고 느낄 때에는 징벌에 대한 아무런 두려움 없이 상부에 보고를 할 수 있는 조직 분위기라야 한다. 내부 보고자를 처벌하거나 비난하는 조직문화에서는 안전에 대한 공동체 의식을 가질 수가 없기 때문이다. 또한 안전문화 정착에서 중요한 것은 원전을 설비 한계선 이상으로 작동시키지 않는다는 원칙을 지키는 것이다. 체르노빌 사고는 이러한 안전문화의 부재가 불러온 재앙이었다.

• 심층방호(defense-in-depth) 안전이란 무엇인가?

원자력은 기술위험의 대표적 산업이다. 따라서 다른 산업에 비해 안전장치가 더욱 철저해야 한다. 여기서 심층방호란 안전 개념이 도입되는데, 원전에서 한 단계의 안전조치가 실패할 경우 다른 단계의 장치가 여러 겹으로 작동하여 심각한 사고를 방지하거나 최소화되도록 설계된 다중 방호 시스템을 가리킨다. 상업용 원자로에는 4단계 또는 5단계의 보호장치가 들어간다. 첫 단계 방호 시스템은 바로 핵연료 자체에 대한 방어다. 대부분 상업용 핵연료는 산화 우라늄인데, 고강도 방사능의 핵분열 물질에 누출되어도 파열되지 않는 소재를 쓴다. 두 번째 시스템은 우라늄이나 플루토늄 연료를 감싸고 있는 피복이다. 이것은 지르코늄이나 합금으로 제조되는데, 핵분열 생성물의 누출을 방지하는 기능을 한다.

세 번째 방어 시스템은 원자로 압력용기이다. 압력용기는 두꺼운 강철 제재로 금이 가거나 깨지지 않고, '취화(embrittlement)'되지 않는 표면 물성을 갖추어야 한다. 취화란 장기간의 중성자 충격에 의해 압력용기가 부서지게 되는 상태를 뜻한다. 원자로 압력용기는 하나밖에 없기 때문에 원자로의 수명은 원자로의 압력용기에 의해 결정된다고 할 수 있다. 원자로에 든 냉각재가 손실되는 경우에는 대형 사고로 번질 수 있기 때문에, 이를 방지하기 위해서는 어떤 경우에도 압력용기가 파손되지 않도록 관리해야 한다. 따라서 압력용기의 수명 연장에 대한 연구는 기술개발의 주요 주제이다. 그중 하나의 방법은 열 에너지를 가해서 깨진 부분을 보수하는 '담금질(annealing)'이 있다. 미국의 경우 원자로의 수명이 대개 60년으로 길기 때문에 원자로 압력용기의 수명 연장에 대한 관심이 높다. 압력용기를 보수하여 원자로 수명을 최대 80년까지 연장할 수가 있다.

네 번째 방호 시스템은 두꺼운 철근 콘크리트로 방어하는 격납건물이다. 격납건물은 방사능 기체가 외부로 유출되지 않도록 원자로를 외부 환경으로부터 밀폐 차단시켜준다. 최근에 건설된 신규 원전의 경우에는 이중 격납 시스템을 갖추기도 한다. 여기에 덧붙여 '비상노심냉각 시스템'의 보호장치를 추가하여 원자로의 노심 용융(melt down)을 막기도 한다.

• 오늘날의 원자력 발전소는 얼마나 안전하다고 할 수 있나?

다중 안전 시스템을 가진 대부분의 원자로는 하드웨어적으로 보면 안전하다고 인정을 받고 있다. 그러나 러시아 소재의 11기의 RBMK형에 대해서는 안전이 의심을 받고 있다. 이에 따라 EU 등 서방 국가들은 이들 11기의 RBMK 원자로를 폐쇄할 것을 촉구해왔다. 실제로 EU는 불가리아, 리투아니아, 슬로바키아 등이 EU에 가입하는 조건으로 RBMK 형 원자로의 폐쇄를 요구했다. 그리하여 리투아니아는 EU 가입 때 국내 2기의 RBMK 원자로를 폐쇄해야만 했다. 폐로 비용은 EU가 지원하기로 했고, 리투아니아는 신형 원자로 건설을 추진하고 있다.

그동안 상업용 원전에서 발생한 사고 횟수와 가동 시간의 상관성을 살펴보자. 역사적으로 원전의 대형 사고는 세 건이 있었다. 미국의 스리마일 섬 사고(1979년), 구소련 우크라이나의 체르노빌 사고(1986년), 일본의 후쿠시마 사고(2011년)가 그것이다. 전 세계 모든 상업용 원전의 가동 시간을 모두 합치면 1만4,000년 정도가 된다. 이를 근거로 미국 원자력규제위원회(Nuclear Research Council, NRC)는 원전의 가동 시간 1만 년당 한 건의 중대 사고가 발생할 가능성이 있는 것으로 분석했다. 여기서 중대 사고란 노심이 손상되는 수준의 사고를 뜻한다. 현재 미국에서는 100여 기의 원자로가 가동되고 있다. 따라서 100년에 한번 꼴로 중대 사고가 발생할 수 있다는 해석이 나오고 있다. 현재 미국 원자력계는 10만 년에 한 번의 사고 확률을 목표로 안전을 강화하는 조치를 취하고 있다.

1979년 스리마일 섬 사고 이후 원자력 안전은 강화되었다. 그러나 그것으로 미국 내 원자력 안전이 완벽하다고 말할 수는 없다. 안전상 일부 허점이 있음이 드러나고 있기 때문이다. 예를 들면, 2002년 3월 오하이오 주 데이비스 베시 발전소에서 검사관들은 원자로 압력용기 헤드를 거의 파손시킬 만큼 붕소가 누출되고 있는 사실을 발견했다. 이처럼 안전상 개선이 필요하다는 사실이 밝혀짐에 따라 이후 6,000만 불을 들여 보수한 뒤 2년 후에 재가동 준비를 마쳤다. 2006년 1월, 데이비스 베시 원전의 사업자는 원전 운영상 안전기준 위반이 있었고, 대부분 원자로 압력용기 관련 부분이었다고 인정했다, 이 원전은 그에 앞서 1977년에도 급수 펌프 고장 등 사고로 잡음이 이어졌다. 이런 사건을 대하면서 사람들은 과연 이런 일이 단지 데이비스 베시 원전에 국한된 것인가에 의문을 제기하게 되는 것이다.

• **여러 가지 노형의 원자로를 보유한 경우와 한 가지 노형만을 보유한 경우는 어느 쪽이 유리한가?**

우리나라는 경수로와 중수로(CANDU)의 두 가지 노형의 원자로를 가동하고 있다. 세계 최고의 원자로 기수를 가동시키고 있는 미국과 세계 최고의 원전 비중을 갖고 있는 프랑스의 경우는 어떤가. 해학적 표현을 빌리면, '미국에는 한 가지 종류의 치즈와 100가지 종류의 원자로가 있고, 프랑스에는 100가지 종류의 치즈와 1가지 종류의 원자로가 있다'고 말한다. 치즈는 여러 가지가 있어서 갖가지 맛을 보는 게 좋다. 그런데 원자로 설계 모델은 하나를 가진 쪽이 유리하다고 볼 수 있다.

물론 단일 모델이냐 다양한 모델이냐에 따라 각각 장단점이 있다. 미국과 프랑스의 원자력 기술은 서로 영향을 미치면서 발전했으나, 그 역사가 달랐다. 그처럼 원전 기술도 각각 특성이 다르다. 미국의 원전산업은 세계적 선두주자로서 프랑스보다 10년 앞섰다. 프랑스는 미국의 원자력 기술을 기초로 발전해왔다. 1950년대부터 '원자력의 평화적 이용'을 슬로건으로 '원자력 해군'에 막대한 지원을 해서 핵잠수함부터 개발한 미국은 그 잠수함의 원자로형에서 출발하여 두 가지 전혀 다른 설계의 경수로인 '가압수형 원자로'와 '비등수형 원자로'를 개발한다. 그러나 법적 규제와 원전의 대용량화로 인해 경수로 기술은 커다란 변화를 겪게 된다. 같은 유형인 두 개의 원자로가 시간대에 따라 전혀 다른 설계로 변형되는 경우도 생겼다. 때문에 건설비가 늘어났고, 전문가와 기술사 그룹의 교육훈련비를 올리는 결과를 빚었다.

반면 프랑스는 원자로 설계를 표준화하여 비용을 절감하는 쪽으로 나아간다. 그 결과 세 가지 유형의 원자로만을 개발한다. 이에 따라 원자로의 예방 보수 비용을 크게 절감한다. 그러나 여기에도 문제는 있었다. 한 원자로 설계에서 결함이 발견되는 경우, 같은 유형의 원자로들은 모두 가동을 중단하고 보수공사에 들어가야 하기 때문이다. 이러한 사태가 발생하는 경우 총 전력의 2/3 정도를 원자력으로 쓰고 있는 나라가 장기간 전력 공급을 중단해야 하는 상황이 된다. 원자력 산업계 잡지인 『주간 핵공학(*Nucleonics Week*)』에 의하면, 1990년대 초 프랑스의 다수의 원자로가 원자력 압력용기에 금이 가는 곤란한 상황에 직면한다. 이에 프랑스 원자력안전공단은 같은 유형의 모든 원자로를 대상으로 안전성 검사를 해야만 했다. 또한 1998년과 1999년에는 1,300MWe 원자로에서 격납 구조물의 신뢰성과 안전성에 위험이 있음이 발견된다. 2001년에는 핵연료 결함으로 인해 1,300MWe 원자로의 전력 공급을 1% 수준으로 낮추는 일이 발생한다.

• 원자로의 설계수명과 가동연장 허가는 어떻게 결정되나?

체르노빌, 스리마일 섬, 후쿠시마와 같은 대형 원전 사고를 겪으면서 원전의 안전규제는 계속 강화되고 있지만, 고도로 훈련된다고 하더라도 결코 완벽하지 못한 '사람'의 손에 의해 원전이 운영된다는 것은 여전히 불안의 근원이 되고 있다. 이런 의미에서 안전규제상 원전의 시설수명은 매우 중요한 개념이다.

원전 안전운영의 가장 핵심적 요인은 원자로 중심부의 압력용기가 세월이 지나면서 중성자와의 충격으로 인해 약해진다는 사실이다. 노후화에 따라 중성자가 철제용기의 분자들을 탈구시키며 금이 가게 만들기 때문이다. 만약 용기가 부서지는 경우가 발생한다면 냉각제가 손실되고 사고로 번지게 된다. 당초 1950년대 미국이 원자력 발전을 허가할 때의 원전의 가동허가 기간은 40년이었다. 원전의 가동허가 시한이 만료될 시점이 다가오자,

원전사업자들은 허가기간 연장을 요청한다. 미국에서는 그동안 50기 이상의 원전이 20년의 운영연장 허가를 받았다.

그러나 2030년까지 미국은 허가기간 연장을 받지 못한 원전을 해체시켜야 한다. 미국 원자력규제위원회(Nuclear Research Council, NRC)의 전임 의장들인 닐스 디아스(Nils Diaz)와 데일 클라인(Dale Klein)은 미국의 원전을 80년간 운영할 수 있을지에 대해 논의한 적이 있다. 그러나 그렇게 설계수명을 연장해서 허가할 수 있는가에 대해서는 보다 심층적인 연구가 필요하다는 것이 전문가들의 견해이다. 한편 프랑스는 미국과는 달리, 10년간의 기간을 주고 마지막 해에 조사를 실시한다. 그 조사 결과를 보고 원전의 수명을 연장할지 여부를 결정하게 된다.

• 원자력 발전의 확대가 안전을 위협하게 될까?

현재 원전을 가동하고 있는 국가는 31개국이다. 후쿠시마 사고가 나기 전, 2010년까지 20여 개국이 새롭게 원전을 건설하거나 계획을 세우거나 제안하는 과정에 있었다. 필리핀, 인도네시아, 터키 등은 상당 기간 준비를 해왔으나, 대부분의 국가는 연구원 교육부터 해야 할 정도로 거의 출발점에서 시작하고 있었다. 원전 도입의 선결조건은 원전 안전을 확실하게 지킬 수 있는 규제기관을 설립하는 일이다.

중국은 가장 빠르게 원전을 확대하고 있다. 2012년 말 기준, 17기의 원전(12.9GW 시설 용량)을 보유하고 있으며, 29기의 원전(발전 용량 28.8GW)이 건설되고 있다. 중국은 2020년 70GW, 2050년 400GW까지 원자력 발전 용량을 늘린다는 계획이다. 이 목표를 위해 2009년 10월 원자바오 총리는 안전 관련 연구원 수를 다섯 배로 늘려 교육을 시켰다.

그러나 중국의 원전의 급속한 확대에 대해서는 우려의 시각이 적지 않다. 2009년 8월에는 담합입찰 사기사건으로 중국의 원자력 기구의 책임자 캉르신(康日新)이 사형을 당하는 일도 있었다. 이 사건에 대해 「뉴욕 타임스」는 그런 불법적인 행태가 중국의 원전 정책에 별 영향을 미치지는 않을 것이라고 전했다. 중국의 급속한 원전 확대는 안전 이슈를 중심으로 지역적, 국제적인 관심을 끌고 있고, 국제협력을 필요로 하고 있다.

• 원자력에서 차이나 신드롬이란?

「차이나 신드롬」은 1979년에 개봉된 영화이다. 최악의 원자력 사고의 가상적 시나리오를 상세히 묘사한 것으로 미국에서는 화제였다. 제임스 브리지스 감독, 마이크 그레이와 T. S. 쿡의 각본으로, 마이클 더글러스, 제인 폰다, 잭 레먼이 출연해서 지명도를 높였다. 대강의 줄거리는 킴벌리 웰스(제인 폰다) 기자가 취재차 원전을 방문하는데 지진 같은 떨림을 느낀다. 사진기자(마이클 더글러스)는 모든 기록을 카메라에 담는다. 원전 당국은 아무런 문제가 없다고 발표하지만, 취재진은 그 말을 믿지 않는다. 원전의 감독(잭 레먼) 또한 원전이 크게 손상을 입었다고 판단한다.

영화 장면 가운데, 가장 충격적인 것은 원자로가 냉각장치 고장으로 인해 용기 자체가 녹아내려 핵연료가 외부로 흘러나가는 대목이다. 과열로 인해 생긴 마그마 덩어리가 땅속으로 침투하여 미국 반대편의 중국까지 도달한다는 가상적 상황이 연출된다. 그런데 이 영화가 개봉된 시기가 스리마일섬 원전 사고가 일어나기 2주 전인 1979년 3월 16일이었다는 사실이 사람들에게 더 충격을 주었다.

• 원전 사고의 주요 유형은?

가장 많이 발생하는 원전 사고는 냉각재의 손실과 임계 사고이다. 냉각재 손실 사고(loss-of-coolant accident, LOCA)는 노심으로부터 냉각재가 손실되거나 냉각재 자체에 중대 결함이 발생하는 것을 뜻한다. 냉각 시스템이 긴급히 복구되지 못하는 경우에는 노심이 과열되어 부분적 또는 전체적인 용융으로 번지게 된다. 핵연료의 분열반응에서는 고준위 방사성 생성물이 나오고, 그것이 붕괴하면서 엄청난 열을 발산하게 된다. 이런 붕괴열은 원전 가동연수에 따라 몇 시간 또는 며칠 동안 계속 발산된다. 그런데 냉각재가 부족한 상태가 된다면 과열로 인해 핵연료 용융과 파손이 일어나고, 그 때문에 고강도 방사능 물질이 유출될 수 있다. 이때 만일 다른 단계의 방호장치가 제대로 작동되지 못한다면 방사성 물질이 환경으로 유출되는 비상사태가 발생하는 것이다. 1979년 미국 스리마일 섬 사고가 바로 이 냉각재 손실 사고(LOCA)의 경우였다.

한편 원자로의 임계 사고란 연쇄반응이 제어불능 상태가 되는 경우로 노심의 한 부분에서만 발생한다. 신형 원자로에는 피드백 시스템이 설계되어 있어, 연쇄반응이 불안정해지는 경우 반응도를 낮추어 사고를 방지하도록 되어 있다. 그러나 1986년 체르노빌 사고를 일으켰던 RBMK 노형의 경우에는 설계상의 결함으로 인해 특정 환경에서 반응도를 제어할 수가 없는 취약한 설계였다. 이후 여러 나라에서 설계가 보완되었지만, 안전 전문가들은 아직도 RBMK 노형이 위험하다고 보고 있다.

• 스리마일 섬 사고 원인은 무엇이며, 어떤 영향을 미쳤나?

1979년 3월 29일 새벽, 스리마일 섬(Three Mile Island) 원전 사고의 발단은 이렇다. 처음에는 원자로 2호기에서 증기발생기로 들어가는 급수계통에 이상이 생긴다. 원자로의 설계는 증기발생기에서 나온 증기가 터빈을 회전시켜 발전기를 가동시킨 다음 응축되어 다시 증기발생기로 되돌아오게 되어 있다. 그런데 이 설계에서 원자로의 과열과 노심 용융(melt down)을 막기 위해 반드시 냉각수가 계속 공급되어야 한다.

그러나 사고가 난 날 아침, 물을 증기응축기에서 폴리셔(polisher)로 보내는 급수 펌프에 이상이 생기면서 급수 공급이 차단된 것이 사고의 발단이었다. 폴리셔는 급수가 증기발생기에 공급되기 이전 단계에서 불순물을 제거하는 기능을 한다. 그런데 추정키로는 밸브가 닫히는 바람에 그 고장으로 폴리셔로 들어오는 물이 줄어들고, 급수 펌프는 작동을 멈춘 것이다. 2분 이내로 증기발생기에 들어 있던 물은 모두 끓어 사라졌고, 원자로가 고열과 고압 상태가 돼버린 것이다.

원자로에서 1차 냉각수는 원자로 중심부의 높은 열을 흡수하는 기능을 한다. 원자로 내부에서는 높아진 압력을 줄이기 위해 그 안에 장치되어 있는 압력방출 밸브가 열리게 되어 있다. 이 과정에 의해 압력이 어느 정도 줄어들면 압력방출 밸브가 닫혀야 한다. 그러나 그날 밸브는 닫히지 않았고, 냉각수는 원자로 중심부에서 빠져나갔다. 이 사고에서 사태를 더욱 악화시킨 것은 원자로의 작동 램프에 압력방출 밸브가 닫혔다는 표시가 잘못 나온 것이었다. 그 때문에 운전원은 정확한 상황 판단을 할 수가 없었고, 사건이 일어난 지 45분 후인 새벽 4시 45분에 운전원의 상사가 도착했다. 관계자 회의를 거쳐 압력방출 밸브를 닫은 것은 6시 22분이었다.[1]

그러나 비상사태는 여기서 끝나지 않았고, 3월 29일 아침 7시경 비상경보가 발령된다. 이 사고에서는 소량의 방사성 물질이 유출된다. 계속 유출될 가능성에 대비하여 지역 관계자들은 임산부와 어린아이를 대피시키는 조치를 취한다. 그러나 더 이상 피해는 번지지 않았다. 따라서 과잉 대응이라는 비판을 받기도 했다.

3월 31일에는 압력용기 안에서 수소폭발이 일어날 가능성에 대한 우려도 제기된다. 수증기가 고온에서 핵연료의 지르칼로이 성분과 반응하는 경우 수소가 생성되고, 다량의 수소가 산소와 반응하면 큰 폭발이 일어날 수 있기 때문이다. 산소는 방사선에 의한 물 분해반응으로 생성된다. 실제로는 원자로 2호기에 산소가 많이 축적되지 않았던 까닭에 폭발의 위험성은 없었다. 원자력규제위원회는 수소가 산소와 재결합하기 때문에 폭발은 일어나지 않을 것이라고 발표한다. 스리마일 섬 사고는 대형 사고로 기록되고

1) Report of the President's Commission On The Accident at Three Mile Island(1979).

있지만, 인명 피해는 없었다. 원자로를 둘러싸고 있는 격납건물 덕분에 방사성 물질이 외부로 흘러나가지 않았기 때문이다.

이 사고로 인한 가장 큰 피해는 원자로의 손상으로 인한 경제적 손실이었다. 그리고 방사성 물질의 처리에 든 비용도 컸다. 스리마일 섬 사고는 미국의 원자력 발전에 엄청난 경제적 부담을 주었다. 그러나 보이지 않는 큰 손실로는 미국 같은 세계 최고의 기술 강대국에서 이러한 기술위험이 컨트롤되고 있지 못하다는 불신이었다. 미국이 이럴진대 다른 나라는 어떠랴 하는 원자력 안전에 대한 불안이었다.

대체로 스리마일 섬 사고는 미국 원자력 산업 경기가 하강 국면으로 들어서는 전환점이라는 해석이다. 그러나 실은 미국의 원자력 감축 동향은 사고 이전부터 예견되던 것이었다. 무엇보다도 미국 내 전기 수요가 예상만큼 상승하지 않았기 때문이다. 이는 미국이 1973년 아랍과의 석유파동을 겪으면서 에너지 효율을 크게 높인 것과도 연관된다. 그리고 안전규제 환경이 변화하면서 원전 건설과 운영 비용이 올라간 것도 침체 원인으로 작용한다. 그리고 원전 건설의 기간이 매우 길고 그 장기간 동안 불확실성이 크기 때문에 민간기업으로서는 매력 있는 사업이 되지 않았던 것도 이유였다.

• 미국의 산업계는 원전 사고 이후 어떤 조치를 취했나?

스리마일 섬 사고가 난 뒤, 1979년 12월 미국 원자력계는 INPO(Institute for Nuclear Power Operation)를 설립한다. 애틀랜타에 본부를 둔 INPO는 효과적인 원자력 발전을 위한 안전의 강화가 설립 목적이었다. INPO는 원자력 산업계의 역량을 높이기 위해 수시로 시설을 점검하고 각 사업장의 안전성에 대해 순위를 매긴다. 원자력 산업체 내의 모든 인력을 대상으로 INPO 당사자들이 개별 면담을 통해 평가한다. 오늘날 INPO는 미국의 원자력규제위원회의 역할을 대신하고 있다고 해도 과언이 아니다.

원자력 연구시설이나 원전을 갖고 있는 나라라면 INPO와 같은 자체적 원자력 규제기관이 필요하다는 것이 정설이다. 원자력 산업체 소유주들은 체르노빌 사고 같은 대형 참사를 방지하기 위해 WANO(World Association of Nuclear Operators)를 설립하고, 원전 안전성을 강화시키고 있다. WANO는 애틀랜타, 런던, 모스크바, 파리, 도쿄에 본부를 두고, 수백여 건의 사찰을 시행해오고 있다.

• **체르노빌 사고의 경위는 어떤가?**

역사상 가장 심각한 원전 사고로 기록된 것이 체르노빌 사고다. 이 사고는 1986년 4월 26일 이른 아침, 당시 소비에트 연방에 속해 있던 우크라이나 소재 체르노빌 원전에서 일어난다. 4기의 원자로가 가동되던 상태에서 사고 전날 밤부터 4호기는 실험을 위한 특수조건에 있었다. 전력 공급이 낮은 상황에서도 원자로 냉각 펌프가 잘 작동하는지를 확인하기 위한 실험을 하던 중이었다. 따라서 정상적인 상태가 아니라 원자로가 외부 발전기나 비상 디젤 발전기에 연결되지 않은 비상적 상황이었다. 비상 디젤 발전기로부터 전력을 미처 공급받지 못하는 몇 초간의 특수한 상황에서 원자로가 감속 모드에 있더라도 냉각 펌프가 정상적으로 작동하는지 여부를 시험하고 있었기 때문이다.

그런데 사고 발생 시점에서 이 실험 자체가 지연되고 있었다. 발전기의 전력을 낮추는 데 시간이 오래 걸렸고, 그 사이에 제논(xenon)이 원자로 내에서 생성되고 있었다. 제논은 핵분열에서 발생한다. 그런데 중성자를 흡수하기 때문에 핵분열 연쇄반응을 제어하는 기능을 떨어뜨리게 된다. 연구원들은 제논의 농도 상승에 대처하기 위해 원자로의 출력 제어봉을 규정에 위반되는 높이까지 끌어올린다. 제어봉은 중성자를 흡수하는 물질로 제작되기 때문에 위치를 높이면 높일수록 더 많은 양의 중성자를 흡수하게 된다. 출력량이 높아질수록 원전의 안전성은 떨어지게 된다. 연구원들은 그쯤에서 실험을 중단했어야 했으나, 계속 밀고 나갔다. 그 과정에서 냉각수가 줄어들고 원자로 내의 핵반응이 진행되면서 다른 출력 제어봉이 자동으로 올라갔고, 결국 더 큰 위험으로 이어진 것이었다.

원자로의 제어봉이 불안정하게 위치된 상태에서 연구원은 터빈으로 들어가는 증기의 압력을 낮추었다. 결과적으로 원자로의 노심을 통과하는 급수량이 줄어들면서 노심 안의 수증기가 많아졌다. '기포에 의한 정반응도 계수(positive void coefficient)'라는 설계상의 문제 때문에 수증기 양의 증가는 핵분열 반응의 급격한 증가로 이어졌다. 이 현상은 액체 상태의 물이 기포가 되면서 빈 공간(진공이나 압력이 낮은 공간)이 생길 때, 중성자의 반응속도가 물속에서만큼 빠르게 감소하지 않는 현상을 가리킨다.

고속 중성자는 핵분열을 일으킬 확률이 저속 중성자보다 낮다. 때문에 핵분열 반응을 감소시킨다. 체르노빌의 RBMK 원자로는 중성자 감속재로는 흑연(graphite)을 쓰고, 냉각재로는 물을 쓰는 원자로였다. 물은 소량의 중성자를 포획할 수 있다. 따라서 수증기 기포가 생성되면 원자로 안에는 중성자를 포획할 수 있는 물의 양이 줄어들기 때문에 핵분열에 쓰이는 중성자가 더 많아지게 된다. 흑연이 중성자 감속재로 작용하면서 반응속도는 더 빨라졌다. 이것이 체르노빌 RBMK 노형에서 일어난 사건의 재구성이다. 그러나 이것만으로 재앙으로 번진 것은 아니다. 반응속도를 낮추기 위한 목적으로 그들은 제어봉을 집어넣었다. 그러나 제어봉에 설계상의 결함이 있었고, 그 때문에, 제어봉의 삽입은 핵분열 반응을 폭발적으로 증가시켰다. 제어봉의 끝이 흑연으로 만들어졌기 때문에 중성자를 더 크게 감속시켰고, 결과적으로 핵분열이 더 심하게 일어난 것이다.

이런 이유로 해서 1분도 안 되는 그야말로 찰나에 두 번의 대폭발이 일어난다. 첫 번째는 증기 폭발이었다. 그로 인해 원자로의 핵연료가 외부로 노출되었고, 방출된 수소는 외부의 산소와 반응하여 두 번째 폭발을 일으켰다. 폭발로 인해 원전의 지붕은 날아가버렸다. 그리고 불에 탄 파편으로 인해 화재가 발생한다. 소방관들이 불을 끈 덕분에 다른 원자로까지 불이 번지지 않은 것이 다행이라면 다행이었다. 당시 이 사고를 진압하는 과정에서 31명의 소방관과 긴급요원들이 고준위 이온화 방사능에 노출되어 목숨을 잃었다.

• 체르노빌 사고의 피해는?

체르노빌 사고 이후 방사능에 의한 직접적인 건강 피해에 대해서 오랫동안 논란이 분분했다. 사고 당시 어린이들에게 요오드화 칼륨이 공급되지 않아 방사성 요오드에 노출되었고, 1,800여 명이 갑상선 암에 걸린다. 구소련은 방사능의 피해에 대해 정확한 정보를 제공하지도 않았다. 믿거나 말거나 피해가 거의 없다는 주장에서부터 2만 건 이상의 암이 연관되어 있다는 주장에 이르기까지 실상을 알 수가 없었다. 전문가들의 말에도 큰 차이가 있었다. 실상 방사능 오염의 경우 직접적인, 그리고 간접적인 건강 피해를 정확하게 파악하기가 매우 어렵다. 분명한 것은 체르노빌 주변 지역의 사망률이 급격히 증가했다는 사실이다.

체르노빌 사고에서는 치명적으로 방사능 물질이 원자로 건물 밖으로 누출되어 화를 키웠다. 그렇다면 격납 구조물이 더 튼튼했더라면 막을 수 있었을까. 폭발이 워낙 강력했기 때문에 날아갔을 것이라는 추측이 나온다. 그런데 어이없게도 체르노빌 원전에는 서유럽권의 원전과는 달리 격납 구조물 자체가 없었다. 외부로의 누출을 막아줄 마지막 방어벽이 전혀 없었던 것이다. 또한 화재방어 시스템도 제대로 구비되지 않았고, 비상대책 훈련이나 경영 수준도 부실하기 짝이 없었다. 안전 수준을 모니터하는 시스템도 없었다. 국제원자력안전자문그룹(International Nuclear Safety Advisory Group, INSAG)에 따르면, 체르노빌 원전뿐만 아니라 구소련 전체에 안전대책의 설계와 규제기관이 미흡했던 것이 체르노빌 사고의 가장 큰 원인이라는 진단이다.

사고 이후 방사능 오염 물질이 체르노빌 지역을 뒤덮었고, 국경을 넘어 이웃나라로 퍼져나갔다. 대략 13만5,000명의 주변 지역주민이 대피를 한다.

심하게 오염된 곳은 출입금지 구역으로 지정된다. 우크라이나와 벨로루시가 가장 큰 타격을 입었고, 유럽 다른 지역에서도 방사능 물질이 검출된다. 체르노빌 사고의 손해 비용은 수조 달러로 추정된다.

• **체르노빌 사고의 영향은?**

당시 소비에트 연방 대통령이었던 미하일 고르바초프는 '그가 폐쇄적이고 탄압적이던 소련을 개방하려던 차에 체르노빌 사건이 극적인 전환점을 제공해주었다'는 말을 남겼다. 체르노빌 사고가 발생한 지 4년 후에 구소련은 무너진다. 이런 역사적 사실에 비추어보면, 어떤 의미에서 소비에트 연방의 붕괴는 체르노빌 사고가 예고한 사건이라고도 할 수 있다. 그리고 그런 사고가 간접적인 영향을 미친 것으로 해석할 수도 있다.

체르노빌 사건 이후 오스트리아는 국민투표에 의해 원전 포기 정책을 택한다. 사고 이후 독일, 스웨덴 등 몇몇 유럽 국가는 원전의 단계적 폐기를 택한다. 현재 오스트리아는 동유럽과 중앙 유럽의 원전에서 생산된 원자력 전기를 끌어다 쓰고 있다. 그러나 오스트리아 국민은 원자력 발전에 반대하고 있어 정치인들은 이렇듯이 원전에 간접적으로 의존한다는 사실을 인정하지 않고 있다. 원자력 사용에 관한 정부의 반대 방침은 확고하다.

우크라이나는 미국, 프랑스, 캐나다, 영국, 일본, 이탈리아 등 G-7과의 조약 체결에 동의하면서, 2000년 12월 체르노빌에 운영되고 있던 마지막 원자로의 가동을 중단하게 된다. G-7은 우크라이나와 협의하여 체르노빌 지역에 잔존하는 방사성 물질의 위험성을 제거하고, 체르노빌 사고의 피해를 해결하는 데 도움을 주기로 하고, 원자로의 안전한 설계를 위한 재정적 지원을 약속했다.

• **후쿠시마 원전 사고는 어떻게 일어났는가?**

2011년 3월 11일 2시 48분 일본의 혼슈 지방에 140년 만의 대형 지진이 덮치고, 곧이어 쓰나미가 닥친다. 이로 인해 혼슈 북쪽의 센다이 지역에서 1만 명의 희생자가 발생하고, 1만7,000명의 주민이 행방불명이 된다. 당시 지진관측소는 지진을 감지한 즉시, 인근에 위치한 11개 지역의 원전으로 가동중지 신호를 보냈다. 이에 따라 후쿠시마 제1원전에서도 가동중지 절차가 진행되고 있었다. 그리하여 원자로 1, 2, 3호기는 작동을 멈췄으나, 쓰나미가 비상 디젤 발전기를 덮치면서 비상사태로 번졌다. 그리고 지진으로 인해 냉각수 펌프에 전기가 공급되지 않았다.

원자로는 가동을 멈추어도 얼마 동안 엄청난 열을 발생시킨다. 전원이 꺼진 직후의 원자로는 가동시에 비해 6%의 열량이 발생된다. 따라서 후쿠시마 1호기는 전원이 꺼진 후에도 72메가와트의 열 에너지가 나온 것으로 추정된다. 원자로에는 비상시 냉각기 가동을 위한 비상 배터리가 장착되어 있었으나 이것마저 곧 방전되어버렸다. 그로써 냉각 펌프기를 작동시킬 수 있는 외부 전력이 모두 끊긴 상태가 된 것이다.

냉각 펌프기가 작동하지 않게 되자, 원자로 주변의 냉각수는 곧 수증기로 변한다. 수증기는 핵분열 생성물이 원자로 밖으로 빠져나가지 못하게 막는 지르칼로이 피복과 화학반응을 일으켜 수소를 발생시켰다. 수소는 가연성이다. 원전 운전원은 압력용기와 1차 격납건물 내의 수증기와 수소의 압력을 낮추어 폭발을 막을 요량으로 기체를 방출시킨다. 그러나 며칠 지나 2차 격납건물로 방출된 수소가 1호기와 3호기에 화재를 일으켰고, 그 때문에 건물에 구멍이 뚫린다. 그러나 노심이 노출된 것은 아니었다.

문제는 2차 격납건물에 위치했던 사용후핵연료 저장수조에서 발생한다. 만일 저장수조의 냉각수가 빠져나가고 사용후핵연료에 불이 붙는다면 방사성 물질이 다량 외부로 노출된다. 실제로 4호기의 사용후핵연료 저장수조에서 지진 탓에 냉각수가 크게 줄어든 상태였다. 3월 16일 미국 원자력규제위원회 의장인 그레고리 야스코(Gregory Jaczko)는 후쿠시마 사용후핵연료 저장수조의 냉각수가 거의 바닥을 드러냈다는 정보가 확실히 있다고 밝힌다. 그러나 일본 측은 이에 동의하지 않는다. 이 사건에서 우리는 대형 원자력 사고에 대해서 이처럼 믿을 만한 정보를 얻기가 어렵다는 점을 확인하게 된다. 그리고 정보의 불확실성과 불투명성이 비상사태 대처에서 화를 더 키운다는 것을 알 수 있다.

비상사태가 벌어진 위기의 첫 일주일 동안, 원자로 2호기에서는 1차 격납건물에 장착된 증기 억제 시스템 내부에서 수소폭발이 일어난다. 이 시스템은 증기의 에너지를 흡수함으로써 증기의 축적을 방지하도록 설계되어 있었다. 그러나 그 억제 시스템이 원자로 1, 2, 3호기에서 포화되고, 2호기에서 조절이 되지 않으면서 대량의 방사성 물질이 1차 격납건물 밖으로 방출되는 출구가 생긴 것이다. 운전원이 증기를 배출할 때마다 일부 방사성 물질이 계속 방출되고 있었고, 그중 특히 방사성 요오드와 세슘이 문제였다.

비상사태 두 번째 주간에는 후쿠시마로부터 220킬로미터 떨어진 도쿄의 수돗물에서 방사능이 검출된다. 부모들에게는 특히 어린이에게 그런 물을 주지 말라고 주의를 준다. 이는 방사성 요오드가 갑상선에 축적될 우려가 있기 때문이다. 실제로 방사능 오염에서 가장 대표적인 증상은 갑상선 암의 빈도가 높아지는 것이다. 비상사태 2주간 동안, 운전원들과 자위대, 긴급상황실 관계자들은 원자로 노심과 핵연료봉에 해수를 주입하기 위해 소방호스, 물대포, 헬리콥터 투하 등을 시도했다.

원자로 1, 2, 3호 노심의 수계는 연료봉의 꼭대기보다 훨씬 더 수위가 낮았다. 부지 외 전력은 두 번째 주부터 계속 저장하고 있었지만, 운전원들은 그 전력을 핵심 안전시설에 연결하는 데 애를 먹었다. 두 번째 주가 지나면서, 원자로 3호기의 격납용기가 심각하게 파손되었다는 사실이 확인된다. 후쿠시마 사고는 한 개 이상의 원자로가 동시에 중대한 파손을 입었다는 점에서 역사상 전례 없는 사고였다. 스리마일 섬이나 체르노빌 사고에서는 한 기의 원자로에서만 사고가 생긴 경우였다.

• 후쿠시마 원전에 사고 발생 이전에 안전에 관한 문제 제기가 있었나?

후쿠시마 원전의 원자로는 비등수원자로(BWR)이고, 6기의 원자로 중 제5기가 마크 I(Mark I) 모델이었다. 그리고 이 제5기가 가장 큰 손상을 입었다. 마크 I은 격납용기 구조물이 작은 까닭에 비용이 덜 드는 설계였다. 그 때문에 안전을 위해 증기 에너지를 흡수할 수 있는 증기 억제 시스템이 추가된 상태였다. 여기서 격납용기의 크기가 작다는 것은 증기 억제 시스템이 포화될 때 증기의 부피를 감당하기 어렵다는 뜻이 된다. 바로 이것이 후쿠시마 원전 폭발 사고의 원인이었다. 증기의 부피가 넘치게 되자 운전원들은 격납용기 파손을 막기 위해 증기를 배출시킨 것이었다.

이런 설계 결함에 대해서는 후쿠시마 원전이 가동되기 시작한 1972년부터 우려가 제기되고 있었다. 당시 원자력에너지위원회의 안전 책임자 스티븐 하나워(Stephen Hanauer)는 마크 I의 가동을 중단해야 한다고 말했다. 그러나 이 모델은 이미 널리 보급돼 있었고, 담당 관료들은 재정적 손실을 우려하여 그런 제안을 받아들이지 않았다. 1980년대에도 계속 마크 I의 사고 시나리오가 나오고 있었다. 이처럼 안전에 대한 우려가 계속되는 상황이 되자 비정부 기구의 과학자들인 프랭크 폰 히펠(Frank von Hippel)과 잰 배예(Jan Beyea)는 1982년에 용기에 방사능 가스를 막을 수 있는 필터 시스템을 장착할 것을 제안한다. 그러나 사업자들은 재원 투입을 꺼려했다. NRC는 필터 추가를 요구하지도 않았다. 이런 상황에서 2011년 초까지 미국 원자로 중 23기는 여전히 BWR 마크 I 모델이었다.

원자로 설계의 안전성뿐만 아니라, 디젤 발전기가 쓰나미에 취약하다는 지적도 잇달았다. 이 발전기들은 주변보다 높은 위치에 배치되지 않았기 때문이다. 쓰나미나 홍수에 노출되는 위치에 있었고, 방파제 한 개는 6미터 이상의 쓰나미에 제구실을 하지 못했던 것이다. 2011년 3월의 쓰나미는 일본 역사상 가장 강력한 쓰나미로 알려졌다. 그러나 역사적 기록에 의하면, 이미 869년에 성을 무너뜨린 강력한 쓰나미가 닥친 것으로 되어 있다. 2011

년 3월 24일의 「워싱턴 포스트」 기사는 이 지역이 대규모 지진과 해일에 취약함에도 불구하고, 후쿠시마 원전의 소유주인 도쿄전력(TEPCO)이 저명한 지진학자 오카무라 유키노부의 경고를 무시했다고 보도했다. 이러한 경고는 2009년 6월 일본 원자력산업청의 자연재해 예방대책 조사 보고서에서 이미 지적되고 있었음에도 시정되지 않았던 것이다.

• 일본의 원자력 안전문화에 결함이 있었던 것인가?

후쿠시마 원전 사고로 인해 일본의 원자력 규제기관의 독립성과 권한 행사가 부실했음이 여실히 드러났다. 2011년 3월의 대지진과 쓰나미가 닥치기 한 달 전, 일본의 규제당국은 40년간 가동시킨 1호기를 10년간 더 운영하도록 허가조치를 했었다. 그런데 1호기는 비상전동기에 응력 균열이 생겨 빗물과 바닷물에 의해 부식될 가능성이 지적되는 등 안전상 적신호가 드러나고 있었다. 가동연장 승인 이후, 도쿄전력은 원전의 냉각 시스템을 구성하는 33개의 부품을 조사하지 않았음을 인정했다. 이처럼 부실한 유지보수에도 불구하고 원전은 계속 돌아가고 있었고, 여론은 안전관리와 운영상 문제가 있다고 경고하고 있었다.

일본 내의 전력회사는 외형상 경쟁 체제로 보이나, 실은 10개의 전력회사가 지역별로 분할하고 있는 독점 체제나 다름없다. 뿐만 아니라 지방정부와 중앙정부에 영향력을 행사하고 있었다. 도쿄전력의 경우 2003년 데이터를 조작하여 안전 위험성을 무마시키려 한 사건도 있었다. 결론적으로 후쿠시마 원전 사고가 천재지변에서 비롯된 것은 사실이나, 일본의 원전 조직의 안전문화가 확고히 자리 잡았다고 한다면 피해는 그렇게 크지 않았을 것이라는 분석이다.

• 후쿠시마 원전 사고 이후 원자력 안전기준은 어떻게 달라졌나?

후쿠시마 사고는 세계원전산업 정책에 결정적 영향을 미쳤다. 독일, 스위스, 벨기에 등은 신규 원전 건설에 대한 모라토리엄을 선언했다. 독일은 이미 체르노빌 사고 이후 1990년대에 탈원전(phase out)을 선언했으나 원래 계획대로 추진하지 못하고 있었다. 그러던 중 후쿠시마 사고가 났고, 그로 인해 가장 노후된 7기의 원자로를 안전검사와 함께 폐쇄하는 조치를 내린다. 그러나 중국의 경우에는 후쿠시마 사고에도 불구하고 12기 원자로를 신설하는 계획을 계속하고 있다. 미국에서는 일부 의원인 에드워드 마키(Edward Markey)와 조지프 리버먼(Joseph Lieberman)이 신규 원전에 대한 모라토리엄을 선언해야 한다고 주장했으나, 오바마 대통령은 원전 건설을 계속 지원한다는 방침을 밝히고 있다. 미국의 원자력규제위원회는 후쿠시마 사고 이후 90일간 원전 안전조사를 실시했다.

결과적으로 후쿠시마 사고는 현존하거나 건설 예정인 원전의 안전기준을 강화하고, 자연재해에 대한 보호장치 등을 개선시키는 계기가 되었다. 이에 따라 원전 비용은 증가하고 있다. 사고 이후 새로운 안전 이슈로서 사용후핵연료 저장시설에 포화돼 있는 연료를 제거하는 문제가 떠올랐고, 그 안전기준을 설정하는 작업도 이루어지고 있다. 원자력 산업계는 자발적으로 강화된 안전기준을 적용하여 사회적 수용성을 높여야 한다는 것을 또다시 절실히 인식하는 계기가 되었다. 그러나 문제는 이런 조치가 반복되고 있음에도 계속 사고가 발생하고 있었다는 사실이다. 원전 사고를 겪으며 다시 부각되는 것은 정부, 산업계, 규제기관 등이 원전 운영과 안전기준 준수에 대해 더욱 투명하고 정확하게 정보를 공유해서 신뢰를 쌓아야 한다는 사실이다.

• 후쿠시마 사고에서 플루토늄에 대한 우려가 제기된 이유는 무엇인가?

후쿠시마 3호기 원자로는 최근 플루토늄 산화물과 우라늄 산화물이 든 혼합 산화물(MOX) 연료를 사용하고 있었다. 그런데 이것은 우라늄 핵연료보다 훨씬 더 위험하다. 사람의 피부는 이온화 방사선을 방어하기 때문에 플루토늄이 인체 밖에 있을 때는 안전하다. 그러나 들이마시거나 섭취하는 경우에는 매우 위험하다. 플루토늄에서 나오는 알파 방사선이 세포를 파괴하고, 신장 등의 장기에 치명적인 영향을 끼칠 수 있기 때문이다.

우라늄 핵연료만을 쓰는 경우에도, 몇 주일이 지나면 원자로 내에서 우라늄-238로부터 플루토늄이 생성되고 그로부터 나오는 에너지가 전력 생산의 상당 부분을 차지하게 된다. 플루토늄이 공기 중에서 잘 확산되지 않는다는 것은 그나마 다행이다. 플루토늄 연료를 쓰면 원자로의 수명도 더 빨리 단축된다. 플루토늄의 핵분열에서는 우라늄의 경우보다 더 많은 중성자가 발생되어 원자로 압력용기와 충돌하여 내구성을 떨어뜨리기 때문이다.

• 원전 대형 사고가 또 일어난다면 원자력 산업이 살아남을 수 있을까?

원자력 산업계는 원자력 사고에 대한 무관용 원칙을 강조한다. 원자력의 대규모 비상사태 발생은 원전의 미래를 앗아갈 것이라고 느끼기 때문이다. 그러나 스리마일 섬과 체르노빌의 두 차례의 사고 이후 국제적, 국가적으로 안전성이 강화되었음에도 또다시 후쿠시마 사고가 발생하고 보니 원전산업에 일대 충격이 아닐 수 없다. 원전 사고 확률을 말하면서 흔히 비행기 사고와 비교한다. 세계적으로 시시각각 수만여 대의 비행기가 이착륙을 하는 가운데, 몇몇 경우 사고가 나서 수백 명이 목숨을 잃는 일이 생긴다. 그러나 사람들은 비행기 사고에 대해서는 '일어날 수 있는 사고'로 받아들인다. 반면 원자력 사고에 대해서는 공포가 엄청나거니와 일어날 수 있는 사고로 받아들이지 못한다.

원자력 사고에 대한 공포는 방사능 오염 때문이다. 방사능 오염은 눈에 보이지도 않고 장기간에 걸쳐 공포 속에서 국경도 없이 확산된다. 그리고 그 부작용이 유전자 변이와 발암 등이고, 현 세대뿐만 아니라 미래 세대에까지 이어질 수 있다. 비행기는 장거리 여행을 위해 어쩔 수 없이 타야 하는 교통수단이다. 그러나 전력 공급은 원전 이외에 다른 방식으로도 가능하다는 인식이 깔려 있다. 자동차 사고의 경우에는 스스로 안전을 조절할 수도 있고, 책임도 있다. 그러나 원전의 안전성 관리는 한 사람의 시민으로서 아무런 권한도 없고 통제할 수도 없다. 무엇보다도 원전시설 해당 지역주민으로 보면, 자신의 선택이 아니라 공공의 목적을 위해서 자신이 위험 부담을 감수해야 하는 것이므로 심리적 거부감이 작용한다. 이런 이유로 원자력은 다른 기술위험과는 비교할 수 없는 특성을 띠게 되는 것이다.

3. 사용후핵연료

• 사용후핵연료란 무엇인가?

원자력 발전은 화력 발전과 마찬가지로 증기의 힘으로 터빈을 돌려서 전기를 생산한다. 그런데 그 증기를 우라늄 핵연료의 핵분열 반응에서 얻고 있는 것이다. 아인슈타인은 "물을 끓이기 위해 원자핵을 쪼개는 것은 난센스"라고 말한 적이 있다. 핵분열 때 발생하는 열은 섭씨 2,000도 이상의 고온이다. 원자력 발전 과정은 핵연료 선행주기와 후행주기로 구분된다. 선행주기란 핵연료를 원자로에 장전시키고 태우기까지의 과정을 가리킨다. 핵연료는 3년 정도 사용하면 꺼내고 새로운 핵연료로 바꿔 넣는다. 타고 남은 핵연료를 원자로에서 꺼낸 것이 사용후핵연료이다. 후행주기는 사용후핵연료를 원자로에서 꺼내 임시저장한 뒤 중간관리하고 처분하는 과정까지를 가리킨다.

• 사용후핵연료 관리정책에는 어떤 것이 있는가?

사용후핵연료봉에는 95%의 우라늄과 1%의 플루토늄, 4%의 핵분열 생성물이 들어 있다. 따라서 여기에 들어 있는 우라늄이나 플루토늄은 재이용 가능한 자원으로 볼 수도 있다. 이 경우 재처리 과정을 거쳐 다시 일부 핵연료를 뽑아낼 수가 있다. 그러나 그 경제적 가치에 대한 논란이 이어지고 있어, 사용후핵연료를 고준위 방사성 폐기물로 보고 최종처분하는 정책을 택하게 된다. 이처럼 사용후핵연료는 재이용할 수 있는 자원으로도 볼 수 있고, 직접 폐기하는 폐기물로도 볼 수 있다.

사용후핵연료 관리정책은 나라마다 정부의 정책에 따라 다르다. 원전 가동국마다 원자로 기수와 발전의 역사, 기술적 수준, 지질적 특성, 외교 안보적 조건 등이 상당히 다르기 때문이다. 그 구분은 크게 세 가지로 나뉜다. 비순환 핵연료주기(once-through fuel cycle), 일회 순환형 핵연료주기(single recycling of the spent fuel), 다회 순환형 핵연료주기(multiple recycling of the spent fuel)가 그것이다. 현재 영국, 프랑스, 러시아, 일본 등의 재처리 국가는 일회 순환형 재활용 정책을 시행하고 있는 것이다. 즉 사용후핵연료에서 추출한 플루토늄을 핵연료로 한 번 쓴 뒤 두 번째 핵연료 주기에서 생성된 사용후핵연료와 그밖의 방사성 폐기물은 더 이상 재활용하지 않고 저장한다는 뜻이다.

사용후핵연료의 재처리는 당초 핵무기 보유국에만 허용되었다. 그러나 1980년대 말 일본이 예외적으로 추가되었다. 재처리를 한다고 해도 고준위 방사성 물질은 여전히 남아 있게 된다. 물량의 차이가 있을 뿐이다. 따라서 안전성을 보장할 수 있는 방식으로 처분해야 한다. 즉 재처리를 한다고 해서 방폐물의 저장과 처분 문제가 해결되는 것은 아니라는 뜻이다.

완전히 닫힌 핵연료 주기를 운영하는 방식은 장수명 방사성 폐기물을 여러 차례의 핵연료 주기를 통해 완전히 소모하는 것이다. 이를 위해서는 플루토늄과 그밖의 핵분열 물질을 연소시킬 수 있는 고속증식로가 상용화되어야만 한다. 그러나 현재 고속증식로를 비롯한 재처리 방식은 연구개발 단계일 뿐만 아니라, 비순환 핵연료주기를 운영하는 방식에 비해 비용이 엄청나게 많이 들고 효율성이 크게 떨어지는 것으로 평가되고 있다. 따라서 현재로서는 현실성이 없고, 기술 혁신에 오랜 시간이 걸릴 것으로 보인다.

비순환 핵연료주기 방식이란, 사용후핵연료를 처분장에 영구적으로 최종처분하는 공법을 가리킨다. 아직 영구처분장 시설을 운영하는 나라는 없다. 최근 핀란드와 스웨덴이 시설을 건설하고 있는 정도이다. 따라서 사용후핵연료는 중간저장 형태로 대부분 원전수조나 저장 캐스크에 보관되고 있다. 최근에는 중간저장 기간이 계속 늘어나면서 장기적인 기술개발 상황을 관망하는 상황이다.

• 우리나라의 경우 중저준위 방사성 폐기물과 고준위 폐기물은 어떻게 구분되나?

방사성 폐기물의 분류는 국가별로 약간의 차이가 있다. 우리나라의 경우는 아래 표와 같이 중저준위 폐기물과 고준위 폐기물이 구분된다.

〈표 1. 1〉 방사성 폐기물의 구분

구 분		중저준위 폐기물	고준위 폐기물
기준	방사능	알파선 방출 핵종 농도가 4,000Bq/g 미만이거나	알파선 방출 핵종 농도가 4,000Bq/g 이상이고
	열 발생량	2kW/㎥ 미만	2kW/㎥ 이상
종류		· 작업복, 장갑, 폐 필터 등 〈중저준위 방폐물 특성〉 — 작업복, 장갑, 원전 교체 부품 등으로 구성된 방폐물 드럼의 방사능 농도는 100−3,000Bq/g 수준	· 사용후핵연료, 재처리 폐기물 〈10년 냉각 후의 사용후핵연료 특성〉 — 경수로 : 약 1.5 × 1010Bq/g(방사능 농도) 약 1.62kW/m^3(발열량) — 중수로 : 약 3.2 × 109Bq/g(방사능 농도) 약 0.23kW/m^3(발열량)
발생원		· 원자력 발전소 · 동위원소 이용 산업체, 연구소, 병원 등	· 원자력 발전소, 연구용 원자로 · 사용후핵연료 재처리 시설
관리방법		· 압축, 고화 등으로 부피를 줄여 드럼에 포장 후 처분 전까지 임시저장 · 천층처분장 또는 동굴처분장으로 운반하여 영구처분 · 천층처분 : 지표면에 트렌치를 설치하여 방폐물 드	· 원자로에서 인출된 사용후핵연료는 건식/습식저장 시설에서 임시저장 또는 중간저장 후, 재처리처분 또는 직접처분 · 중간저장 종류 — 습식저장 : 수조 형태 — 건식저장 : 밀폐된 콘크리트 또는 철 구조물 형태 · 재처리 및 처분 : 사용후핵연료를 재처리

	럼을 매립하는 처분방식 · 동굴처분 : 동굴을 파서 동굴 내부에 방폐물 드럼을 적재하는 처분방식	시설에서 재처리하고 이때 발생하는 고준위 재처리 폐기물을 유리 고화하여 심지층 영구처분장에 처분 · 직접처분 : 사용후핵연료를 처분용기에 밀봉하여 지하 500미터 이상의 심지층에 동굴 형태로 건설한 영구처분장에 직접 매립
처분장 폐쇄 후 관리기간	0–300년(우리나라 설계 기준 : 100년)	1만 년 이상

• 사용후핵연료는 어떻게 관리하며, 임시저장이란 무엇인가?

사용후핵연료는 원자로에서 꺼낸 뒤에도 상당 기간 방사능이 매우 높고 고온이라서 철저히 관리해야 한다. 꺼낸 뒤에는 원전별로 설치한 저장수조에 넣어 붕괴열을 냉각시키고, 방사선을 차폐한다. 이 단계를 임시저장이라고 한다. 사용후핵연료의 고열은 핵분열에서 생긴 중간 정도 질량의 동위원소의 방사성 붕괴 때문에 발생한다. 우라늄과 플루토늄의 방사성 붕괴에서도 열이 발생한다. 수조의 물은 매우 중요해서, 열을 식히는 냉각수 기능도 하고, 강렬한 방사능으로부터 원전 근로자를 보호하는 방패 기능도 한다.

사용후핵연료는 방사능이 어느 정도 낮은 수준으로 붕괴될 때까지 저장수조에 수년간 보관한다. 5년 정도 보관하면 열이 100배까지 감소된다. 임시저장 수조에서 충분히 식고 저장수조의 용량이 차게 되면, 중간저장(Interim Storage) 단계로 넘어간다. 중간저장은 대개 건식저장 용기에 보관하는데, 용기 가격이 비싸기 때문에 보통 저장수조의 용량이 초과하지 않는 한 될수록 오랫동안 저장수조에 보관하게 된다. 사용후핵연료의 중간저장은 IAEA를 비롯하여 국제적으로 통용되는 용어이다. 사용후핵연료의 관리는 임시저장, 중간저장, 그리고 그 이후의 재처리와 최종처분까지를 포함하는 광범위한 개념이다.

• 사용후핵연료는 얼마나 발생되며 얼마나 저장되고 있나?

세계적으로 27만 미터톤(metric ton)의 사용후핵연료가 저장되어 있다. 대부분 원전 내에 저장되어 있고, 90%는 저장수조에 담겨 있는 상태이다. 해마다 1만2,000미터톤의 사용후핵연료가 440여 기의 상업용 원자로로부터 방출된다. 그 물량의 1/4 정도가 재처리 시설로 수송된다. 세계에서 가장 많이 발생시키는 나라는 미국이다. 매년 2,000미터톤이 나온다. 대부분은 저장수조에 보관되어 있고, 일부만 건식저장 용기에 보관되어 있다. 아직 영구저장소가 설치되지 못했다.

• 사용후핵연료의 방사능은 어느 정도이고, 무엇이 문제인가?

사용후핵연료의 관리에서 가장 문제가 되는 것은 고준위 장수명의 핵종들이 들어 있어 방사능이 매우 높다는 사실이다. 사용후핵연료는 원자로에서 꺼낸 뒤 300년 정도 지나면 중저준위 방사능은 거의 소멸된다. 그러나 300년 이후부터는 악티나이드 계열(Actinides) 원소 때문에 수십만 년대의 장기간에 걸쳐 고준위 방사능을 띠게 된다.

악티나이드란 원소의 주기율표에서 원자번호 89인 악티늄부터 103의 로렌슘에 이르는 15개 원소를 가리킨다. 악티늄 이후의 원자번호를 갖는 원소를 악티나이드라고 부르기도 한다. 악티나이드 가운데 각각 원자번호가 90, 91, 92인 토륨, 프로트악티늄, 우라늄은 천연에 존재한다.

사용후핵연료에는 원자번호 94인 플루토늄을 비롯하여 미량의 악티나이드 계열 핵종이 들어 있다. 원자로 내의 반응에서는 우라늄-238로부터 플루토늄이 생성된다. 때문에 실제로 원자로 내의 핵분열 반응의 1/3 정도는 플루토늄으로부터 에너지를 얻게 되는 것이다. 사용후핵연료에는 요오드(I-129)와 테크네슘(Tc-99)도 들어 있다. 이것들도 장수명의 상당히 높은 방사능을 나타낸다.

만일 악티나이드와 이들 장수명 핵종을 따로 분리 제거할 수 있게 된다

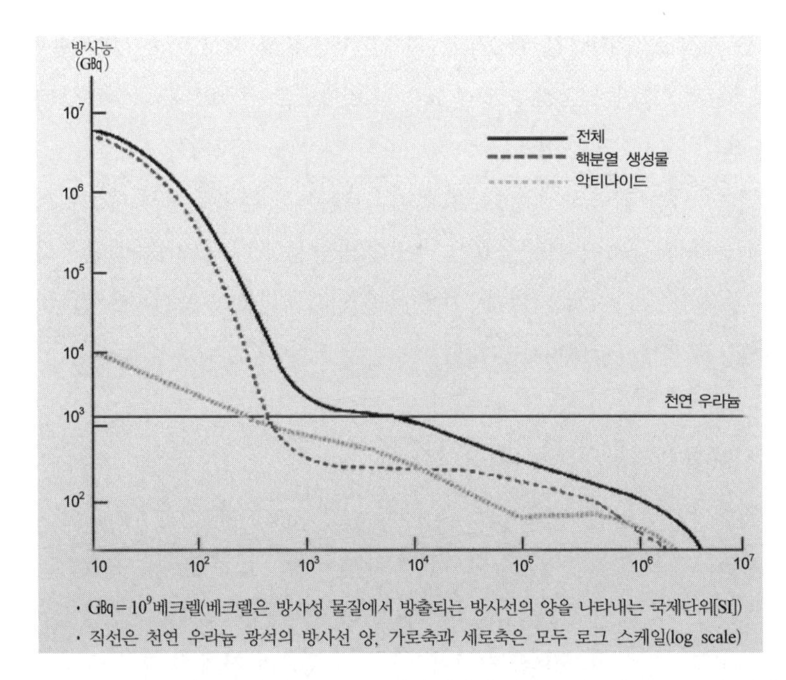

〈그림 1. 3〉 PWR 사용후핵연료 1톤의 재처리에서 나온 고준위 폐기물의 방사능 붕괴[자료 : OECD NEA 1996, Radioactive Waste Management in Perspective]

면, 사용후핵연료의 안전관리 기간은 1,000년 이내로 크게 줄일 수가 있게 될 것이다. 그러나 현재로서는 사용후핵연료의 방사능이 천연 우라늄 수준으로 낮아질 때까지는 장장 30만 년의 세월이 걸린다.(〈그림 1. 3〉 참조)

• 사용후핵연료의 습식저장이란?

원자로가 정지된 직후의 최대 붕괴열은 정지 직전 출력의 6% 정도이다. 따라서 저장수조에서 열교환기를 이용해서 강제 냉각을 시킨다. 한 달이 지나면 붕괴열이 0.1%로 떨어진다. 이때 작업자는 수조 위에서 직접 크레인을 조작하며 작업한다. 습식저장(Wet Storage)의 경우, 낮은 온도를 유지할 수 있어 저장 밀도를 높일 수 있는 장점이 있다. 반면에 냉각 시스템을 가동해야 하므로 시설 운영비가 커지고 2차 폐기물이 발생한다는 것이 단점이다.

보통 저장조는 10년간 배출되는 사용후핵연료를 저장할 수 있는 용량으로 설계된다. 그러나 저장 기간을 30년으로 늘릴 수도 있다. 특히 중간저장시설 건설이 지연되는 경우에는 저장조의 저장대를 교체하거나 더 추가하여 저장 용량을 확충하게 된다. 그런데 2011년 후쿠시마 원전 사고에서 사용후핵연료 저장조에서도 사고가 발생했기 때문에 저장 기술의 안전성 여부에 더 관심이 쏠리게 되었다. 이에 따라 임시저장조의 안전성을 점검하고 보안하는 조치를 강화하고 있다.

• 사용후핵연료의 건식저장이란?

건식저장(Dry Cask Storage)은 물 대신 기체나 공기를 이용하여 사용후핵연료를 냉각시키는 방식이다. 방사선 차폐제로서는 콘크리트나 금속을 사용한다. 습식저장에 비해 운영비가 저렴하고, 용량을 확장하기 쉬워서 오랜 기간 관리하는 데 유리하다. 건식저장은 보관방식과 형태에 따라 다시 캐스크 방식, 사일로 방식, 볼트 방식 등으로 구분한다. 용기 비용은 많이 든다.

〈표 1. 2〉 건식저장 방식의 종류
[자료 : 사용후핵연료 공론화위원회(2014. 2)]

이름	캐스크 방식 (Metal cask)	사일로 방식 (Concrete cask/ Silo)	콘크리트 모듈 방식(Concrete Module)	볼트(vault) 방식
종류				
열 전달 방식	캐스크* 벽을 통한 전도	캐니스터** 주변 공기의 대류	캐니스터 주변 공기의 대류	금속관(thimble tube) 주변의 대류
차폐 방식	금속 벽	콘크리트와 강철 보호재	콘크리트 벽	콘크리트 벽

* 캐스크(cask) : 핵연료 수송물이나 사용후연료를 저장하는 원통형 용기
** 캐니스터(canister) : 방사성 폐기물 봉입하기 위한 스테인리스 강제 재질 등의 용기

경주 월성 원전과 같은 중수로에서 나오는 사용후핵연료는 경수로의 경우에 비해 붕괴열이 훨씬 낮기 때문에, 수조에서 어느 정도 냉각되면 금속용기에 건식저장할 수 있다. 건식저장은 비활성 기체를 이용하여 냉각시키고, 콘크리트나 금속을 이용하여 차폐시키므로 안전하다는 것이 장점이다.

사용후핵연료의 습식저장과 건식저장을 비교하면 아래 표와 같다.

〈표 1. 3〉 습식저장과 건식저장 방식의 비교

	냉각/차폐원리	장점	단점
습식저장	저장수조(SFP)를 이용	낮은 온도가 유지되어 저장 밀도를 높일 수 있음	냉각 시스템 가동으로 시설 운영비 증가, 2차 폐기물 발생
건식저장	냉각 : 비활성 기체를 이용 차폐 : 콘크리트나 금속을 이용	유지 비용이 적게 들고 안전	

• 가압경수로형 원자로에서 발생되는 사용후핵연료의 구성 성분은?

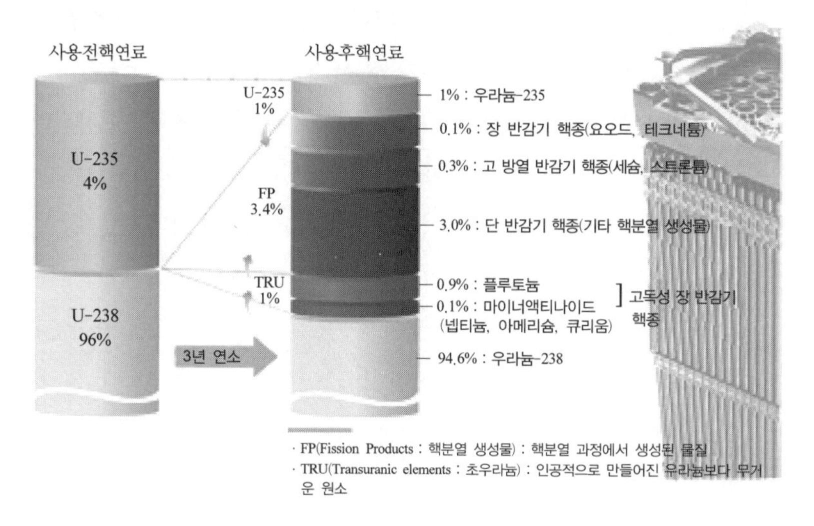

〈그림 1. 4〉 경수로 사용후핵연료 구성비 변화
[자료 : 산업통상자원부 사용후핵연료 관련 사진집]

• 중수로형 원자로에서 발생되는 사용후핵연료의 구성 성분은?

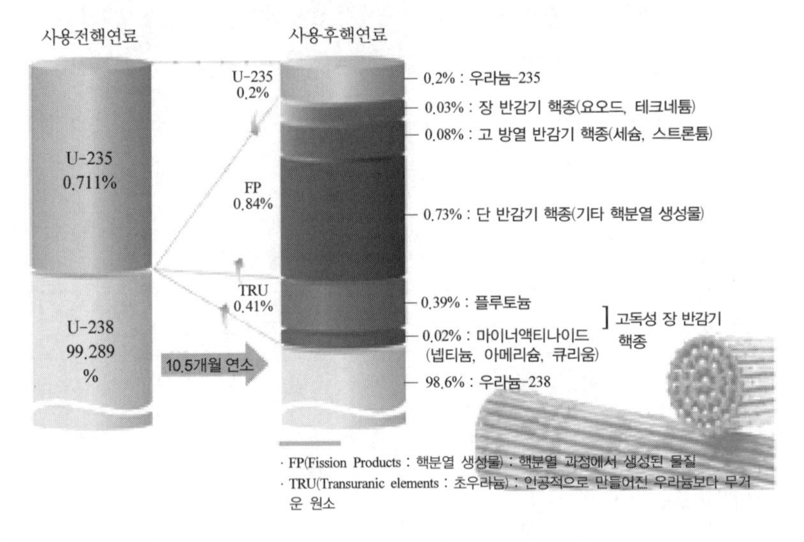

〈그림 1. 5〉 중수로 사용후핵연료 구성비 변화
[자료 : 산업통상자원부 사용후핵연료 관련 사진집]

• 가압경수로형과 가압중수로(CANDU)형에서 나오는 사용후핵연료의 저장방식에는 어떤 차이가 있는가?

우라늄 광산에서 얻는 천연 우라늄은 주로 우라늄-238로 구성되고, 우라늄-235가 0.7퍼센트 정도 들어 있다. 바로 0.7퍼센트 정도 들어 있는 우라늄-235가 핵분열 반응에 의해 천문학적인 양의 에너지를 방출하는 것이다. 따라서 핵연료로 쓰기 위해서는 천연 우라늄을 정제하고 농축해서 우라늄-235의 비율을 높여야 한다. 핵연료는 농축 정도에 따라 저농축 연료에서 중간 정도, 그리고 고농축 우라늄 연료가 있다.

경수로형 원자로에는 3-5%로 농축된 우라늄(enriched uranium)을 핵연료로 쓴다. 가압경수로형 원자로에서 발생되는 사용후핵연료는 원자로 격납건물 바로 옆에 붙어 있는 돔(Dome) 형태 건물의 수조에 습식저장한다. 이 건물은 1미터 두께의 콘크리트 벽으로 되어 있어 방사성 물질을 차단한다.

CANDU(CANada Deuterium Uranium)형 원자로는 캐나다에서 설계된 가압중수로(Pressurized Heavy Water Reactor, PHWR)이다. 개발국인 캐나다와 우리나라를 비롯하여 세계 7개국에서 운영되고 있다. 중수로는 냉각제로 중수(重水)를 사용한다. 천연 우라늄을 핵연료로 이용하기 때문에 경수로에 비해 사용후핵연료의 붕괴열이 훨씬 낮고 발생량은 4배 이상 많다. 따라서 수조에서 어느 정도 냉각되면 금속용기에 넣어 건식저장을 할 수가 있다. 경주 월성 CANDU 원전에서는 사용후핵연료봉의 30%는 수조에, 70%는 콘크리트로 차단된 건물 내부의 금속용기에 보관하고 있다. 중수로 사용후핵연료는 중간저장 이후 직접처분되는데, 현재 기술 수준으로는 재처리의 경제성이 없기 때문이다. 그러나 인도에서는 재처리를 하고 있다.

- **사용후핵연료의 임시저장과 중간저장은 어느 정도의 기간을 거치는가?**

임시저장과 중간저장 기간이 일정하게 정해진 것은 아니다. 임시저장 기간은 30년 이상도 하고 있다. 중간저장 기간은 국가관리 정책 방향, 시설 설계수명, 인허가 기간 등에 따라 차이가 나지만, 통상적으로 설계수명은 30-60년이다. 그러나 최근에는 130년 이상까지 할 수 있다는 주장이 나오고 있다. 물론 검증되지 않은 가설이다. 영국, 미국에서도 중간저장 기간을 80년 이상으로 늘리는 움직임이 있다. 우리나라는 중간저장 기간을 결정하지 않은 상태지만, 일본이 무츠 시에 중간저장 시설을 건설하면서 시설 설계수명을 50년으로 결정한 것이 하나의 비교기준이 될 것으로 보인다. 이처럼 저장 기간이 길어지고 있는 것은 장기관리 정책에 어려움을 겪기 때문이기도 하다.

- **우리나라 규정에서 사용후핵연료 임시저장과 중간저장은 어떻게 구분되는가?**

우리나라의 현행 법규에 따르면, 임시저장은 사용후핵연료를 방사성 폐기물 관리사업자에게 인도하기 전까지 원전 내에서 저장관리하는 단계를 가리킨다. 그리고 임시저장 수조는 원자로의 부대시설로 규정하고 있다. 중간저장은 방사성 폐기물 관리사업자가 사용후핵연료를 그 발생자로부터 인수하여 재처리하거나 또는 직접처분하기 이전까지 별도의 저장시설에서 관리하는 단계를 가리킨다. 최근 중간저장 기간은 계속 장기화되고 있고, 2010년 IAEA 국제회의 발표 자료에 의하면 기술적으로 150년까지 저장 가능하다는 발표가 나오고 있다. 중간저장 방식은 건식이 더 보편적이기는 하나, 습식도 할 수 있다. 이 경우 수조에 넣어 식히는 임시저장과 근본적인 차이는 없다.

- **원전별로 임시저장 수조의 용량을 늘려 저장 기간을 늘리는 것은 안전한가?**

임시저장 수조의 저장 용량을 늘리는 것은 보편적으로 저장대 리랙킹(reracking)과 밀집포장(rod consolidation) 기술 등이 이용된다. 조밀 저장대를 써서 용량을 늘리는 저장대 리랙킹 방식은 지난 40년간 가장 널리 사용된 기술로서, 저장대의 중심 간의 간격을 좁혀 용량을 늘리는 방법이다. 조밀 저장대란 사용후핵연료를 좀 더 촘촘히 저장할 수 있도록 중성자를 흡수할 수 있는 성분(보랄)을 부착한 철제 저장 칸막이를 가리킨다. 그러나 근본적인 해결책이라고 할 수는 없다.

2011년 3월 후쿠시마 원전 사고 때 사용후핵연료 저장수조에서 물이 빠지면서 폭발이 일어난 것은 사용후핵연료 저장의 안전성에 대한 경각심을 일깨우고 있다. 그리고 저장 기간 연장 과정에서 주민 수용성을 얻는 것도 필요하다. 사용후핵연료를 이웃한 신규 원전으로 옮겨 임시저장하는 방안도 시행되고 있으나, 행정구역이 다른 원전 부지 간에 이동하는 경우에는 인허가가 필요하고, 지역사회와의 협의도 필요하다.

• 사용후핵연료의 저장수조의 위험도는 어느 정도인가?

미국에서는 9.11 테러 사건 이후 2003년에 시민단체 전문가들이 사용후핵연료 임시저장 수조가 안전상 취약하다고 문제 제기를 했다. 이에 2004년 미국 국립과학아카데미(National Academy of Science, NAS)는 연구를 거쳐 "만약 테러리스트들이 사용후핵연료 저장수조를 공격한다면, 쉽지는 않지만 성공할 가능성은 있다"라는 결론을 내린다. 만일 "테러리스트의 공격이 지르코늄(zirconium) 피복 화재를 일으킬 수 있다면 화재가 확산될 수 있고 그에 따라 다량의 방사성 물질이 방출될 수 있다"고 본 것이다. 그러나 화재가 일어나는 조건은 피복이 공기에 노출되어야 하므로 우선 저장수조에서 물을 빼내야 한다. 따라서 실제로 테러리스트가 원전 내에서 이런 작업을 한다는 것은 현실적으로 가능성이 희박하다고 본다.

미국의 일부 민간 전문가들은 저장수조에 저장되어 있는 사용후핵연료를 보다 더 안정적인 건식저장 용기로 옮겨야 한다고 주장했다. 그러나 비용이 걸림돌이다. 저장용기를 구매하고 적재하는 데 100만 달러 이상이 소요되고, 원자로에서 사용후핵연료를 담는 데 필요한 저장용기가 3-4개라서 비용이 너무 많이 들게 된다. 건식저장 용기를 보관하는 시설의 건설비용도 추가로 들어간다. 결국 건식저장 용기로 옮기는 경우 수천만 달러가 소요되는 데다가 건식저장 용기로 옮길 때 작업자가 방사능에 노출될 위험성도 있다.

이러한 문제 때문에 NAS는 건식저장 용기로 옮기는 방법보다 비용이 덜 드는 저장수조 내 사용후핵연료의 재배열을 추천하고 있다. 재배열은 수조에 오래 보관되어 있던 식은 연료봉으로 새로 집어넣은 뜨거운 연료봉 주변을 둘러싸게 배치하여 화재가 번지는 것을 방지하는 방식이다.

• 사용후핵연료의 습식 재처리 퓨렉스란 무엇인가?

재처리는 사용후핵연료를 화학적으로 처리해서 핵연료로 쓸 수 있는 물질을 분리 추출하는 기술을 가리킨다. 이렇게 추출된 우라늄은 농축하여 재사용할 수 있고, 플루토늄은 혼합산화연료(mixed oxide fuel, MOX : 천연 우라늄이나 재처리를 통해 회수한 산화우라늄과 산화플루토늄을 섞어 만든 연료)를 만드는 데 쓸 수 있다. 현재로서는 습식의 퓨렉스(Plutonium and Uranium Recovery by EXtraction, PUREX) 방식이 가장 대표적인 상용화 재처리 기술이다.

퓨렉스 공법은 사용후핵연료 집합체를 해체한 후 절단하여 강한 질산에 녹이고, 고체와 액체를 분리하는 단계를 거친다. 그 다음 단계로 공제염(분리), 상호분리, 최종 정제 등의 공정을 차례대로 거쳐 우라늄과 플루토늄을 회수한다.

• 일부 국가가 당초 사용후핵연료 재처리를 하게 된 이유는?

재처리는 사용후핵연료에서 플루토늄과 다른 핵분열 물질을 추출하여 핵연료로 다시 쓰고 고준위 방사성 폐기물 양을 어느 정도 줄이는 화학적인 공정을 가리킨다. 그러나 31개 원전 국가의 대부분은 상업용 재처리 시설을 갖고 있지 않다. 당초 재처리는 프랑스, 인도, 일본, 러시아, 영국 등 핵무기 보유국에 허용된 기술이었고, 일본이 합류했다. 이들 국가는 우라늄 공급이 난관에 처할 것에 주목하여 재처리를 택했다. 천연 우라늄 중 핵분열성 물질은 1% 미만이므로, 우라늄 공급방안이라고 보았던 것이다.

1970년대 중반까지는 세계 우라늄 공급이 부족하다고 평가하고 있었다. 인도, 프랑스, 일본은 자국 내 우라늄 보유량이 적었다. 그러나 미국-인도 간 핵협상이 성사되면서 세 나라는 모두 국제 우라늄 시장에 접근이 쉬워졌다. 이들 국가는 저장 가능한 우라늄을 비축할 수도 있다. 따라서 우라늄 공급의 확보를 위해 재처리를 해야 할 이유는 사라지게 되었다. 영국은 수익성 악화로 인해 재처리 사업에서 손을 떼는 것으로 결정했고, 2017년부터는 재처리를 중단하는 것으로 바꾸고 있다.

• 원자력의 평화적 이용과 군사무기의 '이중용도'에 대한 우려가 제기되고, 사용후핵연료 재처리가 문제되는 것은 무엇 때문인가?

스웨덴의 노벨물리학상 수상자 한네스 알벤(Hannes Alfven)은 "평화를 위한 원자와 전쟁무기를 위한 원자는 샴 쌍둥이"라고 말한 적이 있다. 이는 평화적 목적의 원자력 이용과 군사적 목적의 원자력 이용이 같은 기술을 사용한다는 것을 뜻한다. 핵확산 우려가 있는 두 가지 기술은 농축과 사용후핵연료 재처리이다.

우라늄 농축시설에서는 상업 발전용 핵연료가 생산될 수도 있고, 원자폭탄 제조의 원료가 만들어질 수도 있다. 폭탄 제조용으로 농축하려면 우라늄-235가 90퍼센트 이상으로 농축되어야 한다. 한편 우라늄 핵연료는 대개 우라늄-235가 3-5퍼센트 정도이다.

사용후핵연료 재처리 시설에서는 이중용도로 사용될 수 있는 플루토늄이 얻어진다. 사용후핵연료 속의 플루토늄은 수명이 수만 년이므로 안전하게 관리해야 한다. 사용후핵연료에서 분리된 플루토늄은 원자로 사용 등급의 물질로서 핵무기 원료 등급보다 농도가 낮지만, 원자폭탄 제조에 쓰일 수가 있다. 퓨렉스 재처리에서 얻는 고순도 플루토늄은 분리되어 핵무기 생산의 원료가 될 수 있기 때문에 핵비확산이라는 국제적 기준에 걸리게 된다. 따라서 재처리 시설에 대해서는 보안과 경비를 철저히 해서 플루토늄이 무기개발이나 핵 테러 국가로 유출되지 않도록 엄격히 조치해야 한다. 이를 둘러싸고 국제사회에서 끊임없이 우려가 제기되고 있는 것이다.

재처리의 또 다른 문제점은 경제적, 기술적으로 실익이 적다는 것이다. 재처리를 택한 국가들이 있기는 하나, 전문가들 사이에도 의견이 일치하지 않고 있다. 현재 기술 수준의 사용후핵연료 재처리는 경제성이 없고, 기술적으로도 성숙도가 낮다는 주장이 설득력을 얻기 때문이다. 재처리에서는 저준위 폐기물이 추가로 발생한다. 우라늄과 플루토늄, 그리고 비방사능 연료 피복을 제거하고 고준위 핵폐기물의 양을 줄인다는 점은 유리하다. 그러나 재처리에서 분리된 방사성 핵분열 생성물은 공간을 덜 차지하긴 하지만, 우라늄이나 플루토늄보다 훨씬 더 방사능이 강하다. 따라서 재처리에서 고준위 폐기물이 줄어드는 것은 사실이나, 방사선 위험은 줄어들지 않는다. 결국 사용후핵연료를 재처리한다 해도 고준위 방사성 폐기물이 남는 것은 마찬가지라서, 심지층 처분을 면할 수가 없으므로 방폐물 저장과 처분이 해결되는 것은 아니다. 유튜브에는 미국 프린스턴 대학교 교수인 프랭크 폰 히펠이 재처리를 가리켜 '환경세탁(Green Washing)'이라고 비판한 영상도 올라와 있다.

• 사용후핵연료 재처리의 경제성은?

일부 국가가 재처리 설비를 계속 가동하는 이유는 플루토늄이 유용한 자원이라고 보거나 또는 사용후핵연료 처분을 위한 최적의 방안이라고 보기 때문이다. 플루토늄 핵연료 제조는 우라늄 핵연료에 비해 비용이 더 많이 든다. 하버드 대학교 벨퍼 센터의 2003년 연구에 의하면, 우라늄이 현재 가격의 세 배 정도로 뛰는 경우, 즉 킬로그램당 360달러까지 올라가게 되는 경우에는 재처리된 플루토늄이 경제성을 가질 것으로 추정했다. 그러나 실상 핵연료 비용은 원전사업의 총 비용에서는 비중이 낮기 때문에 재처리의 이유로는 부족하다. 프랑스 국민은 재처리 정책 때문에 전기값을 6% 정도 더 내고 있다. 경제성 측면에서 보면, 재처리는 핵연료를 한 번 쓰는 비순환 핵연료주기(once-through fuel cycle)보다 못하다. 그럼에도 불구하고, 이미 벌어진 재처리 시설 건립으로 인한 엄청난 매몰 비용이 있어, 경제적 관성으로 재처리가 지속되는 경우가 많다는 분석이 나오고 있다. 미국, 프랑스, 일본은 재처리 시설 때문에 원전당 수십억 달러씩을 써왔기 때문이다.

재처리의 필요성을 강조하는 쪽에서는 단순 비용 비교보다 더 중요한 이슈가 있다고 주장한다. 재처리가 수십만 년까지 장기 보존해야 하는 고준위 방사성 폐기물의 부피를 줄인다는 명분이다. 그러나 재처리 과정에서는 저준위 방사성 폐기물이 다량 발생한다. 더욱이 고준위 폐기물을 줄이려면 플루토늄 연료로부터 나오는 사용후핵연료도 재처리가 될 수 있어야 한다. 하지만 현재로는 재처리 국가의 대부분이 플루토늄 연료는 재처리를 하지 않고 그냥 저장하고 있다. 실질적으로 재처리를 하더라도 고준위 폐기물의 총량은 줄어들지 않는다.

• 사용후핵연료의 파이로프로세싱이란 무엇인가?

파이로프로세싱(Pyroprocessing)은 전기화학 반응을 이용한 건식처리 기술이다. 즉 사용후핵연료를 용융시켜 전기분해에 의해 초우라늄계 원소(TRU, Pu, Np, Am, Cm)를 분리 추출하는 기술을 가리킨다. 여기서 회수된 추출물은 고속로용 핵연료 제조에 사용할 수 있도록 한다는 것이다. 그리고 장반감기의 고준위 방사능 핵종(Tc, I)은 열중성자로에서 소멸시켜 고준위 방사성 폐기물의 양과 방사능과 발열량을 대폭 감소시킨다는 것이다. 이렇게 되면 고준위 방사성 폐기물 처분장의 면적을 줄일 수 있을 것으로 기대된다.

그러나 현재 수준으로는 연구개발의 초기단계에 머물러 있어, 상용화까지에는 수십 년이 걸릴 것으로 보인다. 또한 고속로 개발도 예상보다 계속 늦어지고 있다. 파이로 공정으로 얻은 혼합 추출물을 핵연료로 사용하려면 제4세대 원자로인 액체소듐고속로(SFR)의 상용화가 실현되어야 한다. 현재로서는 액체소듐고속로 등의 신기술은 2030년경이 되어야 성숙기에 들 것으로 보인다.

• 파이로 공정에 대한 국제적 연구 상황은 어떤가?

미국은 이미 40여 년 전부터 파이로 공정 기술개발을 추진하고 있었다. 그 결과 실험실 규모로 성공한 기록도 있다. 일본도 롯카쇼무라에 습식 재처리 공장을 가동하는 한편, 파이로 공정에 대한 연구를 계속하고 있다.

EU도 습식 재처리 방식을 도입하면서도 2008년부터는 핵연료주기 프로그램의 일환으로 파이로 공정을 연구하고 있다. 러시아도 파이로 공정을 연구하고 있다.

그러나 파이로 공법의 상용화까지는 오랜 기간이 소요될 것으로 전망된다. 선진국의 연구 수준은 최대 10킬로그램 정도의 반응기 용량으로 알려져 있다. 실용화하려면 요소기술 개발과 핵심 공정의 용량과 효율을 높이는 난제가 남아 있다. 또한 실제로 원자로에서 나오는 사용후핵연료를 써서 처리하는 과정에서 소량의 핵물질이 어떤 영향을 미칠 것인지 등에 대한 실증과 검증도 풀어야 할 과제로 남아 있다. 요컨대 파이로 공정의 핵심적 단계를 연계하여 시험하고 운영하는 통합 공정의 기술을 비롯하여 사용후핵연료를 다루는 과정에서의 차폐시설, 공정 전반의 원격조정과 운영, 보수 등의 기술, 물리적 방호기술 등 해결해야 할 기술적 난제가 산적해 있다.

• 파이로 공정에 대해 우리나라 기술은 어느 정도 수준인가?

우리나라는 1997년부터 한국원자력연구원에서 파이로 공정 연구를 수행해오고 있다. 2006년에는 전기분해 환원 실증을 위한 '사용후핵연료차세대관리종합공정실증시설(ACPF)'을 설치했다. 우라늄을 단시간에 처리할 수 있는 '고성능연속전해정련시스템'도 개발하고 있다. 또한 폐기물 저감, 고속 전해환원 기술, 악티나이드 혼합물 회수율을 높이는 고속 전해제련 기술 등에서 선도적인 연구를 추진하고 있다.

그러나 파이로 공정의 요소 기술을 실험실 규모에서 시행하는 것과 실제 사용후핵연료를 원료로 실증을 거쳐 상용화하는 것 사이에는 큰 차이가 있다. 현재로서는 장치 규모가 20킬로그램 수준이고, 앞으로 50킬로그램 용량의 공정장치를 개발한다는 계획이다. 향후 목표는 연간 10톤 규모의 상용화 시설을 건설하는 것이나, 선진국과는 달리 실제 사용후핵연료를 사용한 실증 실험이 이루어진 실적이 없다. 따라서 파이로 공정의 한미 간 협력연구를 강조하고 있다.

- 핵비확산 이슈에서 파이로 공정과 퓨렉스 공정 사이에 차이가 인정되는가?

파이로 공정과 퓨렉스(PUREX) 공법의 차이는 생성물에서 플루토늄이 다른 여러 가지의 초우라늄 원소와 한데 섞여서 추출된다는 것이다. 즉 파이로 공정에서는 핵무기 원료인 플루토늄이 순도 높게 분리되어 추출되는 것이 아니므로 핵확산의 우려를 비껴갈 수 있다는 것이 우리나라 원자력계의 주장이다. 그런 점에서 재처리와 구분되는 재활용(Recycling)이라고 주장해왔다. 그러나 국제적 기준은 이런 논리를 인정하고 있지 않다. 파이로 공정에서 플루토늄이 혼합물 상태로 얻어지는 것은 맞지만, 플루토늄을 분리해낼 수 있는 기술개발이 가능하기 때문에 두 가지 공법 사이에 핵비확산에서 근본적인 차이가 없다는 것이다. 따라서 IAEA, 세계원자력협회(World Nuclear Association, WNA) 등은 파이로 공정도 재처리의 범주에 포함시키고 있다. 다만 플루토늄이 분리 추출되는 퓨렉스 공법과 다르다는 차별성을 인정하는 정도이다.

- 재처리 정책의 기술적 과제는?

사용후핵연료의 재처리가 진정으로 의미를 가지려면 고속중성자로가 경제적, 기술적으로 상용 가능해져야 한다. 그 이전까지는 계속 보관해야 한다. 고속중성자로는 플루토늄, 큐리움, 아메리슘 등의 핵분열성 물질을 연료로 쓸 수 있기 때문에, 핵폐기물을 감소시킬 수 있는 방안이다. 핵연료 후행주기에서 사용후핵연료의 저장 부지를 선정하는 것은 가장 어려운 일이다. 반감기가 긴 핵분열성 물질이 저준위 핵물질로 변환되려면 수만 년, 수십만 년이 걸린다. 그리고 처분시설 관리가 매우 중요해서, 물에 녹아든 물질이 수원을 오염시킬 가능성을 차단해야 한다.

프랑스와 일본은 고속반응로의 상용화가 얼마나 어려운 과제인지를 잘 보여주고 있다. 2010년 기준으로 프랑스는 시제품 원자로인 피닉스의 가동을 중단시킨 후 단 하나의 고속원자로도 갖추지 못하는 상태이다. 앞으로도 프랑스는 다른 고속원자로를 보유할 계획이 없다. 이와 비슷하게 일본은 고속원자로 기술개발에서 난항을 거듭해왔다. 몬주 고속원자로는 1995년에 발전소 보조설비 부분에서 나트륨으로 인한 화재를 겪었고, 그 이후 아직까지도 상업적 운전 허가를 얻지 못하고 있어 거의 포기 상태이다. 핵분열성 물질을 완전히 연소시켜 에너지를 얻기 위해서는 기존의 열식원자로 2개마다 1기의 고속원자로가 필요하다. 따라서 현재 전 세계의 440기에 달하는 열식원자로에서 나오는 핵분열성 물질을 처리하기 위해서는 200개 이상의 가속원자로가 필요하다는 추산이다.

한편, 열식원자로에서 플루토늄을 연료로 소모하는 속도는 사용후핵연료에서 플루토늄이 분리 생성되는 속도를 따라잡지 못하고 있다. 최근의 경향을 보면, 연간 5톤에서 10톤에 달하는 플루토늄이 쌓여가고 있다. 사용후핵연료에서 분리된 플루토늄의 양은 현재 약 250톤인데, 이는 수천 개의 핵무기를 만들 수 있는 양이다. 따라서 결국 재처리는 핵비확산이라는 국제적 추세와 충돌하고 있는 민감한 외교안보 이슈가 된 것이다.

• 미국의 재처리 정책은 어떻게 변화했나?

1976년 공화당 출신 대통령 포드(G. Ford)는 사용후핵연료 재처리 프로그램을 중단하라는 전문가들의 조언을 받아들인다. 그러나 그는 그해 대선에서 카터(J. Carter)에게 패배한다. 1977년 카터 대통령은 재처리 중단 정책을 수용하고, 핵비확산을 강조하면서 다른 나라들도 재처리 중단에 동참할 것을 권한다. 즉 카터 대통령 이전에는 민간 부문의 사용후핵연료 재처리는 허용된 상태였다. 1977년 미국의 재처리 금지 정책의 근거는 두 가지였다. 첫째, 재처리 비용이 핵연료를 한 번만 태우는 비순환 핵연료주기 운영 비용보다 더 높다는 것이었다. 2010년 3월, 프랑스 아레바의 전문가는 미국이 상업용 재처리 시설을 운용하려면 250억 달러가량이 소요될 것으로 평가했다.

둘째 이유는 재처리 기술이 널리 퍼질 경우 핵확산을 초래할 위험이 있다는 것이었다. 단 하나의 상업적인 재처리 기술인 퓨렉스의 경우, 특히 핵확산으로 이어지기 쉽다. 이는 플루토늄이 고방사능 핵분열 물질의 안전 방어막으로부터 완전히 분리되는 것이기 때문이다. 다른 고방사능 핵분열 물질에 비하면 플루토늄은 방사성이 약하고, 삼키거나 들이마시지 않는 한 다루기가 용이한 물질로 알려져 있다. 따라서 보안이 불충분할 경우 테러리스트가 손쉽게 플루토늄을 훔칠 수도 있다. 만일 미국이 재처리를 한다면 다른 국가들에게 핵확산 활동을 해도 된다는 신호로 해석될 소지가 있다는 것이 미국이 재처리 금지 정책을 택한 이유였다.

경제성 이슈도 있지만, 미국은 국제적 핵비확산의 명분을 위하여 30년 이상 재처리 시설을 가동하지 않게 된 것이다. 또한 재처리 시설을 보유하지 않은 국가를 대상으로 재처리 시설을 건설하지 않도록 정치적 압력을 가해왔다. 그러던 중 2001년 부시 행정부는 비확산을 보장하는 방식인 경우에 한해 재처리를 허용할 수도 있다고 시사하고 나선다. 특히 체니 부통령은 2001년 에너지 정책을 조사하면서 비확산 재처리를 옹호하는 태도를 보였다. 이에 대해 핵비확산 전문가들은 비확산 방식의 재처리라고 하더라도 여전히 위험성이 크다고 우려를 표한다. 이는 이란의 핵개발을 우려한 측면이 있다.

또한 미국이 핵무기 제조 가능성이 있는 나라에게 비확산 재처리 시설의 건설도 허용하지 않을 것임을 뜻하는 것이었다. 이런 핵개발 위험 국가들은 비확산 재처리 시설에서 변환시킨 핵물질을 사용할 수 있는 퓨렉스 재처리 시설을 은밀히 건설할 수도 있을 것으로 보기 때문이었다. 이런 공장에서는 핵무기 원료인 플루토늄을 생산할 수 있기 때문이다. 미국 국립연구소의 조사에 따르면, 현재 연구되고 있는 비확산 기술방식은 핵분열 생성물에 둘러싸인 플루토늄이 도난되거나 또는 핵무기용으로 전용될 가능성을 배제할 수 없다고 보고 있다.

전문가들의 반대에도 불구하고, 부시 행정부는 2006년 원자력의 이용을 핵비확산적으로 촉진하기 위한 세계원자력에너지파트너십(Global Nuclear Energy Partnership, GNEP)을 출범시킨다. GNEP의 목적에는 비확산적으로 플루토늄을 사용할 수 있는 방법을 연구개발하는 것도 들어 있었다. 그러나 핵확산 위험에 대한 우려를 이유로 GNEP는 연구개발 결과를 기존의 핵무기 보유국과 이미 재처리 시설을 가동하고 있는 일본에만 제한해서 적용한다는 방향을 갖고 있었다.

이에 대해 개발도상국들은 반발한다. 미국이 핵연료 주기 완성에 대한 다른 나라의 권리를 부정하는 것이라고 보고 GNEP의 계획을 반대하고 나선 것이다. 이렇게 되자 GNEP 정책 설계자들은 각국의 권리가 침해되지 않는다고 명시하는 쪽으로 제안을 수정하게 된다. GNEP는 2010년 6월부터 IFNEC(International Framework for Nuclear Energy Cooperation)로 명칭을 바꾸어 평화적인 원자력 에너지 확산을 위한 국제 파트너십 사업을 이어가고 있다. 현재 32개국이 참여하고 있으며, 운영위원국은 미국, 중국, 프랑스, 일본이고, 미국이 운영위원장을 맡고 있다.

사용후핵연료 재처리 이슈는 미국에서 여전히 정치적 논쟁거리로 남아 있다. 2008년 대선 캠페인 동안, 공화당 후보 존 매케인은 재처리를 지지하지 않는 민주당 후보 버락 오바마를 비난한다. 매케인은 재처리는 미국의 핵폐기물 이슈를 완화시키고 새로운 연료 공급원을 열 수 있는 기회라고 주장했다. 그러나 오바마는 원자력 발전에는 찬성하면서도 재처리 시설의 건설을 지원할 필요성에는 동의하지 않았다. 오바마 행정부는 핵비확산식의 재처리에 대한 연구를 지원하고 있으나, 앞으로 수십 년 동안 재처리 시설을 건설할 필요가 없다는 입장을 갖고 있다.

• 사용후핵연료의 직접처분 기술은?

사용후핵연료의 최종처분 기술은 완전히 밀폐하여 심지층에 직접처분(Direct Disposal)하는 것이다. 심지층 처분이란 30-50년 정도의 냉각 기간을 거친 사용후핵연료를 원격 조절장치로 해체하거나 바로 처분용기에 포장하여 처분하는 것을 말한다. 포장용기(캐니스터)는 구리, 티타늄, 세라믹 등의 재질을 쓰고, 포장된 용기는 완전 밀봉 용접한다. 방사능은 철저한 차폐장치로 차폐될 수 있다. 포장한 사용후핵연료는 지하수가 침투되지 않도록 되메움제(Backfill Material)로 채워 깊이 300-1,000미터의 지하처분장(Deep geological repository)에 영구처분한다.

영구처분장 부지는 지질학적, 열수력학적으로 안정된 조건이라야 한다. 지하에 수평 터널을 파서 사용후핵연료 포장을 넣고 밀봉하여 생태계로부터 격리한다. 그러나 고준위 방사성 폐기물에는 반감기가 수백 년으로부터 수만 년에 이르는 핵종들이 들어 있으므로, 수백 년 뒤에 대개 소멸된다 하더라도 수만 년짜리 반감기의 핵종이 여전히 남게 된다. 처분시설의 설계 수명은 3만 년 내지 10만 년 정도로 보고 있다. 그런데 이렇게 긴 세월동안 지구상에서 어떤 천재지변이 일어날지 알 수 없다는 점에서 미래 세대에 부담을 안기는 것이라는 윤리적 이슈가 제기되는 것이다.

직접처분은 비용이 많이 들고, 한번 처분하고 나면 다시 꺼내기가 힘들다. 만일 훗날 혁신적인 재처리 기술이 개발될 경우 사용후핵연료의 자원가치를 활용하기가 어려워진다. 이러한 한계를 보완하기 위한 방법으로 최근에는 심지층에 구멍을 파서 사용후핵연료봉을 보관하는 방식도 연구되고 있다. 이는 물로 인한 부식을 막고, 지진 등 환경 변화에도 유리하고, 재처리 기술의 혁신이 이루어질 때 다시 꺼내서 처리할 수 있어 유리하다는 주장이지만 반론도 있다.

• 세계적으로 원전 가동국의 사용후핵연료 관리는 어떤 상황인가?

〈표 1. 4〉 원전 가동국의 사용후핵연료 관리방식 (2014. 2 기준)
[자료 : World Nuclear Association(WNA)]

순위	국가	운영 원자로 단위: 기	운영 부지 단위: 개소	원전 발전 비중 (2012) 단위: %	원전 운영 개시 단위: 년	중간저장 방식 (상업용) 단위 : 부지 개수		최종관리 정책
						부지 내	부지 외 (재처리 공장 제외)	
1	미국	100	65	19	1958	47	2*	
2	프랑스	58	19	74.8	1959	0	0	재처리
3	러시아	33	10	17.8	1965	3	1(계획)	재처리+위탁재처리
4	일본	48	17	2.1	1954	4	1	재처리/직접처분
5	한국	23	4	30.4	1978	1	0	
6	독일	9	8	16.1	1962	14	2(건식)	재처리/처분(탈원전)
7	캐나다	19	5	15.3	1962	7	0	직접처분
8	중국	20	4	2	1978	1	0	위탁재처리
9	우크라이나	15	4	46.2	1994	0	1	재처리
10	영국	16	8	18.1	1956	1	0	재처리/장기저장처분
11	스웨덴	10	3	38.1	1969	1	0	직접처분
12	스페인	7	6	20.5	1964	0	1(습식)	직접처분
13	벨기에	7	2	51	1962	2	0	재처리
14	대만	6	3	19.0	1978	0	0	
15	인도	21	7	3.6	1969	1	1(건식)	재처리/직접처분
16	체코	6	2	35.3	1985	2	0	
17	스위스	5	4	35.9	1977	3	0	재처리
18	핀란드	4	2	32.6	1974	1	0	직접처분
19	불가리아	2	1	31.6	1973	3	0	재처리
20	브라질	2	1	3.1	1983	1	0	
21	헝가리	4	1	45.9	1972	1	0	
22	슬로바키아	4	2	53.8	1985	0	0	
23	남아공	2	1	5.1	1984	0	0	

24	루마니아	2	1	19.4	1996	2	0	
25	멕시코	2	1	4.7	1990	0	0	
26	슬로베니아	1	1	53.8	1974	2	0	
27	아르헨티나	2	2	4.7	1983	1	0	
28	네덜란드	1	1	4.4	1969	0	0	
29	파키스탄	3	2	5.3	1972	0	0	
30	아르메니아	1	1	26.6	1977	1	0	
31	이란	1	1	0.6	2011	0	0	
-	리투아니아	1**	1	0	1991	1	0	

— 이 표는 원자력 발전량이 큰 국가부터 나열한 것이다. (발전 비중은 2009년 자료)
— 빈칸은 최종관리 정책이 결정되지 않은 'Wait and See'의 관망 정책을 나타낸다.
* Morris Reprocessing Plant Site, Private fuel storage facility
** 리투아니아는 유럽 연합에 가입하기 위한 조건으로 2009년 12월 31일 체르노빌 형 원자로를 폐쇄했다.

위의 표에서 보듯이, 대부분의 국가는 사용후핵연료를 부지 내에서 관리하고 있는 상태이다. 중앙집중식 중간저장 시설을 운영하는 국가는 소수로서, 대체로 재처리 또는 직접처분의 장기관리 정책을 결정한 국가가 이에 속한다. 가장 많은 원자로를 가장 오랫동안 운영하고 있는 미국이 장기관리 정책을 결정하지 못한 상태에서 원전별로 부지 내에서 저장시설을 운영하는 것이 주목된다. 독일의 경우 14개의 원전 부지가 대부분 부지 내 건식저장을 하고 있고, 아하우스(Ahaus), 고어레벤(Gorleben) 등에 3개소의 부지 외 저장시설이 있다.

원전 운영 국가가 최종관리 정책을 결정하지 못한 이유로는 재처리 공법의 기술성, 경제성이 미흡한 탓과 국제적 핵비확산성 원칙이 걸림돌이 되기 때문이다. 때문에 다수 국가가 사용후핵연료 최종관리 정책을 결정하기 위한 외교적, 사회적, 기술적 조건이 성숙되기까지 원전 부지 내에서 중간저장하는 방식을 택하고 있다. 재처리 또는 직접처분의 장기관리 정책을 결정한 경우에도, 부지 외 중간저장 시설 운영은 소수인 것으로 나타난다.

미국의 경우, 연간 2,000여 톤의 사용후핵연료가 발생하고 있고, 2020년 경 누적량은 8만7,000톤에 이를 것으로 예상된다. 미국은 민간 부문에 대해 상업적 재처리를 허용하고 있었으나, 현재로는 금지된 상태이다. 1977년 카터 행정부에서 상용 재처리가 금지되고, 1980년에는 심지층 처분하기로 결정한다. 2002년에 유카 산(Yucca Mountain)을 처분장 부지로 승인하고, 2017년 완공을 목표로 사업을 추진하고 있었다. 그러나 오바마 행정부가 들어선 후 중단되고, 블루리본위원회가 구성되어 보고서가 나온다. 현재 사용후핵연료의 95%가 저장수조에 들어 있고, 나머지는 부지 내 별도의 건식 저장 시설에 저장하고 있다.

• 사용후핵연료의 부지 내 중간저장 방식의 장단점은 무엇인가?

사용후핵연료를 부지 내에서 중간저장하는 방안의 장점으로는 다음 요인을 들 수 있다. 무엇보다도 원전별 부지 내 추가 건식저장이므로 별도의 부지 선정이 불필요하다. 원격 이송을 할 필요가 없어 안전성, 보안성에서 유리하다. 사용후핵연료 물량이 많지 않은 경우에 유리하고, 기존의 원자력 관련 보안설비와 경험을 활용할 수 있다. 중수로를 가동하는 월성 원전의 경우 이미 부지 내에서 중간저장(Modular Air-Cooled Storage, MACSTOR)을 운영하고 있다. 각 부지별 사업이므로 원전별 운영 역량에 따라 지역사회의 수용성 확보 역량에 따라 문제를 해결할 수도 있다. 또한 중간저장 시설 운영으로 인한 지역사회의 경제적 인센티브 부여가 가능하다.

그러나 해결해야 할 과제도 만만치 않다. 원전별 지역사회에서 반발이 일어날 경우, 원전 가동 자체에 지장이 발생할 수 있다. 당초 사용후핵연료의 중간저장 목적으로 건설된 시설이 아니므로, 부지별로 지역주민 동의를 다시 받는 절차를 거쳐야 한다. 현행 법규상 충돌되고 있는 관리주체, 재원 등 행정 체계의 재검토가 필요하다. 다수의 개별 부지에서 관리되므로 잠재적 위험과 관리 비용이 증가할 우려가 있다. 원자력 발전소가 인근에 위치한다는 점에서 비상사태 대책을 세우는 데 한계가 있을 수 있다. 핵연료 후행주기 최종 정책결정이 늦어지는 경우, 부지별로 건식저장 시설을 계속 늘려야 하는 부담을 안게 된다. 현재 원전 부지별 저장시설 공간 확충 여지에 대한 정확한 평가가 선행되어야 한다.

부지 내 중간저장의 가장 큰 장점은 별도로 부지를 확보를 할 필요가 없고 수송에 따르는 민원과 비용을 피해갈 수 있다는 것이다. 또한 장기적으로 최종관리 방안이 결정되지 않은 상황에서는 보다 합리적인 선택이라 할 수 있다. 그러나 현행 체제로는 사업 관리주체가 문제가 된다. 부지 내에서 원전시설과 분리하여 독립된 저장시설을 설치하는 경우 현행 법규상 중간저장 시설로 간주되기 때문에 방사성 폐기물 관리사업자가 관리주체가 된다. 이 경우 한 곳의 부지 내에서 복수의 기관이 관련 사업을 하게 되는 결과가 된다. 한편 부지 내 중간저장을 원전 부대시설로 간주하는 경우에는 원전사업자가 관리주체가 된다. 이 경우 방사성 폐기물 관리사업자와 원전사업자의 관리 역할이 상충되는 문제가 생긴다.

- **사용후핵연료의 부지 외 중간저장 시설 설치의 장단점은 무엇인가?**

사용후핵연료를 부지 외 집중식 중간저장 시설을 건설하여 관리하는 방안의 강점과 약점은 다음과 같이 요약할 수 있다. 집중식 관리이므로 관리 효율성에서 유리하다. 그리고 기존의 관리행정 체계, 관리주체, 재원 등 관련 법규와 체제에 부합된다. 사용후핵연료 물량이 많은 경우에 유리하다. 사용후핵연료 관리를 목적으로 하는 부지 선정과 시설 건설이므로 관리와 보안에서 이점이 있다. 최종관리 정책의 재처리 공장 또는 최종처분 시설(원자력 연구시설 포함)과 연계할 수 있는 경우라면, 경제성과 산업 연관성에서 유리하다. 단 이런 이점은 기존 법규 제정에 기준을 둔다면, 실현성이 희박하다.

반면 중앙집중식 중간저장 시설의 건설은 여러 가지 난제를 안고 있다.

새로운 부지 선정 과정에서 심각한 지역사회의 반대에 직면할 수 있다. 더욱이 향후 최종관리 정책의 재처리 공장 또는 최종처분 시설과의 연계 가능성 때문에 더욱 큰 난관에 직면할 수 있다. 각 원전으로부터 사용후핵연료를 이송해야 하는 것이 부지 선정에 못지않게 난제가 될 것이다. 고준위 방사성 물질의 원격 이송에 따른 안전성, 보안성의 심각한 문제 제기가 따를 것이기 때문이다.

행정구역상 운송경로상에 위치한 지역사회는 아무런 혜택을 얻지 못한다는 점에서 혜택 분배의 불공정성과 불만이 야기될 가능성이 크다. 또한 최종관리 정책이 정해지지 않은 상태에서 지역사회를 설득할 수 있는 확실한 근거 제시가 사실상 불가능하다. 집중관리의 효율성이 있는 반면, 만약의 사고 발생 시 더 큰 피해가 우려된다는 약점도 공존한다. 대규모 부지 선정이라는 부담과 사회적 비용 부담이 커질 가능성이 있고, 중저준위 부지 선정에 비해 더 큰 지원 요구가 따를 가능성이 크다.

그러나 가장 중요한 문제는 사용후핵연료의 부지 내, 부지 외, 중간저장 방식의 장단점을 비교한다는 것 자체가 별로 큰 의미를 지닐 수 없게 진행될 수도 있다는 사실이다. 위에 열거한 항목의 어느 부분에서 어떻게 갈등이 불거져서 사태가 악화될지에 대해서 아무도 논리적으로 설명하거나 예측할 수가 없기 때문이다. 결국 정책결정과 사업 추진은 총체적 리더십과 통찰력에 의해 지역사회의 신뢰를 얼마나 얻으면서 함께 만들어갈 수 있는가에 달려 있다고 할 것이다.

• 사용후핵연료 이송의 문제는 무엇인가?

사용후핵연료를 중장기 관리하기 위해서는 이론적으로 원전, 중간저장 시설, 재처리 시설, 최종처분 시설 등의 시설 사이에서 이송할 필요가 생긴다. 이런 이송 과정은 시간과 비용이 높고, 이송 과정에서 방사능 누출의 안전상 위협도 따르게 된다. 때문에 사회적으로 우려가 매우 크다. 기술 수준으로 보면, 사용후핵연료 이송은 안전하다고 전문가들은 말한다. 그러나 지역주민의 불안을 해소하는 일은 쉽지 않다. 이송 거리가 길어지는 경우 어려움은 더 커진다.

실제로 원자력계는 지난 50년 동안 큰 사고 없이 방사성 폐기물을 이송해왔다. 그러나 영구처분장으로 이송한 물량은 극히 소량이다. 미국의 경우 사용후핵연료 6만 미터톤 중 3,000미터톤이 운송되었는데, 영구처분장이 아니라 70개소의 원전으로 분산되어 운송된 것이다.

이송에 대한 기술적 평가는 어떤가. 미국 국립연구회의의 원자력, 방사능 연구 위원회(Nuclear and Radiation Studies Board)와 운송연구위원회(Transportation Research Board)는 기존의 규제를 정확히 따른다면, 기술적으로는 "고속도로를 이용한 소량의 수송과 기차를 이용한 다량의 수송에서 안전, 보건, 환경적으로 방사능 위험이 낮아 충분히 관리가능하다"는 결론을 내렸다. 일반적인 고속도고 충돌 사고나 경미한 화재로 인해 운송 중 저장 컨테이너가 훼손되거나 방사능 유출이 일어날 위험성은 없다는 것이 실험 결과라고 밝히고 있다. 그러나 영구처분장으로 수천, 수만 톤의 방사성 폐기물을 운송하는 경우 사회적, 행정적 어려움을 겪게 될 것이라고 강조한다.

그러나 해당 지역사회로서는 방사능 노출 가능성과 그에 따르는 여러 가지 위험 부담에 대한 우려가 클 수밖에 없다. 따라서 이송에 따르는 잠재적인 자산 가치의 감소, 관광 피해, 심리적 불안 등의 사회적 위험성에 적절히 대응해야 함을 강조하고 있다. 또한 운송 중 사용후핵연료 용기가 크게 연소되는 화재 등의 극단적인 사고의 위험성에 대해 운송로를 대상으로 정밀 시험을 시행할 것을 권장하고 있다. 운송에서 또 우려되는 것은 사보타주나 테러리스트 공격 등의 고의적인 도발을 들 수 있다.

• 재처리 국가 현황은 어떤가?

현재 재처리를 택한 국가는 프랑스, 영국, 러시아, 인도, 일본 등이다.

이전에는 위탁재처리를 하던 국가가 더러 있었으나, 최근에는 비용 상승과 이송 난관 등으로 중단되고 있다. 영국, 인도, 독일, 일본 등은 재처리와 직접처분을 병행하고 있다. 원자로의 보유 기수 등 여러 요인에 따라 국가마다 재처리의 필요성에 대한 인식과 정책에도 차이가 있다. 우리나라의 여건에서는 재처리냐 직접처분이냐를 결정하기에 '시기가 무르익지 못한' 측면이 있어 중간저장의 중요성이 크다고 할 수 있다. 한반도 상황이 북핵 문제와 한미원자력협정 등 외교안보 여건상 매우 민감하고 복합적인 현안이 되어 있기 때문이다.

장기관리로서 재처리 정책을 택한 국가는 프랑스, 러시아, 영국, 일본, 인도 정도이다. 그동안 위탁재처리 정책을 소수 국가가 한때 시행했으나, 비용 상승과 사용후핵연료 이송 등의 난관에 부딪혀 시행이 중단되었다. 또한 재처리 과정에서 발생하는 모든 생성물을 발생국으로 되돌려야 한다는 국제 기준을 충족시키기가 힘든 것도 위탁재처리를 어렵게 하는 원인이 되고 있다. 캐나다는 원전이 모두 중수로형이므로 사용후핵연료 발생량이 많고, 재처리의 효율성이 거의 없어 재처리는 고려하지 않았다. 스웨덴과 핀란드는 발생량이 적고, 암반 지역이 발달되어 있다는 점이 직접처분에 유리하게 작용한 측면이 있다.

• 사용후핵연료의 직접처분 정책의 추진 사례는?

스웨덴의 사례가 시사적이다. 스웨덴은 방사성 폐기물 처리 기구로 1970년대에 SKB(Swedish Nuclear Fuel and Waste Management Company)를 설립한다. 그리고 1977년부터 1985년까지 여러 지역에서 부지적합성 조사를 진행한다. 암반이 발달된 까닭에 지질학적 요건이 맞는 지역은 여럿이었으나, 유치 과정에서 지역사회의 큰 반대에 부딪힌다. 이에 1992년에 SKB는 부지 선정 과정을 원점에서 다시 시작한다. 우선 전 지역 대상으로 사업 설명을 하고, 자발적으로 신청하도록 한다. 이 과정에서 신청한 5개 지역에 대해

〈표 1. 5〉 사용후핵연료 최종관리 정책 방향
[자료 : IAEA, Spent Nuclear Fuel Management : Challenges and Opportunities for Emerging Nuclear Countries, 2010. 5. 31.]

정책 방향	국가	비고
재처리	프랑스, 일본, 러시아, 영국, 인도 (중국, 2020년)	− 일본을 제외하면 핵무기 보유국 − 최근 미국이 요르단, 베트남에 재처리 허용(과거 한국, 대만, UAE 등에 재처리 불허 방침에서 변경)
직접처분	스웨덴, 핀란드, 캐나다	− 최근 스웨덴, 핀란드 처분 부지 확보(스웨덴 포르스마르크 2025년, 핀란드 올킬루오토 2020년) − 캐나다는 최종처분장 선정 프로그램 시작
위탁 재처리	불가리아, 우크라이나	− 독일, 네델란드, 벨기에, 스위스 등이 한때 시행 − 재처리 비용 상승, 왕복 이송에 따르는 난관, 상업용 재처리 물량 한계 등으로 현재는 중단 상태
‘Wait & See’	그외 다수 국가	− 미국은 직접처분 계획을 원점 재검토로 선회(Yucca Mt. 처분장 중단, Blue Mission Commission 가동) − 원전 선진국 이외 국가는 국제적 여건과 기술 − 유럽에서 다국적 관리를 위한 부지 확보 등의 논의가 TF 차원에서 논의되고 있으나, 현실화 가능성은 불확실

다시 적합성 조사를 실시한다. 그 결과 지층 환경이 좋고 이미 원전과 중저준위 방폐물 처분시설을 운영하고 있던 포르스마르크(Forsmark)가 2009년에 최종 선정된다. 2011년 3월, SKB는 스웨덴 정부에 포르스마르크 처분시설에 대한 건설 인허가를 제출한다. 결국 35년 걸려서 최종처분 시설 부지가 결정된 것이다.

• 우리나라의 사용후핵연료 관리정책의 고려 요인은 무엇인가?

사용후핵연료의 중간관리 정책결정에서 고려해야 할 요소는 다음 표와 같이 정리될 수 있다.

〈표 1.6〉 사용후핵연료 중간관리 방안 결정의 고려 요인
[자료 : (사)그린코리아21포럼]

후행 핵연료주기 연구개발 국제협력 활성화 등 전략적 접근

- 핵연료주기 관리에 대한 다각적 접근, 다자간 협력방안
- 에너지 안보 차원의 핵연료 공급 확보방안
- 향후 농축, 재처리 등에 대한 다자간 사업 구상, 국제협력 강화
- 농축, 재처리 기술개발의 국제협력 강화

한미원자력협력협정 재개정(2014년 만료)

- 원자력 활동, 미국의 사전동의 규정
- 원전 수출, 재처리 정책 추진에 제약
- 파이로 프로세싱에 대한 미국의 재처리 기술규정 조정 등
- 상대국의 원자력 정책 수립 체계 이해
- 정부 차원의 규약 준수, 신뢰 쌓기
- 우리나라 비확산 정책 의지 적극 홍보

북핵 문제 등 국제적 이슈

- 북핵 문제 해결을 위한 국제적 노력에서 원숙한 외교역량 발휘
- NPR(Nuclear Posture Review)의 정책기조 주요 변수
- 한반도 비핵화 노력에 대한 국제적 신뢰 확보

- 전문인력 양성 및 경제성 확보
- 대상국 전력 인프라, 협력 체제
- 안전성 문제 및 인증 절차 확립
- 국내 사용후핵연료 관리 역량

원전산업 해외 수준

- 2030년까지 490기 신규 건설, 약 2,900조 원 글로벌 시장
- 연평균 시장규모 약 23기, 140조 원 내외(WNA)
- 아시아 국가가 신규 원전 건설의 60% 점유 예상

－수출 통제 체제－

- 핵비확산조약(NPT)
- 쟁거위원회(ZC)
- 원자력 공급국 그룹(NSG)
- 안전조치협정
- 핵물질 물리적 방호(PP)

안전규제, 관리 체제, 규제 독립성 (IAEA 권고 사항, 국제협약 준수)

- IAEA 권고 사항
  - 규제기관 독립성(산업진흥/안전규제 분리)
  - 안전규제 전문성, 규제 투명성
- 국제협약
  - 원자력안전협약, 사용후핵연료 및 방사성폐기물관리안전협약, 선진 8개국(G-8) 성명서, 원자력 안전문화(INSAG-4, 1991) 등

세계 각국의 현황

- 중간저장 정책과 최종관리 정책과의 연계 필요

저장수조 추가 용량 검증

- 2016년부터 포화
- 사용후핵연료 관리방안 결정에 주요 변수

사회적 수용성 확보(안전기준 확립, 부지 선정 절차의 투명성 등)

- 정보전달의 객관성, 의견수렴과 의사결정 과정의 투명성, 공정성 확충
- 정책 신뢰를 얻을 수 있는 절차와 과정 중요
- 부지선정 기준, 절차, 방식의 사회적 합의 도출
- 중간저장 방식, 기간에 지역사회 의견 수렴
- 정책 일관성, 합리성, 효율성, 체계성 확보

원전수조 내 저장	중간관리 부지 내 또는 부지 외 집중식	재처리(재활용) (Pyro-process, SFR, LBFR) 또는 직접처분	최종처분

원자력 평화적 이용에 대한 국제사회 신뢰 확보, 후행 핵연료주기 관리정책 결정

원자력은 국제적 성격이 매우 큰 분야이므로, 국제적 기준을 따르고 성공 사례를 벤치마킹하는 등 외교안보적 요인을 고려해야 한다. 그리고 국내적으로는 정책에 대한 신뢰를 바탕으로 사회적 수용성을 확보해야 한다. 따라서 관리방안 결정에서도 안전성 기준을 최우선으로 투명한 절차에 의해 지역사회가 참여하는 의사결정 과정을 거쳐야 한다. 더욱이 2011년 3월 일본 지진과 쓰나미로 인해 원전의 수소폭발이 일어나는 등 원전 안전성에 대한 우려가 커지고 있고, 계속 원전 비리가 불거져나와 운영에 대한 불신과 불안이 커진 상태이므로 발상의 대전환과 특단의 대책이 필요하다.

4. 원자력과 여론

• 원자력에 대한 사회적 수용성의 특징은?

원자력에 대한 여론은 원전 정책에 상당한 영향을 미치게 된다. 2011년 갤럽(Gallop)의 여론조사 결과에 따르면, 나라마다 지역마다 원자력에 대한 사회적 수용성에 상당한 차이가 나타난다. 2012년 IPSOS의 여론조사를 보면, 후쿠시마 사고 이후에는 원전 여론이 부정적인 국가군, 사고 직후 부정적인 반응을 보이다가 회복세를 보이는 국가군, 사고와 거의 무관하게 일관성 있는 지지도를 보이는 국가군 등으로 구분되는 경향이 뚜렷했다. 가장 부정적인 여론을 보인 국가는 독일과 일본이었고, 가장 긍정적인 반응을 보인 국가는 미국과 영국이었다. 우리나라는 찬성 여론이 우세한 가운데, 후쿠시마 사고 이후 찬에서 반으로 돌아선 비율도 높은 것으로 요약된다.

주목할 만한 것은 원전을 이미 가동하고 있는 국가에서 긍정적인 여론이 더 앞서고, 원전이 없는 국가에서 부정적 여론이 더 높다는 사실이다. 사고 이후에는 가동 중인 원전 운영에 대해서는 인정하는 편이나, 신규 건설에 대해서는 부정적인 경향이 커졌다. 그리고 어느 시점에서나 여성의 부정적 반응이 남성에 비해 훨씬 더 크고, 일반인의 부정적 반응이 전문가에 비해 훨씬 더 크다는 것이 특징이다.

• 원자력 여론 동향과 국민 1인당 GDP 사이의 상관성은?

원전 가동국 가운데 1인당 GDP가 5만 달러에 이르는 5개 국가인 스위스, 스웨덴, 캐나다, 네덜란드, 핀란드의 원전에 대한 사회적 여론을 살펴보면 다음과 같다. 캐나다는 에너지 수출국(55퍼센트)으로서 원자력 발전의 필요성이 매우 낮다. 네덜란드는 가동 원자로가 1기이고 원전 비중(4퍼센트)도 매우 낮다. 네덜란드와 스웨덴은 원전에 대한 찬반의 입장을 분명히 하고 있지 않다. 핀란드는 친원전 정책을 추진하고 있다. 스위스는 탈원전을 추진하고 있다.

1인당 GDP가 4만 달러 수준인 미국, 벨기에, 일본, 독일, 프랑스를 살피면, 미국과 프랑스는 세계 1, 2위의 대규모 원전 가동국이고 원전 정책을 지속하고 있는 나라이다. 독일은 1986년 체르노빌 사고 이후, 그리고 2011년 후쿠시마 사고 이후에 탈원전을 선언한 국가이다. 후쿠시마 사고 이후 여론조사 결과 독일, 벨기에, 스위스는 탈원전 쪽으로 정책을 바꾸었다.

위의 사례를 살펴보면, 소득 수준이 높은 국가에서 탈원전 논의가 본격화되는 경향을 보이는 것으로 나타난다. 국가 정책에 지속가능한 발전을 위한 환경의식이 반영되고, 국민 안전을 강조하는 복지 정책이 강화되는 분위기 속에서 기술위험의 대표적 산업으로 잠재적 사고의 위험성을 지닌 원자력으로부터 벗어나는 것으로 유추할 수 있다.

그렇다고 해서 단순히 1인당 GDP를 기준으로 일부 선진국의 탈원전 정책과 국민의식 사이의 경향성을 해석할 수는 없다. 결국 선진국의 정책이 탈원전으로 전환하게 되는 주요 배경으로는 원자력을 대체할 수 있는 에너지원의 존재 여부, 인구 증가율, 경제성장률, 1인당 에너지 소비의 정체, 산업구조의 특성 등 복합적 요인이 작용하고 있다고 보아야 할 것이다.

• 에너지 수입 의존도에 따른 국가별 원자력 여론 동향은 어떠한가?

원전 가동 31개국 중 에너지 해외 의존도가 70퍼센트 이상으로 높은 5개 국가는 대만(92퍼센트), 한국(82퍼센트), 일본(81퍼센트), 스페인(74퍼센트), 벨기에(73퍼센트)이다. 후쿠시마 원전 사고 이전의 상황을 보면, 에너지 해외 의존도가 높은 나라에서 원전 비중이 높았다는 것을 알 수 있다. 그러나 후쿠시마 사고로 인해서 일본과 벨기에가 탈원전으로 가고 있다.

한편 에너지 해외 의존도를 기준으로 상위 10개국 중 위의 5개국을 제외한 나머지 5개국은 독일(61퍼센트), 헝가리(57퍼센트), 스위스(52퍼센트), 핀란드(52퍼센트), 슬로베니아(50퍼센트)이다. 그중 탈원전을 추진하는 국가는 독일과 스위스이다. 헝가리의 경우에는 2011년 5월 여론조사(입소스와 로이터 통신 공동)에서 응답자의 41퍼센트가 원전 찬성, 59퍼센트가 원전 반대였다. 그러나 헝가리 에너지관리부는 원전 안전에 이상이 없으므로 건설계획을 계속 추진할 것이라고 밝혔다. 따라서 에너지 해외 의존도가 높은 10개국 가운데 친원전 국가는 6개국으로, 에너지 해외 의존도와 원자력 정책 추진 사이에는 상당한 상관성이 있다고 볼 수 있다.

• 원자력 정책 동향과 사회적 여론 사이의 상관관계는 어떠한가?

원전 가동국가 31개국을 대상으로 국가별 에너지 해외 의존도, 전력 생산에서의 원자력 발전 비중, 1인당 GDP, 원자로 기수, 단위면적당 인구밀도 등을 기준으로 원자력 정책과의 상관성을 살펴보면, 그 결과는 어느 하나의 변수가 결정적으로 작용한다기보다는 복합적인 양상을 띠는 것으로 분석된다. 결국 국가별 원자력 정책의 결정은 이들 변수 이외에도 정량화하기가 어려운 사회적, 문화적, 정치적, 역사적, 지역적, 물리적 요인이 작용하는 복잡한 함수관계임을 알 수 있다. 무엇보다도 정부에 대한 신뢰 정도에 따라 정책 수립과 추진의 동력 확보 여부가 결정되는 것으로 볼 수 있다.

여론은 시간의 흐름에 따라 그 향방이 달라진다. 그리고 에너지 정책과 전력 정책도 여건에 따라 바뀌게 된다. 이러한 유동성을 고려할 때 국가별로 친원전과 반원전을 정확하게 구분하는 것에는 한계가 있다. 그러나 그 한계에도 불구하고, 후쿠시마 사고를 기점으로 원자력 정책에서 뚜렷한 움직임을 보이는 대표적인 국가에 대한 정책 등을 분석하는 것은 우리나라의 심각한 에너지 안보 상황에의 대처에 하나의 방향타가 될 수 있을 것이다.

• 원자력 소통의 전제 조건은?

원자력 소통에서는 원자력계의 '기술적 안전성' 인식과 일반국민의 '인지적(認知的) 안전성' 간에 차이가 있음을 인정하는 것이 중요하다. 여론조사 결과, 전문가의 안전의식과 지역주민의 체감 안전도 사이에는 상당한 격차가 있는 것으로 밝혀졌다. 원전시설 지역주민은 원자력의 기술위험을 자발적으로 선택한 것이 아니기 때문에 심리적인 불안과 스트레스를 받게 된다.

어느 개인의 힘과 노력으로 통제할 수 없는 기술위험이라는 두려움으로 인해 안전규제와 행정에 대해서도 불안과 불신을 갖게 된다. 원자력 전문가는 이런 심리를 막연한 불안감이라고 보는 경향이 있다. 그러나 지역주민에게는 그것이 실체적 리스크이다. 실제로 안전지수 인식을 비교한 결과, 지역주민의 체감 안전지수는 원전 직원의 절반 수준으로 나타났다.[2)]

• 원자력 소통을 위한 신뢰 구축의 요건은?

원자력 안전에 대한 신뢰는 규제기관을 얼마나 신뢰하는가와 맞물려 있다. 규제기관의 기본 임무는 지역사회의 안전성을 보장하는 것이다. 명목상 지역주민과 같은 목표와 가치를 갖고 있다. 그러나 실제로는 규제 행위가 사업 진흥에 가깝게 비쳐지는 것이 불신의 근원이다. 이러한 불신을 깨고

---

2) 최광식, 「규제기관에 대한 신뢰와 불신, 어떻게 다룰 것인가」, 원자력 산업, 2006, p. 17

국제 기준에 의한 실질적인 독립성과 투명성이 보장되고 있다는 신뢰를 구축해가는 것이 과제이다. 그래야만 명실상부한 양방향 커뮤니케이션이 이루어질 수 있고, 원자력 안전행정의 기초가 마련될 수 있다.

따라서 원자력 소통을 위해 '신뢰(trust)'란 무엇인가 짚어볼 필요가 있다. 여기서 신뢰는 전문가 그룹이 아닌 보통 사람들이 의존할 수 있는 일반적인 기대를 뜻한다. 신뢰는 몇 가지의 요소로 구성된다. 역량 평가(지식, 기술, 또는 기능), 진실성(행동의 일관성, 대화의 신뢰성, 공정성의 기준 보장, 말과 행동의 일치), 선행(정직함과 열린 의사소통, 결정 위임, 통제력 공유) 등이 그것이다.

신뢰에 관한 연구 결과에 의하면,[3] 일단 신뢰를 잃은 뒤에 피해자에게는 두 가지 측면에서 중요한 고려 요소가 발생한다. 첫째, 신뢰 당사자의 관계에 대한 불신과 스트레스를 어떻게 처리할 것인가, 둘째, 앞으로 또다시 상대방과의 관계에서 위반이 생길 것인가에 대해 갈등하게 되어, 다시 믿음을 갖는 데 장애가 생긴다. 이러한 장벽을 해소하는 과정을 거쳐야 하므로 일단 훼손된 신뢰를 회복하는 일은 훨씬 더 어려워진다.

선진국의 연구에서 얻어진 신뢰 구축의 요건으로는 "관계 형성에서 유능하게, 상대방이 만족할 만하게 행동해야 한다. 일관성 있고 예상 가능하게 믿음직한 언행을 해야 한다. 정확하고 솔직하고 투명하게 의사소통을 할 수 있어야 한다. 컨트롤 기능을 공유하고 위임해야 한다. 다른 사람들에 대한 배려를 해야 한다. 상대방에게 공통의 명분과 정체성을 부여해야 한다. 상대방에게 공동의 지위를 부여해야 한다. 합작의 성과와 목표를 창출해야 한다. 공유된 가치와 정서적인 매력 요인을 만들어내야 한다"는 것 등이 있다.

3) Roy J. Lewicki, Edward C. Tomlinson, "Trust and Trust Building", Beyond Intractability, 2003

• 원자력 소통의 신뢰 구축을 위한 해외 안전기준 동향은 어떠한가?

원전 안전에 대한 신뢰를 구축하기 위해서는 시스템과 운영에 대해 '안심'할 수 있도록 해야 한다. 후쿠시마 사고를 겪은 후 일본 전문가가 심리적으로 주민을 안심시키는 것이 과제라고 말하는 것을 들었다. 안심은 일방적이고 형식적인 위험 커뮤니케이션으로 기대할 수 있는 개념이 아니라는 것이 문제이다. 또한 실제로 신뢰받을 만한 기관인가와 무관하게, 절차적으로 신뢰받을 만한가가 중요하다. 우리도 해외 사례를 참고하되 우리 사회의 신뢰 구축을 위한 과정 모델을 개발할 필요가 있다.

국제원자력기구의 안전기준(IAEA Safety Standards GS-G-1.1, 2002)에는 규제 독립성의 제목 아래 몇 가지 기준이 명시되어 있다. 시설과 활동의 안전성을 규제하기 위하여 법적, 제도적인 체계가 구축되어야 한다는 것, 원자력 기술의 진흥 업무를 부여받았거나 또는 원자력 시설과 활동에 책임이 있는 조직이나 기관들로부터 독립된 규제기관이 설립되고 유지되어야 한다는 것 등이다.

또한 국제협약인 원자력안전협약(Convention on Nuclear Safety, 1996년, 제8조 2항)에도 규제기관의 기능은 원자력 진흥기관 또는 조직으로부터 효과적으로 분리되도록 보장해야 한다고 강조하고 있다. 한 나라의 원자력 안전규제가 실질적으로 충분히 독립성을 유지하고 있다고 하더라도 법적, 제도적 독립성 또한 유지해야 한다는 것이 국제사회의 규정이다.

• 미국의 원자력 PR 동향은?

미국은 세계 1위의 원자력 대국답게 원자력 홍보사업도 다양하다. 원자력 정보를 담은 브로슈어, 만화책 등의 발간은 물론 워크숍을 통해 교육받은 교사가 원자력의 필요성과 이점에 대하여 홍보에 나선다. 우리나라에서도 이런 활동을 하고 있으나, 모든 활동이 쌍방향이고 객관적이라는 인상을 주어 신뢰를 쌓는 것이 중요하다. 미국은 사이언스 클럽(Science club)

등 별도의 웹사이트를 제작하여 애니메이션 등 동영상 자료도 제공하고 특히 청소년을 대상으로 정보통신 기술을 이용한 문화적 접근을 강화하고 있다. 원자력규제위원회, 에너지정보청(The Energy Information Administration) 등 주요 기관의 웹사이트에도 핵연료 주기에 관한 만화, 낱말 퍼즐 등의 코너를 설치하여 쉽고 재미있게 접근하도록 꾸며져 있다. 보다 정확하고 전문적인 지식과 정보를 알려주는 핸드북, 책, 잡지 등의 출간도 활발하다.

2011년 후쿠시마 원전 사고 이후 미국은 원전 선진국답게 발 빠르게 대처했다. 후쿠시마 사고가 발생한 지 5일 후인 3월 16일, 미국원자력에너지협회(Nuclear Energy Institute, NEI)는 '@NEIupdates' 트위터 계정과 'NEI Nuclear Notes' 제하의 블로그와 유튜브 채널을 개설해 저널리스트와 전문가를 섭외하여 새로운 정보를 빠르게 전달했다. 원전 비상사태에 대비하는 홍보활동은 국민 신뢰를 유지하는 데 기여했다는 평가를 받았다. 이러한 배경 탓인지, 후쿠시마 사고에도 불구하고 미국 국민의 자국 원전 안전성에 대한 신뢰는 여전한 것으로 분석된다. 미국의 원자력 홍보가 성과를 거둔 것은 전문가가 제공하는 정보에 대한 신뢰가 있었기 때문이다.

한편 캐나다의 원자력공사(Atomic Energy of Canada Limited, AECL)는 원자력과학실험실 프로그램(Chalk River Laboratory)을 운영하고 있다. 2012년에는 2,000명이 넘는 대중을 대상으로 오픈 포럼을 열었다. 이러한 홍보활동은 자연스럽게 원자력 기관에 친근감을 가지도록 하고, 원전 지역사회가 캐나다의 원자력 운영기관과 원자력 기술에 대해 이해할 수 있는 기회를 제공하기 위한 목적으로 진행되고 있다.

• 프랑스의 원자력 PR 동향은?

프랑스는 세계 2위 발전량의 원전대국으로서 원전에 대한 국민 인식이 우호적이다. 특히 과학기술에 대한 국민 자부심이 크고, 원자력 산업의 경우 샤를 드골 대통령 이후 국가 경쟁력을 키우는 동력으로 진흥시킨 산업 분야라는 전략적 접근의 덕을 보았다. 파리의 밤을 대낮처럼 환하게 밝혀 관광명소로서 아름다운 경관을 돋보이게 한다는 것도 전략이다. 프랑스의 홍보활동의 특징은 원자력의 이점만을 홍보하는 것이 아니라 약점과 잠재적 위험성까지 있는 그대로 전달하기 위한 노력으로 국민의 신뢰를 쌓고 이해도를 높인 것이다. 실제로 프랑스에서 진행되는 원자력 토론회에는 대중이 참여할 수 있는 과정이 있고 국가 조직위원회, 과학기술전문가위원회, 시민위원회, 지방자치단체, 사업자, 직원, 협회 등 다양한 기관과 구성원이 정책결정 과정에서 의견 조정에 참여할 수 있게 되어 있다. 프랑스는 자국의 원자력 홍보 노하우를 전파하는 노력을 기울이는 등 원자력 소통과 안전에 있어 국제적 영향력을 확대해가는 전략을 편다고 볼 수 있다.

• 유럽의 원자력 PR 동향은?

유럽은 원전 가동국가별로 독자적인 홍보활동을 하는 한편, 유럽 공동체로서 유럽원자력학회(European Nuclear Society, ENS)를 통해서도 홍보와 정보 공유를 하고 있다. 그 일환으로 유럽원자력학회는 4년마다 유럽원자력산업회의공동체(FORATOM)와 공동으로 유럽원자력회의(European Nuclear Congress)를 개최하고 있다. 또한 해마다 원자력 홍보 국제 워크숍(PIME)을 개최하여 유럽 각국의 노하우와 경험을 전파하고 있다. 더욱이 ENS는 전문지(Nuclear Europe Worldscan)와 간행물(Nucleus)을 격월로 발행하고, 일반인을 대상으로 원자력 정보교환 네트워크(NucNet)를 개설하여 원자력 소통에 힘쓰고 있다.

• 국내 원자력 PR 동향은?

우리나라의 원자력 홍보는 체르노빌 사고 이후 원전에 대한 불안감을 해소할 필요에 따라 1985년 한국원자력산업회의 홍보위원회에서 비롯되었다.

이후 1992년 한국원자력문화재단(이하 문화재단)이 설립된다. 문화재단은 '생활 속의 원자력'을 기치로 원자력 전기뿐만 아니라 의학, 공업, 농업, 조사분석 이용까지 다루고, 원전의 해외 수출을 계기로 원자력 산업의 경제적 효과를 강조하는 등 원자력의 중요성을 홍보하고 있다.

홍보사업의 성격은 문화적 측면과 국제적 성격을 반영하면서, 그 대상을 초등학생과 원전 주변 지역주민으로 범위를 넓히고 있다. 1990년대 후반에는 신고리 원전의 신규 입지 선정으로 지역주민과의 갈등 발생 과정에서, '원자력의 바른 이해를 위한 시민 토론회'를 개최했다. 최근에도 단오제, 신라문화제 등 각종 문화제 행사를 지원하거나, 원전 지역의 초등학생을 대상으로 문화유적과 첨단 산업체를 견학시키는 등 '내 고장 탐사 캠프'를 지원하고 있다.

한전원자력연료, 원자력안전위원회, 한국원자력연구원, 한국원자력학회, 한국원자력협력재단도 홍보 차원에서 공공사업이나 행사, 토론회를 추진하고 있다. 한국수력원자력은 2012년 2월 고리 정전 사고 이후, 국제원자력기구 전문가 안전점검단을 초청하여 설비 상태를 점검하고, 발전 정지되었던 신월성 원전 1호기와 울진 원전 1호기에 대해서는 정지된 원인과 안전하게 정지되었다는 점, 그리고 신속히 발전이 재개된 점을 홍보했다. 또한 협력업체 대표들에게 품질과 안전교육을 확대 시행하기도 했다.

그러나 환경단체 전문가들이나 과학계의 지적에 따르면 이러한 홍보활동은 원자력의 긍정적 측면을 부각시키는 데 치우쳐 있다. 원전 인근 지역에서는 주민과의 진정한 소통이 미흡하다는 지적이 있다. 따라서 원전 선진국의 커뮤니케이션 성공 사례와 양방향 소통방식의 시사점을 바탕으로 우리의 사회적, 문화적 풍토에 적합한 구체적 소통방식과 협력방안을 모색해야 할 것이다.

• 언론 매체가 원자력 커뮤니케이션에 미치는 영향은?

해외 연구사례[4]를 들어보자. 1996년 유럽연합 집행위원회(European Commission, EC)에 제출된 「체르노빌 사고 10주년 : 유럽 5개국에서의 대중의 위험인식에 관한 대중매체의 영향」은 원자력 홍보에 미치는 영향을 분석한 결과가 시사적이다. 이 연구는 약 8주(1996. 3. 29-5. 23)에 걸쳐 유럽의 프랑스, 노르웨이, 영국, 스웨덴, 스페인의 5개국을 대상으로 각국의 원자력 관련 보도량이 크게 증가한 것에 주목하여, 그 언론 보도의 성향과 일반인의 설문조사 결과 사이의 관계를 비교하여 대중의 원자력 인식이 어떻게 변화하는가를 분석한 것이다.

일반적으로 홍보이론의 위험의 사회적 증폭(Social Amplification of Risk) 모델에서는 위험에 대한 인식이 미디어의 보도 태도에 따라서 증폭되거나 감소되는 것으로 가정한다. 그러나 이 연구는 그런 전제를 깨고 있다. 그리하여 위험의 사회적 증폭 모델에 상당한 한계가 있다는 것을 보여주고 있다. 영국의 경우 때마침 광우병이 사회적 이슈가 되어 상대적으로 체르노빌 원전 사고와 원자력에 관한 기사가 적었고, 프랑스도 광우병 기사의 비율이 원자력 기사에 비해 조금 높았다. 스웨덴, 스페인, 노르웨이는 두 가지 주제에 대해서 비슷한 수준으로 기사를 다루었다. 그런데 스웨덴 미디어는 특히 체르노빌 원전 사고를 충격적인 비주얼과 함께 다룬 것이 특징이다. 위험의 사회적 증폭 모델에 의하면, 스웨덴에서는 조사 기간 동안 원자력 위험에 대한 대중의 인식이 높아질 것으로 예측할 수 있으나 실제 조사 결과에는 그런 변화가 나타나지 않았다.

설문 문항 가운데 정부를 신뢰하느냐는 질문에 대한 응답이 흥미롭다. 영국은 5개 국가 중에서 정부 신뢰 항목에서 가장 낮은 신뢰도를 보였다.

---

4) Lynn J. Frewer, Gene Rowe and Lennart Sjoberg, "The 10th Anniversary of the Chernobyl Accident: The impact of media reporting of risk on public risk perception in five European countries", 1996

프랑스와 스페인은 중간이었고, 스웨덴과 노르웨이에서는 정부 신뢰가 높게 나타났다. 원자력 관련 이슈에서 정부가 시민을 보호할 수 있는 능력에 대한 신뢰도를 묻는 응답 역시 스웨덴과 노르웨이에서 높았다는 것이 특기할 만하다. 또한 흥미로운 것은 여성의 경우 원자력뿐만이 아니라 흡연, 광우병, 대기오염, 화학 폐기물 등의 기술위험에 대해서도 정책적 대응의 수준을 높여야 한다고 답변했다는 것이다.

체르노빌 원전 사고 10주년을 맞아 유럽 5개국의 언론 보도와 대중의 인식 사이의 연관성을 분석한 이 연구 결과는 기술위험에 대한 대중의 인식에서 언론의 영향이 그동안 널리 받아들여진 것처럼 직접적이고 강력하지는 않다는 결론을 내고 있다. 이는 대중이 새롭게 나타난 기술위험을 자신과 관계있는 위험으로 이해하게 되는 단계에서는 언론의 보도가 중요한 영향을 미칠 수 있으나, 원자력과 같이 이미 위험한 것으로 받아들여지고 있는 경우에는 대중의 인식이 언론의 보도 태도와 보도 분량에 의해 크게 좌우되지 않을 수 있다는 결과를 말해주고 있다.

이 보고서는 몇몇 편향된 언론의 원전 위험 관련기사가 사회적으로 미치는 영향보다는 장기간 역사적으로 형성된 대중의 정부에 대한 신뢰가 대중의 위험인식에 더욱 큰 영향을 미치고 있다는 점을 부각시키고 있다. 다시 말해 정부의 신뢰가 국민의 기술위험 인식에 미치는 영향이 더 크므로, 정부는 이 점을 심각하게 인식할 필요가 있다고 주장한다.

- **원자력 소통의 실행 원칙은?**

전문가와 일반인의 원자력에 대한 인식의 격차를 좁히고, 언론매체와의 관계를 정립하는 것은 원자력 커뮤니케이션의 주요 과제이다. 원자력 소통의 실행에서는 거버넌스의 구현이 가장 중요한 원칙이다. 원자력 소통을 위해서는 이해당사자가 누구인가를 규정하고, 그 대상에 맞는 개별적 맞춤형 소통이 되는 것이 바람직하다. 그리고 이해당사자를 참여시키는 것이 핵심이다. 최근 원자력 정책 참여의 동향은 이해당사자가 의사결정의 여러 단계에 개입하여, 정보 공유, 자문, 대화, 의사결정 등에 전면적으로 참여할 수 있도록 범위가 확대되고 있다. 이러한 거버넌스 과정의 도입을 위해서는 정책결정자들이 이를 원전 운영 정책의 수립과 실행에 중요한 과정으로 인식하는 발상의 전환이 필요하다. 사업자 측도 마찬가지다.

거버넌스의 커뮤니케이션 역량 강화도 원자력 소통의 주요 원칙이다. 한국처럼 복합 갈등을 빚고 있는 상황에서, 사회적 합의를 도출하며 공동주체로서 운영에 참여하는 것은 쉽지 않은 과제이다. 따라서 우리 사회의 전반적인 커뮤니케이션 역량을 높이는 것이 열쇠이다. 그리고 커뮤니케이션에서 일방적인 목적을 설정해서도 안 된다. '억지로 수용시키려고 하면 그 무엇도 수용하려고 하지 않는다'는 것이 위험 커뮤니케이션의 경구이다. 커뮤니케이터의 기본 자세는 메시지를 분명히 하고, 명확한 설명으로 이해도를 높이고, 그것을 뒷받침하는 충실한 논거를 제공할 수 있어야 한다. 여기서 중요한 것은 그 요건이 충족되고 있는가를 정하는 것은 커뮤니케이션의 상대방이라는 사실이다. 이렇게 본다면 원자력 커뮤니케이션의 최우선 능력은 위험 커뮤니케이션의 성격과 원칙을 이해하는 일이라고 할 수 있다.

- **후쿠시마 사고 이후 국가별, 지역별 원자력 여론 동향과 원전 정책의 향방은 어떠한가?**

후쿠시마 사태 이후 원전에 대한 사회적 여론은 국가별로 상당한 차이를 보이고 있고, 시간이 흐르면서 변하기도 한다. 다만 이러한 차이와 변화에도 불구하고, 대체로 원전을 가동하고 있는 국가와 해당 시설이 위치한 지역사회에서 오히려 원자력에 대해서 우호적인 경향을 보이는 것이 특이하다. 이런 현상에 대해서는 사회심리학적 해석이 가능한데, 이미 원전의 잠재적 기술위험에 익숙해진 탓으로 분석되기도 한다.

후쿠시마 사고 이후 거의 모든 조사 대상 국가들에서 사고 이전에 비해 친원전의 입장이 줄고, 반대하는 목소리가 높아졌다. 시간이 경과함에 따라 부정적 반응이 점차 줄어드는 경향을 보이고 있으나, 대부분의 경우 사고 이전의 수준으로 회복되지는 않고 있다. 다만 특이한 것은 미국, 영국 등 일부 국가에서는 원자력 여론이 후쿠시마 사고의 영향을 별로 받지 않았다는 사실이다. 미국의 경우 장기간에 걸쳐 원자력에 우호적인 반응이 우세한 것으로 기록되고 있다. 이런 현상에 대해서는 정부의 원자력 정책과 운영에 대한 국민적 신뢰가 있기 때문으로 풀이된다.

한편 후쿠시마 사고 이후 세계적으로 원자력 정책은 대체로 관망하는 가운데서도 탈원전과 친원전으로 나뉘고 있다. 프랑스를 제외한 서유럽 국가에서 사회적 반응이 부정적이고, 그에 따라 탈원전 국가가 나오고 있었다. 독일, 스위스, 벨기에, 이탈리아 등이 대표적 국가이다. 그러나 실상 이들 국가는 1986년 체르노빌 사고 이후 탈원전 정책을 천명했다가 당초 계획대로 추진하지 못하고 원전 건설 쪽으로 돌아서다가 후쿠시마 사고를 계기로 탈원전을 재천명한 국가라는 것이 특징이다.

다만 사고 발생 당사국인 일본의 경우에는 사회적 여론에 따라 사고 이후 탈원전 정책을 밝혔으나, 실제로는 주춤하고 재고하는 분위기가 감지되고 있다. 일본의 앞으로의 정책 추이가 주목된다. 러시아의 경우는 여론의 향방과 상관없이 원자력 정책을 추진하고 있다. 이는 원자력 정책결정이 정치적 체제에 의해서도 영향을 받는다는 것을 볼 수 있는 사례이다. 그리고 독일의 탈원전 정책 또한 시작부터 녹색당과의 연정이 낳은 정치적 소산의 성격이 크다. 또한 국민의식도 환경적 가치를 중시하는 성향이고, 세계적으로 재생 에너지 기술을 선도한다는 국가의 전략적 접근과도 맞물린 결과로 풀이된다.

결론적으로 원전 가동국 31개국 가운데 다수는 원전 안전성을 강화하는 것을 전제로 원자력 정책의 틀을 유지하는 방향을 모색하는 것으로 보인다. 앞으로 주목되는 것은 후쿠시마 사고 이전에 신생 원전 국가로 진입하고 있던 국가들의 동향이다. 원전시장에 신규로 진입한다는 정책을 그대로 추진하고 있는 폴란드, 카자흐스탄 등의 원전 도입이 어떻게 진행될지 관심을 끈다. 그리고 중국, 인도 등 엄청난 원전 확장세를 보이고 있던 신흥경제국의 원전 정책이 어떻게 추진될지 주목된다. 이들 국가에서 사회적 여론이 어떻게 작용할지도 아울러 관심을 끈다.

후쿠시마 사고로 인해서 사회적 여론이 악화되었음에도 불구하고, 원전 정책을 그대로 유지하는 방향으로 가고 있는 국가군은 대부분 에너지 해외 의존도가 높은 상황에서 에너지 안보 요인의 압박이 큰 국가들이다. 예를 들어 한국을 비롯하여 동유럽의 여러 나라들이 여기에 속한다. 또한 경제적, 산업적인 이유로 원전 정책을 유지하는 국가군에는 프랑스, 러시아, 인도, 브라질 등이 속하고, 한국의 경우는 여기에도 해당된다. 이들 국가는 국내 여론을 주시하되 기존의 원전 정책 방향을 바꾸지 않는 경우로 구분되고 있다.

• 후쿠시마 사고 이후 한국의 여론 경향은 어떠한가?

세계적으로 원전 정책이 재검토되고 탈원전과 반핵 움직임이 거세진 상황에서, 사고 직후 우리의 국내 여론조사 결과는 원자력 에너지와 원전 증설에 대해서 비교적 지지를 보이는 것으로 나타났다. 바로 이웃나라에서 발생한 원전의 대규모 비상사태로 인해서 충격이 가장 컸던 국가로서, 원전 안전에 대한 불안과 불신이 가시지 않고 있고, 반핵운동이 전문화되어 영향력이 큰 상황에서도 부정적 반응이 그리 크지 않은 것으로 여론조사 결과가 나오는 이유는 무엇일까.

한국 사회는 근대화 이후 특히 발전 지향성이 강한 것이 특징이다. 근대화 과정에서 경제성장이 최우선의 국가 목표가 된 이래 민주주의가 확대되면서 역동적인 발전을 거듭하고 있다. 그 과정에서 권위주의 정부하에서 원자력 기술의 자립도를 확충했다. 그리고 에너지 안보 차원에서 가장 여건이 나쁜 국가 중의 하나라는 어려움이 상존한다. 더욱이 최근 들어서는 삶의 질 향상에 대한 사회적 요구도 증대되고 있어 발전 지향적 욕구와 더불어 에너지 확보에 대한 관심도 여전히 크다. 원전에 대한 사회적 여론에는 이런 배경이 기저에 깔려 있는 것으로 보인다. 결론적으로 후쿠시마 사고는 원전의 위험성에 대해서 즉각적인 경각심을 일깨웠으나 안전강화라는 조치로 대응을 하고 있고, 대안이 없다는 인식이 작용하면서 시간이 경과함에 따라 공포와 우려를 상쇄하고 있는 것으로 해석할 수 있다.

• 한국의 특수성을 고려한 원자력 커뮤니케이션 모델의 방향은?

일반대중의 원자력에 대한 미묘하고도 민감한 인식이 원자력 커뮤니케이션 모델에 반영되어야 한다. 설문조사 결과에 따르면, 젊은 세대를 비롯하여 시민단체들은 원자력이 궁극적인 에너지원이라고 보지 않는다. 그들은 앞으로 정부와 정치권이 원전의 안전과 신뢰를 강화하는 동시에 새로운 대안을 마련해야 한다는 결론을 제시하고 있다.

그러나 단기적으로는 원자력을 대체할 수 있는 현실적인 대안이 우리 손에 들어 있지 못한 것이 현실이라는 것을 인정하는 분위기가 있다. 원자력은 에너지 부존자원이 없는 우리에게는 거의 유일하게 상당 수준의 자립도를 갖춘 에너지 기술이다. 따라서 현 시점에서 원자력 정책을 추진하기 위해서는 지역사회와 시민사회의 목소리에 귀 기울이면서 원자력 커뮤니케이션과 공론화 등을 명실상부하게 해낼 수 있는 역량을 갖추는 것이 관건이다. 이해당사자의 이해를 구해서 거버넌스 체계에 의한 의사결정을 이루어내는 것이 과제이다. 그것을 위해서 선진국의 성공 사례를 벤치마킹하여 우리 현실에 맞는 모델을 찾아내야 한다.

일반적으로 원자력의 필요성에 대한 공감대가 형성되었다고 해서 그것이 곧바로 원자력에 대한 신뢰로 이어지지는 않는다. 일반국민의 원자력 지지가 높은 가운데서도 원전 안전관리에 대한 신뢰도가 낮다는 조건은 사회적 갈등을 일으킬 수 있는 잠재적 동인이라 할 수 있다. 따라서 이에 대한 대책 마련이 필요하다. 반핵 여론의 논거는 후쿠시마 사고와 고리 원전 사고 이후 체계적이고 전문적으로 심화되고 있으나, 원자력계의 설득 논리는 무엇인지 확실치 않다. 이에 대해서도 근본적인 접근이 필요하다.

원자력에 대한 사회적 여론에서 전문가와 일반국민, 남성과 여성, 정치적 성향에 따라서 차이가 난다는 사실은 잘 알려져 있다. 여론조사에서도 대상별로 PR 방식이 차별화될 필요성이 있음이 확인되고 있다. 언론의 반핵 여론 관련 보도의 논조 변화에도 주목할 필요가 있다. 반핵 여론을 소개하는 언론 보도에서, 부지 선정과 관련하여 지역 내의 관련주체들 간에 벌어지는 물리적 충돌, 폭력난동 등에 초점을 맞추는 기사는 감소하는 추세이다. 오히려 장기적이고 근본적인 관점에서 반핵을 이슈화하는 경향을 보이고 있다. 원자력 정책의 집행 과정에서 제도적 투명성과 신뢰성 제고를 촉구하거나, 에너지 수급 체계의 지속성과 관련하여 원자력 발전에 대한 과도한 의존을 문제점으로 지적하는 것 등이 그런 사례이다. 이는 반핵 여론이 국가적으로 필요한 사업에 반대하는 지역 이기주의로 인식될 수 있었던 사회적 맥락이 변화하고 있음을 시사한다. 원전의 안전관리에 대한 불신을 해소할 수 있는 융합적 접근이 필요한 때이다.

제2장

사용후핵연료 관리 해외 사례

1. 세계 각국의 사용후핵연료 관리방식

• 각국의 사용후핵연료 관리정책과 현황

전 세계적으로 원전을 운영하는 나라는 31개 국가이며 모두 사용후핵연료를 관리하고 있다. 2009년 말 리투아니아가 EU 가입을 계기로 원전을 폐쇄하면서 원전 가동국가가 31개국에서 하나 줄어들었지만, 2011년 이란이 원자로 가동을 시작하면서 다시 31개국이 되었다. 그러나 리투아니아도 사용후핵연료는 남아 있으므로 사용후핵연료 관리 현황에는 포함된다.

고준위 방사성 폐기물로 분류되는 물질의 정의는 국가마다 조금씩 다르다. 대표적으로 미국은 "재처리 과정에서 발생한 고방사능 물질, 원자로에서 조사된 핵연료, 원자력규제위원회가 법으로 영구격리를 지정한 고방사능 물질"을 모두 통틀어 고준위 방사성 폐기물이라 하며, IAEA는 "장 반감기 핵종 농도가 단 반감기 폐기물의 농도 제한치를 초과하면서 붕괴열이 $2kW/m^3$을 초과하는 것"으로 정의하고 있다.

사용후핵연료의 관리에는 임시저장, 중간저장, 그리고 그 이후의 재처리와 최종처분이 포함된다. 임시저장이란 우선 사용후핵연료를 수조에 넣어 붕괴열을 냉각시키고 방사선을 차폐하는 과정이다. 임시저장하는 동안 온도가 충분히 내려가고 저장수조의 용량이 차게 되면 중간저장 단계로 넘어가게 된다.

세계 각국의 대략적인 사용후핵연료 저장방식을 살펴보면 다음과 같다. 가장 많은 중간저장 시설을 보유한 미국은 40개의 부지 내 건식저장 시설, 3개의 부지 외 습식저장 시설을 운영하고 있다. 독일은 13개의 건식저장 시설과 1개의 습식저장 시설을 부지 내에, 2개의 건식저장 시설을 부지 외에 운영 중이다. 러시아는 4개의 부지 내 습식저장 시설, 1개의 부지 외 습식저장 시설을 운영하고 있다.

미국, 러시아, 중국에 있는 부지 외 집중식 중간저장 시설은 원래 중간저장을 위해 지어진 것이 아니라 미가동, 계획 취소, 폐쇄된 재처리 시설을 이용하는 경우이다. 재처리 시설과 관련되지 않은 부지 외 중간저장 시설은 세계적으로 핀란드의 습식 1개, 독일의 건식 2개, 스웨덴의 습식 1개, 스위스의 건식 1개가 있다.[1] 또한 재처리 시설과 관련 없이 부지 외 중간저장 시설을 운영하는 핀란드, 독일, 스웨덴, 스위스는 모두 최종관리 정책으로 직접처분을 택하고 있다는 특징이 있다. 일본은 재처리 시설의 가동 차질 때문에 부지 외 중간저장 시설을 설치했다. 결론적으로 우리나라처럼 사용후핵연료 최종관리 정책을 결정하지 못한 국가는 집중식 중간저장 시설보다는 원전 부지별로 중간저장을 하는 것이 일반적이다.

여기서 각국의 사용후핵연료 관리정책과 현황을 더 자세히 살펴보자.

1) 미국

미국은 2013년 5월 기준 104기의 원전을 가동하고 있고, 여기서 연간 약 2,000톤의 사용후핵연료가 발생한다.[2] 2035년이 되면 8만7,000톤의 사용

---

1) IAEA "Management of Spent Fuel from the Perspective of the German Industry", 2010.5.31.
2) WNA (World Nuclear Association), http://www.world-nuclear.org 2013. 5.
Samuel W. Bodman, "U.S. Secretary of Energy, letter to Speaker of the House Nancy Pelosi", 2007. 3. 6.

후핵연료가 누적될 것으로 예상된다.[3)]

1974년 인도가 핵실험을 하기 전까지는 미국은 민간 부문 원전에 대해서 사용후핵연료를 재처리하고 플루토늄과 우라늄을 추출해 재활용할 것을 권장했다. 재활용이 정책의 주된 방향이었기 때문에 사용후핵연료의 중간관리는 그리 중요한 이슈가 아니었다. 원전별로 재처리 시설로 사용후핵연료를 이송하여 재처리 공정을 거치면 되었기 때문이다. 그러나 정부가 바뀌고 국제적 여건이 변화하면서 사용후핵연료 관리정책이 계속 바뀌게 된다.

1977년 카터 행정부가 핵확산 방지를 강화하면서 사용후핵연료의 상용 재처리를 금하는 방향으로 정책이 전환되었다. 이에 따라 사용후핵연료는 고준위 방사성 폐기물로 분류되었고, 1980년 에너지부(Department of Energy, DOE)는 고준위 방사성 폐기물을 심지층 처분하기로 결정한다. 1982년에는 방사성 폐기물 정책법(Nuclear Waste Policy Act, NWPA)이 확정되고, 에너지부 내에 별도로 고준위 폐기물 처분의 연구개발과 사업을 전담하는 방사성폐기물관리국(Office of Civilian Radioactive Waste Management, OCRWM)이 설치된다.

최종처분장 후보지로는 네바다 주 유카 산(Yucca Mountain)이 선정되었고, 특성 조사 실시 이후 2002년 대통령령에 의해 처분장 부지로 승인되었다. 2008년 6월에는 최종처분장의 건설허가가 제출되었고, 2017년 완공한다는 목표를 향해 처분장 건설사업이 추진되고 있었다.

그러나 오바마 행정부가 들어서면서 상황이 크게 바뀌었다. 2010년 회계연도 예산안에서 유카 산의 사용후핵연료 최종처분장 계획이 중단된다는 발표가 나왔고, 동시에 예산액이 전액 삭감된 것이다. 원자력규제위원회에 제출한 건설허가 신청 자체는 취소되지 않았지만, 이것은 복잡한 법적 분쟁

---

3) M. A. Mullett, "Financing for Eternity the Storage of Spent Nuclear Fuel: A Crisis of Law and Policy Precipitated by Electric Deregulation Will Face New President", 〈〈Pace Environmental Law Review〉〉, Vol. 18, Article 8, page 389, 393, 2001.

을 고려해 어정쩡하게 남긴 것으로 보인다. 유카 산 사업이 재개될 가능성은 매우 희박하다. 이후 미국은 사용후핵연료 관리정책에 대해 전반적으로 재검토하는 방향으로 가닥을 잡았다.

2000년대 이후 미국은 직접처분 방식보다 더 근본적이고 효율적인 돌파구를 찾아야 한다는 관점에서 사용후핵연료 관련 기술 혁신에 초점을 맞추었다. 2002년 미국은 선진핵연료주기구상(Advanced Fuel Cycle Initiative, AFCI) 조치를 발표하는데, 목표는 사용후핵연료의 부피와 플루토늄 재고량을 획기적으로 줄이는 것이다

2006년 미국 에너지부는 국제원자력에너지파트너십(Global Nuclear Energy Partnership, GNEP)을 발표했다. 이 계획은 핵확산 위협을 감소시키고 원자력 에너지의 평화적 이용을 확대하는 것을 목표로 하는데, 국제적 체제를 통해 핵확산에 이용될 수 있는 핵연료 주기 기술의 확산을 방지하려한 것이었다. 2008년 12월 기준 25개 국가가 GNEP에 참여했다. 그러나 이 프로그램 또한 오바마 정부 이후 예산 삭감으로 중단되었고, 기존의 선진핵연료주기구상에 포함된 연구개발 예산만 인정되었다.[4]

그간의 정책사업 추진이 무산된 데 따른 후속조치로 2009년 4월 에너지부 장관 스티븐 추는 사용후핵연료에 대한 정책을 결정하기 위해 블루리본위원회(Blue Ribbon Commission)를 구성한다고 밝혔다. 블루리본위원회는 정치적 이해를 떠나 투명하고 민주적 절차에 의해 사용후핵연료 관리의 처분에 대한 모든 대안을 검토한다는 것을 강조하고 있다. 아울러 유카 산 후속조치를 제시하는 임무도 수행하고 있다. 위원회는 여러 단계 절차를 거쳐, 중간 보고서를 제출하고 폭넓게 의견을 수렴한 후 최종 보고서를 발

4) National Academy of Science 「Review of DOE's Nuclear Energy Research and Development Program」, 2007. 이런 변화가 일어난 데에는 2007년 GNEP에 부정적 입장을 밝힌 미국 국립과학아카데미(National Academy of Science, NAS) 보고서가 영향을 미친 것으로 해석된다.

〈그림 2. 1〉 미국의 사용후핵연료 중간저장 시설 부지 현황

간한다는 계획을 세우고 활동하고 있다. 현재 미국은 여러 곳에 중간저장 시설을 운영하면서 최종관리 방안을 고려하는 중이다.(〈그림 2. 1〉[5])

현재 미국 사용후핵연료의 95%는 저장수조에 들어 있고, 나머지는 부지 내에서 건식 중간저장하고 있다. 부지 외 저장은 한시적으로 연구시설이나 재처리 시설을 저장시설로 사용한 예외적 경우가 있을 뿐이다. 2011년 블루리본위원회는 신속히 영구처분장을 건설하고, 중간저장 시설도 건설할 것을 권장하는 중간 보고서를 제출했다.

원전 선진국이라고 하는 미국에서 사용후핵연료 정책을 둘러싼 우여곡절이 이 정도라면 다른 나라의 사정은 짐작할 만하다. 십여 년 동안 지속된 정책사업이 정치적 결정에 따라 뒤바뀌고, 그동안 영구처분되는 날을 기다리며 부지 내에 보관되고 있는 사용후핵연료는 계속 누적되고 있다. 게다가 미국에는 원자폭탄 개발 이후의 군사 폐기물까지 쌓여 있어서, 처분되어야

---

5) NRC http://www.nrc.gov/waste/spent-fuel-storage/locations.html, 2011. 3. 31.

할 방사성 폐기물이 원래 유카 산에 계획했던 시설 용량을 초과하는 수준이라고 한다. 2008년 12월 에너지부 장관은 제2처분장 설치의 필요성에 대한 보고서를 의회에 제출했다.[6] 이 보고서에는 2011년부터 그 부지 확보 절차에 들어가야 한다는 내용이 담겨 있다.

2) 프랑스

프랑스는 2013년 3월 기준 58기의 원전을 가동하고 있는 세계 2위의 원전 선도국이며,[7] 전체 전력의 74.1%가 원전에서 생산된다. 프랑스의 전력 순수출량은 세계 최대인데, 인접한 이탈리아, 네덜란드 등에 잉여전력을 수출하면서 연간 20억 유로를 벌어들이고 있다.

1973년 1차 에너지 위기가 원자력 기술개발을 강력히 추진하는 계기가 되었는데, 이후 프랑스는 원자로를 PWR(Pressurized Water Reactor)로 일원화했다. 그리고 표준화 작업에 의해 원전 건설 기간과 단가를 줄여 경쟁력을 높였다. 2001년에는 3개의 관련 기업(Framatome, Cogema, Technicatome)을 통합하여 다국적 거대 복합기업 AREVA를 출범시키는 등 구조 조정에서도 앞서갔다. 또한 기술적으로도 원자로에서부터 사용후핵연료 처리까지 원전 핵주기의 전 과정에 걸쳐 세계적 원전 선도국의 위상을 굳혔다.

2004년에는 신에너지 법안이 프랑스 의회를 통과했다. 이 법안은 원자력을 1차 에너지원으로 2020년까지 유지하면서 에너지 안보와 국가경쟁력을 갖추고, 현재 가동되는 원전의 수명 기간을 30년에서 40년으로 연장하는 내용을 담고 있다.

프랑스의 사용후핵연료 발생량은 연간 1,200톤 정도이고, 재처리 정책을 가장 활발하게 추진하고 있는 국가이다.[8] 사용후핵연료 관리의 주체는 원

---

6) DOE, "The Report to the President and the Congress by the Secretary of Energy on the Need for a Second Repository", 2008.
7) WNA (World Nuclear Association), http://www.world-nuclear.org 2013. 3.
8) WNA (World Nuclear Association), http://www.world-nuclear.org 2013. 3.

자력 활동을 유치한 국가와 원전을 가동한 사업자이며, 국가가 최종단계 정책을 결정하고 원전사업자가 관리 비용을 부담한다.

사용후핵연료는 자국 내 시설에서 전량 재처리하고 있다. 2006년에 제정된 방사성 폐기물 관리연구법에 따라 재처리한 사용후핵연료는 심지층 처분하도록 되어 있다. 고준위 방사성 폐기물 심지층 처분시설은 2015년에 건설허가를 신청하여 2025년부터 운영하는 것을 목표로 추진하고 있다. 중저준위 방사성 폐기물의 경우, 로브 처분장을 운영 중에 있으며 라망쉬 처분장은 운영 후 폐쇄되어(1994년) 규정에 의해 엄격히 관리하고 있다. 프랑스는 다른 국가들의 사용후핵연료 위탁재처리도 맡고 있는데, 단지 재처리 시설만을 제공할 뿐, 다른 국가의 사용후핵연료를 처분하는 것은 법에 의해 금지하고 있다.

프랑스 정부는 1980년대 후반부터 고준위 방사성 폐기물 처분 부지를 확보하기 위해 4개 지역을 선정하고 사업을 추진했다. 그러나 지역사회의 강력한 반대에 부딪쳐 처분 부지 선정이 무산되면서, 부지 선정 정책이 변화하게 된다. 1991년 부지 선정에서 지역주민의 의견을 먼저 듣고 타당성을 검토한다는 내용을 골자로 고준위 방사성 폐기물 관리법이 제정되었고, 그것에 근거하여 ANDRA(방사성폐기물관리기구)가 방사성 폐기물 관리 전담기구로 설치되었다. 이후 프랑스는 15년간 고준위방사성폐기물 처분에 관한 연구를 시작했고, 2006년 그동안의 연구 성과를 토대로 지층 처분을 기본 방침으로 하는 방사성 폐기물 등 관리계획 관련 법이 제정되었다.

고준위 방사성 폐기물법은 자연, 환경, 그리고 무엇보다도 국민의 안전을 보장하고 미래 세대의 권리를 존중하는 것을 기본 목표로 하고, 관련 연구에 대한 현황을 매년 국회에 제출하도록 의무화했다. 또한, 선정된 후보 부지에 대하여 중앙정부가 해당 지방정부와의 협의를 거쳐 세금 감면 등의 혜택을 부여할 수 있도록 명시했다. 정부는 대중홍보와 투명성 유지를 위하여 정책결정 과정에서 주민 참여와 토론을 적극 활용하고, 인터넷 웹사이트, 편지, CD-ROM, 잡지 등 다양한 매체를 이용하여 홍보활동을 전개하고 있다. 주민토론의 경우 사회적 비용을 줄이기 위해 갈등이 발생한 초기단계에 실시하며 충분한 기간을 가지고 다양한 의견 수렴을 하는 것이 특징이다.

또한 독립적인 국가공공 토론위원회(Commission Nationale du Débat Public, CNDP)를 구성하여 비교적 짧은 기간에 성공적으로 공론화를 거쳤다. 그리고 의회가 그 결과를 새로운 입법에 반영하여 사용후핵연료 문제를 장기적으로 풀 수 있는 기틀을 마련했다. 프랑스의 원전산업이 다른 나라에 비해 훨씬 앞서서 발전할 수 있었던 데에는 정부와 사업주체의 국민 이해사업과 함께 의회의 조정 역할이 크게 기여했던 것으로 평가된다.[9)]

최근 프랑스 정부는 고속로 기술과 사용후핵연료의 재처리 기술 연구개발에서 일본과의 협력을 확대하고 있어 그 귀추가 주목된다. 양국은 원전기술 도입을 추진하고 있는 제3국으로 진출할 때 기반정비 지원에 대해 서로 협력한다는 공동문서를 발표한 바 있다. 이는 원자력 협력을 통한 윈-윈 전략으로 해외시장에서 주도권을 잡는 데 유효하리라는 판단에 근거한 것으로 해석된다. 또한 프랑스 정부는 중국과도 협력하여 사용후핵연료 재처리 시설에 관련하여 타당성 조사를 시작했다. 원전 건설을 맡은 AREVA는 80억 유로에 해당하는 원자력 설비 공급 계약을 2007년 말에 체결했다.

3) 일본

일본은 2013년 4월 기준, 총 50기의 원전을 운영하고 있다. 일본의 발전량은 세계 3위인데, 이 중 원자력 발전에 의한 전력 생산량이 국가 전체 전력 소비량의 29.2%이다.[10)] 에너지 해외 의존도가 80%인 일본은 1966년 최초의 상업 원자로를 가동시킨 이후 현재 농축부터 사용후핵연료 재처리에 이르는 핵연료 전 주기에 걸쳐 정책을 추진하고 있다. 사용후핵연료의

9) 김명자, 「원자력 발전(發電)과 환경산업의 융합적 발전방안 연구」, 2009. 5. 29.
10) WNA (World Nuclear Association), http://www.world-nuclear.org 2013. 4.

연간 발생량은 1998년 900톤에서 2010년 1,400톤으로 늘어났고, 2020년에는 1,900톤이 될 것으로 예상된다.11)

일본은 핵무기 비보유국으로는 최초로 재처리 시설을 보유하고 있다는 특징을 지니고 있다. 일본의 재처리 시설로는 1977년부터 가동하기 시작한 도카이무라 재처리 시설과 2006년부터 시험 가동을 시작한 롯카쇼무라 대용량 복합 재처리 시설이 있다. 이 두 시설은 프랑스가 설계와 건설을 맡아 추진했는데, 그에 앞서 미국으로부터 사용후핵연료의 재처리에 관한 승인을 얻는 작업이 필요했다.

1978년에는 핵확산금지법(NNPA)이 발효되면서 미국과 일본 양국은 1982년 교섭을 통해 미일원자력협정을 개정하게 되었다. 양국의 협상은 일본의 강경 자세로 10여 차례 무산되기도 했다. 그러다가 1985년 미국이 플루토늄 관련 시설에 대해 직접 시찰을 한다는 조건을 철회하고, 일본 국내 시설에서 플루토늄 저장과 잉여 플루토늄 보유 등에 대해 미국이 인정한다는 선에서 입장을 정리했다. 결과적으로 일본은 핵확산금지법에 따르는 새로운 규제를 도입하는 것을 받아들였고, 그 대신 미국은 일본에 장기간의 통제권과 인허가권을 부여하는 데 동의한 것이다. 개정된 원자력협정을 통해 일본은 미국의 엄격한 통제를 벗어나는 효과를 거둔 것으로 평가된다.

일본의 사례는 한미원자력협정 재개정에 여러 가지 시사점을 준다. 무엇보다도 중요한 것은 원자력의 평화적 이용에 대한 국제사회의 신뢰를 쌓아야 한다는 것이다. 일본이 핵무기 비보유국으로서 유일하게 재처리를 할 수 있게 허용된 배경은, 수십 톤의 플루토늄을 보유하면서도 군사무기 개발로 전용하지 않을 것이라는 국제적 신뢰를 얻었기 때문으로 볼 수 있다. 일본이 제2차 세계대전에서 핵폭격의 피해국이었다는 특수한 사정도 영향을 미쳤을 것이다.

---

11) 한국방사성폐기물학회, 「사용후핵연료 관리대안 수립 및 로드맵 개발— 사용후핵연료 단중장기 관리대안 및 심층검토」, 한국방사성폐기물관리공단, 2010. 12, 9쪽.

또한 일본이 IAEA가 규정한 의무를 성실히 이행하고, 기술개발 분야의 국제협력을 통해 비핵화에 대한 신뢰를 얻은 것도 주목할 만한 부분이다. 특히 미국과 같은 원자력 선진국 또는 유라톰(EURATOM) 등의 기구와의 협력을 증진한 것이 주효한 것으로 판단된다. 원자력 관련 기술개발 등의 교류를 통해 새로운 지식을 획득하고 인적 교류 활성화로 원자력 선진국과의 협력적 유대 관계를 공고히 한 것도 기여 요인이다.

일본의 사용후핵연료 재처리는 국내 재처리와 해외 위탁재처리로 구분되는데, 현재까지 7,000톤의 사용후핵연료를 영국과 프랑스에 위탁재처리용으로 수송했다. 또한 프랑스 AREVA와의 협력에 의해 일본 최초의 상용 재처리 시설인 롯카쇼무라 재처리 시설의 기술 이전 계약을 체결(2001년)하여 2006년부터 시험운전에 들어갔다.

국내적으로 원자력의 안전성과 기술 자립도를 높이는 등 역량 강화에 대한 국제사회의 신뢰를 높이기 위한 노력을 기울인 것도 평가할 만하다. 그러나 몬주 고속증식로의 나트륨 유출 사고와 후쿠시마 원전 비상사태의 발생을 통해 일본은 그동안 쌓아온 원자력 선진국의 이미지에 상당한 손상을 입었다.

재처리와 관련된 국제적 여건에서 우리나라의 상황은 일본과는 크게 다르다. 우선 한반도 비핵화 선언 이후 북핵 해결이 진전을 보지 못하고 있다. 따라서 한미원자력협정에서의 폭이 그리 넓지 못하다. 현재로서 우리나라는 재처리나 플루토늄의 이용을 논하기에는 외교안보적 여건이 무르익지 않았다. 이 때문에 우선 사용후핵연료의 중간관리가 현안으로 부상되어 있는 상황이다. 그러나 최종관리 정책과 연계되지 않는 중간관리 정책의 결정은 한계를 지닐 수밖에 없다. 최종관리 정책결정과 관련된 장애 요인을 어떻게 타개할 것인가에 지혜를 모으는 것이 중요하다.

* 일본의 사용후핵연료 관리계획

1976년에 고준위 폐기물 처분에 관한 연구개발을 시작한 이래 1992년에 1차 처분 개념 보고서를 발간하고, 이어서 2차 처분 개념 보고서에 기초하여 2000년에는 "특정 방사성 폐기물 최종처분에 관한 법률"을 제정했다. 이를 토대로 고준위 폐기물 처분을 전담하는 NUMO(Nuclear Waste Management Organization of Japan, 일본 방사성 폐기물 관리기구)가 설립되었고 처분기금을 관리하는 전담기관으로는 원자력 환경촉진 자금관리 센터(Radioactive Waste Management Complex, RWMC)가 지정되었다.

부지 선정을 비롯하여 고준위 방사성 폐기물 처분 사업은 NUMO가 담당하고 있다. 이에 드는 소요 비용은 재처리 비용 적립금을 전담 관리하고 있는 RWMC의 처분기금에서 쓰도록 되어 있다. 고준위 폐기물의 처분기금은 폐기물 발생자인 원전사업자가 부담하도록 되어 있고, 기금요율은 0.08엔/kWh로 책정되어 있다. RWMC는 기금운용 규정(경제산업성 승인)에 의거하여 기금을 국채나 회사채 등에 투자하여 운용 관리하고 있다. 2006년 말 기준, 기금 누적액은 4,940억 엔이고 연간 780억 엔의 기금이 누적되고 있다.

NUMO가 부지 선정의 첫 단계 시작을 공표했을 때, 10곳 이상의 지자체가 관심을 보였다. 일본의 고준위 방사성 폐기물 처분시설 건설계획은 문헌조사를 통한 사전조사 → 시추조사(2013년경) → 세부조사, 부지 선정(2028년) → 처분시설 건설 시작(2030년대 중반) 순으로 진행된다. 우리나라도 일본처럼 장기간에 걸쳐 사용후핵연료 관리의 안전성과 사회적 수용성을 확보하기 위한 계획을 세울 필요가 있다.

일본의 사용후핵연료 재처리 정책은 1956년에 발표한 원자력위원회(Japan Atomic Energy Commission, AEC)의 "원자력의 개발 이용에 관한 장기계획"(이하 "원자력 장기계획")을 기본으로 하고 있다. 이를 토대로 AEC는 플루토늄 활용과 고속로 개발에 중점을 두고 있다. 2005년에 발표한 "원자력 정책대강"에는 일본 원자력 정책의 기본 원칙의 근간이 되는 내용이 담겨 있으며, 2030년 이후 총 발전량의 30−40% 이상을 원자력으로 하고, 재처리에 의해 우라늄과 플루토늄을 재활용하며, 2050년부터 상용 고속로를 도입한다는 등의 계획을 포함하고 있다.

일본의 고속로 프로그램은 1999년 7월부터 시작된 "FBR 사이클 실용화 전략 조사" 연구에 근거하여 추진되고 있다. 2006년 발표된 2단계 보고서에는 액체 금속로와 습식 재처리를 통한 산화물 핵연료 사업이 들어 있고, 액체 금속로와 파이로프로세싱을 통한 금속 핵연료 사업이 들어 있다. 최근 2008년에는 순환 핵연료 주기 기술의 조기 실용화를 위한 FaCT(Fast Reactor Cycle Technology) 프로젝트에 착수했다. 그리고 2007년부터 고속로 개발을 주도하기 위해 전담회사를 운영하고 있으며, 2025년까지 소듐 냉각 고속실증로를 건설한다는 계획이다.

4) 러시아

러시아는 2013년 8월 기준 10개의 부지에서 33기의 원전을 가동하고 있고, 사용후핵연료의 재처리 정책을 추진하고 있다. 1991년 12월 구소련 붕괴 이후, 심각한 자금난과 정세 불안에다가 지역주민의 반대에 부딪혀 원자력 발전은 정체기를 맞는다. 그러나 2000년대 들어 세계 원자력 산업의 주도국으로 올라선다는 목표를 세우고 원자력 산업의 대대적 개편과 지원 정책을 추진하고 있다.

이러한 정책 기조는 러시아의 원자력부(Ministry for Atomic Energy, MINATOM)가 2000년에 발표한 "21세기 전반 러시아의 원자력 발전 개발 전략" 보고서에 잘 드러나 있다. 이 보고서는 러시아가 자원 고갈과 기후변화 등에 대응하고 안정적으로 에너지를 공급하기 위해서 화석연료 의존에서 탈피하여, 원자력 이용을 확대하고, 정부 규제에 의해 에너지 시장을 개편하고, 국익을 중요시하는 에너지 정책을 편다는 등의 새로운 에너지 정책의 원칙을 강조하고 있다.

그 일환으로 2001년에는 외국의 사용후핵연료의 중간저장과 재처리 수탁을 촉진하기 위한 법안을 제정했다. 그 내용은 사용후핵연료와 방사성 폐기물을 법적으로 구분하여 국제 안전기준을 충족시키는 범위에서 재처리와 중간저장을 목적으로 사용후핵연료를 러시아 국내로 반입하는 것을 인정하도록 했다.

2006년 연방원자력에너지청(Rosatom)은 전체 전력 생산의 원자력 의존율을 당시 16%에서 2030년 25%(40GWt)로 늘린다는 계획을 발표했다. 2009년 말 기준, 원전의 전력 생산 비중은 18% 수준이다.

러시아는 풍부한 천연자원을 가진 나라임에도 불구하고 국제무대에서 보다 강력한 에너지 주도권을 위해 원자력 발전을 육성해왔다. 2007년 7월 연방원자력에너지청의 자회사인 아톰에네르고프롬(Atom Energo Prom, AEP)을 세운 것도 러시아 정부의 세계 원전시장 확대 대응 전략의 일환이다. 이 회사는 우라늄 채광에서부터 원전 건설, 발전뿐 아니라, 사용후핵연료의 저장과 재처리, 원자력 관련 수출에 이르기까지 전 주기를 담당하는 국영기업이다. 이 회사는 6개 자회사를 거느리며 각각 원전 설계, 수출, 운영, 기자재 공급, 핵연료 주기, 핵연료 수출을 담당한다.

5) 독일

1950년대 후반부터 원전을 가동시킨 독일은 현재 17기 원자로를 갖고 있다. 원래 독일은 재처리 시설을 건설하여 사용후핵연료를 처리할 계획이었다. 그러나 2000년 탈원전 정책으로 전환되면서 이 계획은 백지화되었고, 사용후핵연료를 심지층 처분하는 것으로 바뀌었다.

독일의 경우, 원전 운영자가 사용후핵연료 저장시설 인허가를 받기 위해서는 우선 사용후핵연료 저장시설 구성 요소에 대해 BIS의 허가를 받아야 한다. BIS가 허가조건 만족 여부를 검증하는 과정에서 전문가와 규제기관이 참여하고 공청회 결과도 반영된다. 또한 저장시설 건축물에 대해서도 별도로 건축 규제기관의 심사를 받아야 하고, 건축허가 신청은 원자력법 측면에서 한번 더 검토를 받는 절차를 거치게 된다.

독일은 방사성 폐기물을 발열성 방사성 폐기물과 비발열성 방사성 폐기물로 구분하여 처분한다. 발열성 폐기물은 사용후핵연료와 그것을 재처리하는 과정에서 발생하는 고준위 폐기물의 유리 고화체, 그리고 초우라늄(TRU) 폐기물의 일부 등을 가리킨다. 그동안 고어레벤 암염 돔에 발열성 폐기물을 처분한다는 계획 아래 조사를 실시해왔으나, 현재는 작업이 중단된 상태이다.

비발열성 폐기물의 경우 콘라드(Konrad) 처분장에 처분하는 것으로 추진하고 있다. 콘라드 처분장은 2002년 5월 22일에 허가를 받았고, 이를 반대하는 모든 소송이 2007년 4월 3일부로 기각되었다. 기존 부지에 위치하고 있던 철광석 광산은 연방방사선방호청의 주도하에 비발열성 방사성 폐기물 처분장으로 바뀌었다.

그리고 원전이나 연구기관 등에서 발생하는 중저준위 폐기물은 구동독의 몰스레벤(Morsleben) 처분장에서 처분해왔으나, 현재는 폐쇄조치를 취하고 있다. 그리고 아세(Asse) 연구 광산에서 시험적으로 처분을 해오던 것도 폐쇄한다는 계획이다.

사용후핵연료는 각 원전 부지 내 저장시설에 중간저장되고 있으며 고어레벤(Gorleben), 아하우스(Ahaus) 등 중앙집중식 중간저장 시설도 운영하고 있는 것이 특징이다. 고어레벤 저장시설은 영국과 프랑스에 위탁재처리하는 과정에서 발생된 고준위 유리고화체도 저장하고 있다.

다음의 그림(〈그림 2. 2〉)은 독일의 각 저장시설별 저장량을 자세히 나타내고 있다. 두 개의 중앙집중식 저장시설을 운영하고 있긴 하지만, 각 원전별로 설치된 부지 내 저장시설에 더 많은 물량이 저장되어 있는 것을 볼 수 있다. 부지 외 시설 두 곳에 중간저장된 물량은 독일의 중간저장 사용후

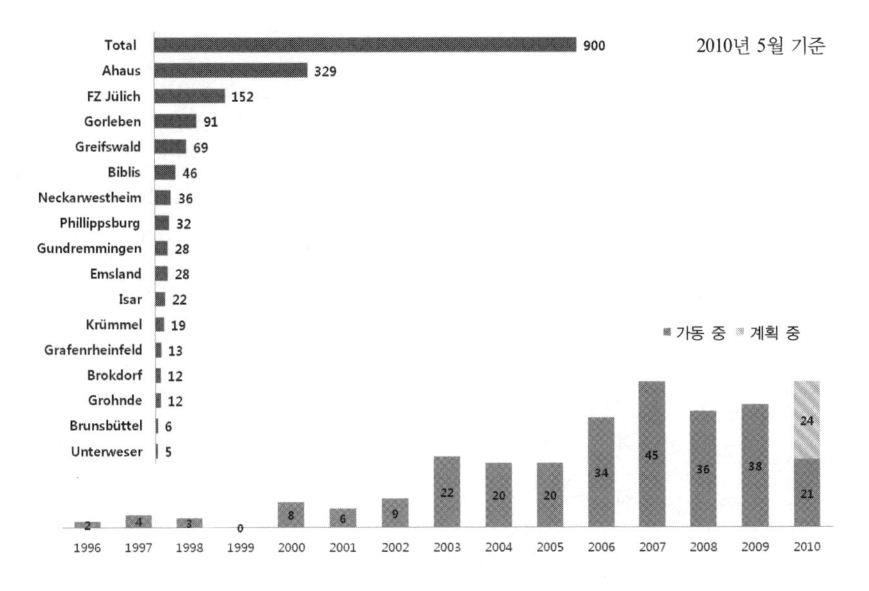

〈그림 2. 2〉 독일 내 중간저장 현황

[자료 : Presentation Management of Spent Fuel from the Perspective of the German Industry, page 9 31 May-4 June 2010, IAEA Vienna]

핵연료의 약 47%에 해당한다.

* 독일의 방사성 폐기물 저장 입지 선정과 사회적 논란

(1) 고어레벤

독일 함부르크 인근의 도시 고어레벤은 1977년 주정부에 의해 방사성 폐기물 최종처분장 부지로 선정되었다. 당시 고어레벤은 경제적, 정치적으로 처분장으로 적합했고, 인구도 적기에 최적의 조건이라 판단되었다.

그러나 고어레벤 처분장은 선정 과정에서 주민들의 거센 반대에 부딪혔다. 일부러 주민 반대를 피하기 위해 인구가 적은 서독과 동독의 국경에 부지를 선정했고 주민 참여를 배제시켰다는 논란이 일었다. 당국과 주민들 간 논란의 핵심은 '환경과 안전성'에 관한 첨예한 대립으로 귀착되었다. 이는 '방사성 폐기물 처리장의 환경안전성'에 관한 법정공방으로 이어졌다.

최종처분장 건설을 위해 1979년부터 1999년까지 진행된 지질조사는 1999년에 원자력 발전소 폐쇄를 공약으로 내세운 사민당과 녹색당 연합정권에 의해 중지되었다. 그후 문제해결을 위해 참여와 공개를 원칙으로 한 AkEnd (Arbeitskreis Auswahlverfahren Endlagerstandorte)를 설립했다. AkEnd는 4년간의 연구와 이해당사자들끼리의 광범위한 대화를 거쳐 2002년 말 최종 보고서를 정부에 제출했지만 정치적 민감성 때문에 실질적인 정책으로 이어지지는 못했다.

2010년 3월 15일, 독일 환경부는 고준위 방사성 폐기물 처분장 입지 선정 작업을 재개하기로 했고, 환경단체와 정부 간 긴장이 고조되었다. 현재 고어레벤에는 사용후핵연료 중간저장 시설이 운영되고 있으나, 운송 과정에서 이를 저지하기 위한 극렬한 시위가 벌어지고 있다. 특히 독일 정부가 프랑스에 위탁재처리하고 남은 폐기물이 매년 프랑스에서 고어레벤으로 들어오는데, 이에 따라 매년 대규모 시위가 벌어지고 있다. 2010년 11월의 수송과정에서는 사상 최대인 5만여 명의 시위대가 몰려 충돌을 빚었다.

(2) 아세(Asse) 중저준위 방사성 폐기물 처분장

아세 중저준위 방사성 폐기물 처분장은 니더작센 주에 위치하며, 천연암염 광산에 1960년대 말부터 1978년까지 중저준위 방폐물 12만6,000드럼을 처분했다. 그러나 콘크리트 방벽 없이 저장고를 너무 촘촘하게 지었기 때문에 지반에 균열이 생겼으며, 지하수가 스며들기 시작했다. 이에 따라 시설 전체의 붕괴 위험이 제기되었으며, 지하수의 방사능 오염 또한 우려되는 상황이었다. 당국은 이 문제를 해결하기 위해서 고심하다가 결국 2010년 1월에 모든 방사성 폐기물을 다른 곳으로 이전하기로 결정했다. 그러나 이 작업 또한 최대 10년이 걸리며, 40억 유로의 자금이 소요되고 최고 수준의 안전성이 요구되는 어려운 상황이다.

6) 캐나다

캐나다는 2013년 4월 기준 19기의 원자로를 운전하고 있고, 원전의 발전 비중은 15% 수준이다. 1960년대 천연 우라늄을 연료로 하는 중수로형 CANDU(CANada Deuterium Uranium)를 개발한 국가로 CANDU형 원자로만 갖고 있다. 우리나라의 월성 1, 2, 3, 4호기와 같은 방식의 원자로이다.

캐나다는 2002년 핵연료폐기물법을 제정하면서 방사성 폐기물 관리기구(Nuclear Waste Management Organization, NWMO)를 설립했다. 방사성폐기물관리기구는 캐나다 원자력공사와 함께 사용후핵연료 관리를 맡고 있으며, 연간 3,000톤 이하의 사용후핵연료를 처분하기 위한 신용기금을 관리한다. 이 기구는 방사성 폐기물 관리에 관해 세 가지 유형의 기술적 옵션을 정부 측에 제시했다.

방사성폐기물관리기구가 정부에 제시한 일차적 방안은 방사성 폐기물을 7개 원전 부지에 장기간 저장할 수 있도록 건식저장고를 추가 건설하는 것이다. 둘째 방안은 장기간의 중앙집중식 건식저장이다. 이는 이미 12개국에서 운영되고 있는 방식으로서, 캐나다의 경우 지상저장의 2개 방안과 지하저장의 2개 방안이 제시되었다. 셋째 방안은 필요에 따라 후에 회수할 수 있도록 심지층 처분장에 저장하는 방안이다.

2004년 이후 계속된 공론화 결과, 2005년에는 몇 가지 권고 사항이 나왔다. 사용후핵연료는 18년간 부지 선정에 관한 공개토의 등을 거친 후, 훗날 회수가 가능한 심지층 처분장에 보관한다는 것이다. 2007년 방사성폐기물관리기구는 온타리오, 퀘벡, 뉴브런즈윅 또는 서스캐처원 지역 가운데서 자율적 과정을 거쳐 최종처분장을 선정한다고 발표했다.

2009년 말경에는 부지 선정 절차의 계획을 결정하고 2012년 말까지 후보지역의 기술적, 사회경제적 평가를 거치게 될 것이라는 전망이었다. 그러나 2012년 말의 언론 보도에 의하면 2015년까지 처분장 후보를 하나 혹은 두 개로 압축하고, 2020년까지 최종처분장을 결정한다는 계획으로, 여전히 캐나다의 방사성 폐기물 처분장 위치는 정해지지 않고 있다.

중저준위 방사성 폐기물의 경우, 캐나다 원자력공사 책임하에 지상에 저장된다. 지역주민 투표 결과 적극 지지로 나타난 온타리오 주의 장기저장시설은 2015년경 가동될 것으로 보인다. 온타리오 전력은 2005년 브루스 원자력 발전소 근처에 중저준위 폐기물의 심지층 처분장 건설계획을 진행했다. 중저준위 폐기물 처분장은 1974년부터 운영해온 온타리오 전력의 서부 폐기물 관리시설 지하 660미터에 입지하게 된다. 환경영향평가와 인허가에는 6-8년 정도가 걸릴 것으로 예상된다. 한편 브루스 원자로의 수명연장으로 발생하게 되는 폐기물은 독립된 지상시설에 저장하는 것으로 추진되고 있다.

캐나다 원자력공사 소유인 3기의 중수로형 원자로(Rolphton의 Gentilly-1, Douglas Point 그리고 NPD)는 각각 1977년, 1984년, 1987년에 운전이 정지되었고, 30년 이내에 모두 폐로작업이 진행되어 철거될 예정이다.

7) 중국

중국은 2013년 3월 기준, 17기의 원자로를 가동하고 있고, 28기가 새로 건설 중이며, 현재 원전의 발전 비중은 2% 이하이다. 중국은 가장 활발한 원전 확대 정책을 펴고 있어, 2020년까지 50-60GW, 2030년까지 120-160GW으로 비중을 늘린다는 계획이다. 중국에서는 연간 60tHM 정도의 사용후핵연료가 발생하고 있는데, 2010년 기준 사용후핵연료의 저장량은 3,800tHM로 추정된다. 중국은 300kgHM/일 처리 용량의 사용후핵연료 재처리 시설을 운영하고 있으나, 연간 400-800tHM 규모의 재처리 시설을 건설한다는 계획을 추진하고 있다. 사용후핵연료는 원전 내 저장수조에서 저장하고 있다.

중국의 사용후핵연료 관리는 원전별로 부지 내 저장시설과 처리시설을 보유하고 여기에서 방사성 폐기물의 분리, 고체화, 압축 공정을 수행한다.

지역별 저장시설은 핵 관련 산업에서 발생하는 방사성 폐기물을 보관하는 중간저장 시설로 건설되었고, 현재 25개소가 운영되고 있다. 처분시설은 현재 천층처분 시설이 2개소(광둥성 베이룽 중저준위 폐기물 처분 장소, 란조우 재처리 시험시설)가 완공되었으며, 중저준위 폐기물을 보관하고 처분하는 작업을 수행한다.

중국은 제10차 5개년 계획(2001–2005년)에서 원전의 국산화 추진을 천명하고 원전의 본격적 확대에 나섰다. 이에 따라 고속로 개발계획을 세우고, 여러 고속로와 실증로의 기술개발을 계획 중이다. 또한 사용후핵연료 관리를 위해서 현재 란조우에 50톤/년의 재처리 시험시설을 건설한 상태이며, 2020년까지 880톤의 상업용 재처리 공장을 건설할 계획도 포함되어 있다.

8) 영국

영국에서는 2013년 4월 기준, 16개의 원전이 운영되고 있고, 연간 총 발전량 중 원자력 발전량의 비중은 약 19%이다. 영국은 1952년 군사용 플루토늄 생산을 목적으로 윈드스케일에서 재처리 시설 운전을 시작했으나, 1957년 윈드스케일 화재가 일어나는 등 안전상의 문제 때문에 1964년에 가동을 중단했다. 그후 셀라필드 재처리 시설로 이름이 바뀐 이곳에서 제2의 재처리 시설 B205가 1964년부터 가동되기 시작했다. 1976년에는 경수로 산화물 핵연료 재처리 시설인 THORP(THermal Oxide Reprocessing Plant)의 건설 신청이 이루어졌고, 1983년에 착공하여 1997년에 공식 운영허가를 받았다.

현재 영국의 모든 사용후핵연료는 셀라필드로 이송하여 재처리되고 있다. 1964년 가동이 시작된 B205는 2010–2015년경 폐쇄될 예정이다. 1994년에 운영이 시작된 THORP는 설비 결함 탓에 2005년에 운영이 정지되었다가 2008년에 재가동이 승인되었다. THORP에서는 주로 해외에서 위탁받은 사용후핵연료를 재처리하고 있다.

고준위 폐기물 처분의 경우, 지역주민의 심한 반발로 인해 난관에 부딪혔다. 결국 1999년 고준위 폐기물 처분을 위해서는 국민의 수용성이 중요하다는 결론을 얻었고, 이런 노력의 결과 2001년에 DEFRA는 '방사성 폐기물의 안전관리(Managing Radioactive Waste Safely)' 보고서를 발간했다. 또한 2003년에는 사회적 공론화를 위해 '방사성폐기물관리위원회(Committee on Radioactive Waste Management, CoRWM)'를 발족했다. 이후 CoRWM은 과거 정부 계획의 검토, CoRWM에 의한 심층 검토, 후보 부지 선정 등 세 단계 계획을 거치고 다양한 방식으로 국민의 소리를 수렴해, 부지 선정에 관한 권고 보고서를 정부에 제출했다.

9) 스웨덴

스웨덴의 전력 생산은 수력 발전 위주이고, 원자력 발전은 보조 기능을 하고 있다. 1972년부터 원전의 상업 운영을 시작한 스웨덴에서는 포르스마르크(Forsmark), 오스카르스함(Oskarshamn), 링할스(Ringhals)의 총 10기의 원자로에서 8,817MW 전력을 생산하여 총 발전량의 38.1%를 담당하고 있다. 1985년 포르스마르크 3호기 준공 이후 신규 발전소가 건설되지 않았으며 1999년에 바세보크 원전 1호기, 2005년에 2호기가 폐쇄되었다. 1980년 국민투표에 의해 더 이상의 추가 원전 건설은 하지 않을 것이며 기존 원전도 단계적으로 폐기한다고 결정했다. 그러나 현재 국민 80%가 원자력에 대해 찬성하고 있고, 대체 에너지 개발이 여의치 않기에, 스웨덴은 원전 수를 유지하는 선에서 신규 원전 건설 움직임을 보이고 있다.

사용후핵연료는 고준위 폐기물로 보아 직접처분 정책으로 정하고 있다. 스웨덴의 원자력 발전 4개 회사는 사용후핵연료 최종처분에 관한 연구개발, 처분장 건설과 운영을 위한 전담기관으로 스웨덴 핵연료폐기물관리회사(SKB)를 설립했다.

스웨덴에는 원전의 3개 부지마다 발전소 내의 저장수조에 방사성 폐기물을 저장한다. 방사성 폐기물은 원전별로 수조에서 최소 9개월 이상 저장한

후 중간저장 시설로 이동된다. 중저준위 폐기물의 경우 포르스마르크 원전 주변에 위치한 SFR에 영구처분되며, 고준위 폐기물의 경우 오스트함마르(Östhammar) 원전 근처 중간저장 시설 CLAB(Central interim storage facility for spent nuclear fuel)로 운송하여 저장된다. CLAB는 지하 60미터에 있는 암반 내 공동을 이용한 습식저장 시설로서, 원전에서 발생하는 사용후핵연료를 영구처분 전까지 30-40년간 중간저장한다. 2004년 말 기준으로 CLAB에는 4,000톤 정도 저장되어 있다. 방사성 폐기물과 사용후핵연료는 특수선박을 통해 해상 운송한다.

사용후핵연료의 용기는 외부는 구리 재질, 내부는 주철 재질로 된 이중구조의 캐니스터를 사용한다. 캐니스터의 용접 등 봉입 관련 기술에 대해서는 캐니스터 연구소에서 연구개발하고 있다. 봉입한 캐니스터는 지하 500미터의 결정질암에 처분시설을 건설하여 처분할 계획이다. 지층 처분에 관한 기술 확보를 위해 에스포 암반연구소를 설립하여, 실제의 처분 환경과 비슷한 여건에서 실제 상황과 같은 다양한 처분기술 실험을 하고 있다.

스웨덴은 스리마일, 체르노빌 사고를 겪은 이후인 1988년 자국 내 원전에 대해 1995년부터 2010년까지 순차적으로 운영을 종료하는 탈원전 방침을 택했다. 그러나 1994년 스웨덴 에너지위원회에서 2010년까지 모든 원전을 폐쇄하는 안은 경제, 환경적 입장에서 불가능하다는 의견을 내놓았다. 그럼에도 불구하고 스웨덴 정부는 1999년과 2005년 원자로 1기씩을 폐쇄했다.

그러나 스웨덴 정부는 결국 2010년 새로운 원자력 발전소의 건설을 승인했다. 이는 사실상 탈원전 정책을 포기한 것으로 해석된다. 여기에는 국가 전력 수요의 절반을 차지하는 원자력 발전을 폐쇄할 경우 전기 수급에 문제가 생기는 스웨덴의 사정이 작용한 것으로 보인다.

10) 벨기에

벨기에는 2012년 12월 기준, 원자로 7기를 운영하고 있고, 전력의 48.2%

를 원자력에서 공급받고 있다. 벨기에는 1984년 몰-데셀(Mol-Dessel) 부지의 지하 225미터에 하데스(Hades) 지하 실험시설을 건설했고, 정부는 2006년 중저준위 폐기물을 데셀(Dessel)의 지표 처분장에서 처리하기로 결정했다. 한편 중고준위 폐기물은 심지층에서 처분하는 방향으로 연구를 진행하고 있다.

벨기에는 1967년에 독일, 네덜란드와 공동으로 독일의 칼카(Kalkar) 지역에 300MWe급의 고속증식로를 건설했다. 벨기에의 원자력 연구개발의 핵심은 벨기에 원자력연구소(SCK, CEN)가 맡아 수행하고 있는데, 주로 원자로 안전실험, 방사성 폐기물 처분, 방사선 방호와 보건을 중심으로 진행하고 있다.

벨기에 정부는 2003년 탈원전 결정을 내리면서 40년의 설계수명이 끝나면 순차적으로 원자로의 가동을 끝내기로 결정했었다. 이에 따라 2015년부터 순차적으로 원자로가 폐로될 계획이었다. 그러나 2009년 벨기에는 2015년에 폐로 예정이던 3기의 원자로의 폐로 시기를 10년 늦추기로 변경했다. 벨기에 전력의 반 이상을 공급하는 원자력 에너지를 당장 포기하기에는 전기요금 인상 등의 부담이 컸던 것이다.

11) 스위스

스위스는 2013년 3월 기준, 원전 5기를 가동하고 있으며 해외 석유 의존도가 65%인 상황에서 원자력 발전의 전기 생산량은 26.3TWh로 총 전력 생산의 40%가량을 차지한다. 2003년에는 원자력 발전에 관해 묻는 국민투표가 두 가지 실시되었다. 하나는 국내의 5기의 원전을 2014년까지 모두 폐쇄할 것인가를 묻는 것이었고, 또 하나는 신규 원전 건설을 동결하는 조치를 계속 연장할 것인가를 묻는 것이었다. 이 두 번의 투표 결과는 모두 부결로 나타났다.

스위스의 방사성 폐기물은 4개의 전력회사가 공동소유하고 있는 즈윌락

(Zwilag)에서 처리되고 있다. 스위스 전력회사들은 사용후핵연료를 재처리 한 뒤 거기서 얻는 플루토늄을 혼합산화연료(MOX)로 사용하기 위한 목적으로 해외 위탁처리를 해왔다. 그러나 2005년 원자력 에너지법에서 2006년부터 10년간 위탁처리를 금지하는 조치를 취함에 따라 사용후핵연료는 원전 내에 보관하거나 즈월락 중간저장 시설에 보내고 있다.

스위스에서는 분류 체계상 방사성 폐기물을 고준위 폐기물, 알파 폐기물, 중저준위 폐기물로 분류하고 있다. 현재 고준위 폐기물과 알파 폐기물용 처분장, 중저준위 폐기물용 처분장 등 두 종류의 처분장 건설을 추진하고 있다.

고준위 폐기물의 안전처분 연구를 수행하는 2곳의 지하연구소가 설치되어 있다. 중간저장 시설 즈월락에는 현재 고준위 폐기물과 알파 폐기물과 중저준위 폐기물을 같은 부지 내에서 저장하고 있다. 또한 베즈나우 원전에서는 사용후핵연료와 고준위 유리 고화체의 중간저장 시설(ZWIBEZ)을 운영하고 있다. 그밖에 의료, 산업, 연구시설에서 발생하는 알파 폐기물과 중저준위 폐기물을 저장하는 연방 중간저장 시설(BZL)이 있다.

* 즈월락 중간저장 시설(ZZL)

즈월락은 취리히 근처에 위치한 중간저장 시설로 중저준위 폐기물과 사용후핵연료를 포함한 모든 고준위 방사성 폐기물을 함께 취급하고 있다. 바로 인근에 파울 셰러(Paul Scherrer) 연구소가 위치하여 의료, 산업 현장, 연구소 등에서 나오는 방사성 폐기물을 처리 저장하고 있다.

즈월락 중간저장 시설의 가장 큰 특징은 무엇보다도 원전이 인근에 위치하고 있다는 것이다. 스위스가 운영하고 있는 5개의 원전 가운데 베즈나우 원자력 발전소 1, 2기와 레이브스타트 원자력 발전소 등 3개 원전이 바로 이웃에 위치하고 있어, 방사성 폐기물 운송이 매우 용이한 입지이다. 직선 거리로 베즈나우 원자력 발전소와는 약 2킬로미터, 레이브스타트 원자력 발전소와는 약 9킬로미터 떨어져 있다. 따라서 즈월락 중간시설은 부지 외 시설이지만, 부지 내와 거의 다름없이 가깝다는 것이 특징이다.

인근 지역에 여러 원자력 관련 시설물들이 함께 위치하고 있는 이 지역은 방사성 누출 감시 체계를 잘 갖추고 있다. 토양, 농작물, 우유 등에 대한 피폭선량 검사를 주기적으로 실시하면서 안전성을 점검하고 있다. 즈월락 중간저장 시설은 비행기 충돌 사고, 지진 등의 사고를 고려하여 설계했으며, 이외에도 여러 가지 안전조치가 시행되어 중대한 사고가 나는 경우라고 하더라도 일반시민들에게 영향을 주지 않도록 설계되어 있다.

즈월락에는 중저준위 방사성 폐기물의 처리시설도 가동되고 있다. 컨디셔닝 시설에서는 방사성 폐기물이 분류되고, 오염을 제거하고, 고형화를 거친 뒤 포장 과정을 밟는다. 프로세싱 시설에서는 고성능 플라스마 용광로를 사용하여 수천 도의 온도에서 가연성 물질과 금속성 물질을 연소시킨다. 이 시설은 의료 부문의 방사성 폐기물과 원전 폐기물을 포함한 중저준위 방사성 폐기물을 취급하는데, 폐기물 부피를 감소시킨 다음 포장을 거쳐 장기처분장에 저장한다.

고준위 폐기물의 경우 유리화를 시켜 밀폐용기에 단단히 봉인한 후 200TS까지 수용할 수 있는 저장 빌딩에 저장한다. 이 밀폐용기는 저장 기간 동안 계속적으로 그 상태를 감시받게 된다. 고준위 폐기물의 열을 식히는 데에는 자연대류 현상을 이용한다. 폐기물 처리는 방사선 차폐의 가장 현대적인 원리에 따라 지하 통로를 통하여 운송된다. 드럼통은 모니터를 통하여 원격 조작된다.

방사성 폐기물의 수송은 국내외 협약과 법 규정, 그리고 국제 IAEA 지침서 등의 기준에 따라 이루어지고 있다. 수송은 140톤의 수송 캐스크에 탑재하여 대부분 레일을 이용하여 자동식으로 이루어진다. 수송 포장용기는 9미터에서 자유낙하하거나 800도의 고온에 30분 이상 견디는가를 시험하는 등 충분한 실험 과정을 거쳐 검사를 받는다. 또한 레일 사고재현 실험과 같이 극한 상황의 실험을 거치기도 한다. 이러한 일련의 실험을 거쳐 환경과 일반대중에 대한 안전성을 철저히 검증한다.

1987년에 원전 운영자가 뷔렌링겐(Wuenlingen)에 즈윌락 중간저장 시설을 건설하기로 계획을 세운 뒤, 1990년부터 다단계 인허가 절차가 시작되었다. 주민, 지역사회, 각종 단체 등의 의견을 수렴하고 공식적인 승인을 받는 일반 인허가 절차를 밟는 데 6년이 소요되었고, 1996년 정부의 인허가를 얻었다. 정부의 인허가를 바탕으로 1996년부터 공사가 시작되어 2000년에 1차 공사가 완료되었고 운영이 개시되었다.

전반적으로 소규모 사업의 성격을 띠고 있고, 시민의식의 차이 등의 요인으로 저장시설의 건설과 운영 과정에서 사회적 수용성의 문제로 갈등을 빚은 일이 없었다는 것이 운영자 측의 설명이다.

12) 핀란드

핀란드는 1977년부터 4기의 원자로를 가동하고 있고, 2012년 운전을 목표로 5번째 원자로가 건설되고 있다. 핀란드는 1990년대 94%의 평균 가동률을 기록할 정도로 원자로의 운용 효율이 높다.

사용후핵연료 기본 정책은 스웨덴과 마찬가지로 재처리하지 않고 고준위 폐기물로 간주하여 직접처분하는 것이다. 2개의 원전회사는 사용후핵연료의 최종처분에 관한 연구개발과 처분장 건설과 운영 업무를 전담할 기구로 포시바(Posiva)를 설립했다. 원전별로 발생되는 사용후핵연료는 2005년 말 기준 1,614톤이고, 모두 원전 부지 내에 중간저장되고 있다. 중저준위 폐기물은 각 원전 부지 내에 건설된 처분장에서 처분되고 있다. 최종처분 시설은 핀란드 서부에 위치하고 있는 올킬루오토(Olkiluoto)에 건설될 예정이다.

포시바 사는 2012년에 처분장 건설허가를 신청하고, 2020년부터 본격적으로 운영할 계획을 갖고 있다. 처분장 깊이는 1층 구조의 경우에는 지하 420미터, 2층 구조의 경우에는 420미터와 520미터를 고려하고 있다. 2004

년부터 올킬루오토에 지하 특성 조사시설이 건설되고 있는데, 앞으로 처분장의 일부로 쓴다는 계획이다.

*** 온칼로 프로젝트와 영화 「영원한 봉인(Into Eternity)」**

온칼로(Onkalo : 핀란드어로 '숨겨진 장소') 프로젝트는 핀란드 올킬루오토의 지하 500미터에 사용후핵연료를 처분하는 시설의 건설 프로젝트다. 올킬루오토는 핀란드의 수도 헬싱키 서쪽으로 240킬로미터 떨어진 작은 섬이다. 이 프로젝트에 대해서 덴마크 감독이 「영원한 봉인」(2009)이라는 영화를 제작했고, 후쿠시마 사고 이후인 4월 2일에 다시 극장에서 상영되었다. 이 영화는 방사성 폐기물의 처분을 놓고 고민하던 사람들이 심지층 처분을 결정하면서, 10만 년 동안 안전하게 보존되기를 기대하고 있으나, 그 기간 동안 전쟁, 재난 등으로 인해 위험이 닥칠 수도 있다는 가능성에 대해 조명하고 있다. 원전의 안전성에 대한 의문과 10만 년 후의 미래 세대에게 생길지도 모르는 위협에 대한 메시지를 담고 있는 것이다.

2. 다른 나라는 사용후핵연료 관리 공론화를 어떻게 했나?

• 사용후핵연료 관리 공론화 해외 사례

사용후핵연료 관리정책에서의 핵심 과제는 사회적 커뮤니케이션에 의해 국민 신뢰를 확보하는 것이다. 그런데 그 소통은 단지 여러 가지 관리방안에 대한 기술적 정보를 알기 쉽게 홍보하는 것만으로는 성과를 얻기 어렵다. 관련 이슈에 대한 과학기술적, 외교적, 사회적, 정치적 논점을 통합적으로 정리하고, 실제로 정책결정 과정에 참여하게 하는 합리적인 절차가 마련돼야 한다. 그로써 신뢰를 얻을 수 있기 때문이다. 그 과정에는 기술적 전문성과는 다른 성격의 인문사회학적 소양과 전문성이 필요하다. 여기서는 사용후핵연료 관리정책에 대한 공론화의 성공 사례를 살피고 마지막으로 국내 사례와 비교하고자 한다.

1) 스웨덴

스웨덴은 현재 포르스마르크 중저준위 영구저장 시설(1988년부터)과 오스카르스함 고준위 중간저장 시설(1985년부터)을 운영하고 있고, 2020년경 포르스마르크에 고준위 영구저장 시설을 완공하는 계획을 진행하고 있다. 필자는 2013년에 한국여기자협회의 스웨덴 시설 시찰에 함께 참여할 기회가 있었다. 브리핑을 받고 난 뒤, 필자가 이런 질문을 했다. “이미 고준위 중간저장 시설이 설치되어 있는 오스카르스함에 그대로 영구저장 시설도 건설하는 것이 훨씬 더 합리적이고 효율적으로 보이는데, 안전과 비용에서 큰 부담을 져야 함에도 불구하고 포르스마르크까지 수송해서 영구저장 시설을 건설하게 된 배경은 무엇인가요?” 답변은 내게는 별로 설득력이 없이 들렸다. 포르스마르크가 암반이 좋고, 정치적으로 그렇게 결정이 됐다는 것이다. 오스카르스함의 암반이 포르스마르크보다 못하다는 말은 들은 적이 없고, 최종 후보지에 들어 있었는데 그렇게 된 것이다. 스웨덴의 사례를 보더라도 사용후핵연료 최종관리 정책에서 부지 선정이 얼마나 난제인가를 알 수 있을 것 같았다.

그렇다면 스웨덴은 어떠한 과정과 절차를 통해 처분시설 부지를 선정했을까? 포르스마르크 사용후핵연료 최종처분 시설은 법 제정부터 시작해서 장소 선정에 이르기까지 33년이 걸렸고, 11년이나 걸려 시설을 짓고 있을 만큼 장기 프로젝트이다. 영구저장 시설 부지 선정 사업은 △ 영구처분장을 세울 만한 지역 후보지와 조건 물색(1977-1985년) △ 해당 지역 연구(1990년) △ 유치신청 지역에 대한 현실성 조사 연구(1993-2002년) △ 2개 후보지역 조사(2002-2009) △ 최종 선정(2011년 4월) 등 크게 5단계로 진행되었다.

1990년대부터 고준위 방사성 폐기물 최종처분장 부지를 선정하기 위한 작업은 시작되었다. 전국을 대상으로 입지조사가 첫 번째 과제였다. 처음에는 영구처분장 유치 지역이 갖춰야 할 조건과 그것을 충족시킬 수 있는 광역의 지역을 물색했다. 그후 이들 지역의 여건을 조사하고, 처분장 유치 의사를 갖고 있는 8개 지역의 유치신청을 받았다. 그 뒤 이 8개 지역을 대상으로 타당성 조사를 하고, 그것에 기초하여 2000년에 오스카르스함(Oskarshamn), 오스트함마르(Östharmmar, 포르스마르크 마을이 속한 도시), 티에르프(Tierp) 등 3개 지역을 후보지역으로 선정했다. 이들 3개 지역을 선정하는 과정에서, 스웨덴방사성폐기물관리기관(Swedish Nuclear Fuel and Waste Management Co. Svensk Karnbranslehantering AB. SKB)은 지형과 지질 조건을 조사하는 일을 맡았다.

포르스마르크가 3개 후보지역 중 하나로 선정되었을 때 일부 지질학자들은 이 지역의 암석이 빙하기 동안 균열 없이 무사히 버틸 수 있을 것인지에 대해 회의적인 반응을 보이기도 했다. 스웨덴은 이 논란을 해소하는 과정에서 RISCOM(Risk Communication) 시스템을 도입하여 의사결정의 투명성을 높였다. RISCOM 방식의 골격은 아래 그림으로 요약할 수 있다.[12)]

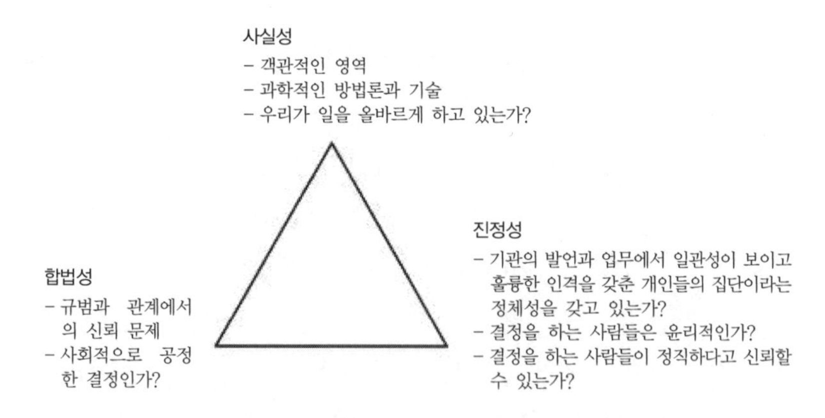

〈그림 2. 3〉 RISCOM 모형 : 의사결정 절차

12) SKI, "Transparency and Public Participation in Radioactive Waste Management", 2003. 10, 12쪽.

그 과정은 다음과 같이 요약할 수 있다. 우선, '전문가 단계'에서 해당 분야의 전문가 사이의 토론을 거쳐 결론을 도출한다. 포르스마르크의 경우, 암반이 여러 차례 빙하기를 거칠 때 10만 년 동안 무사히 버틸 수 있을 것인가 등이 쟁점이었다. 이 과정에서 투명성을 확충하기 위해 전문가들은 자신이 어떻게 그 결론에 도달했는지 설명하고 토론하는 과정을 거쳤다.

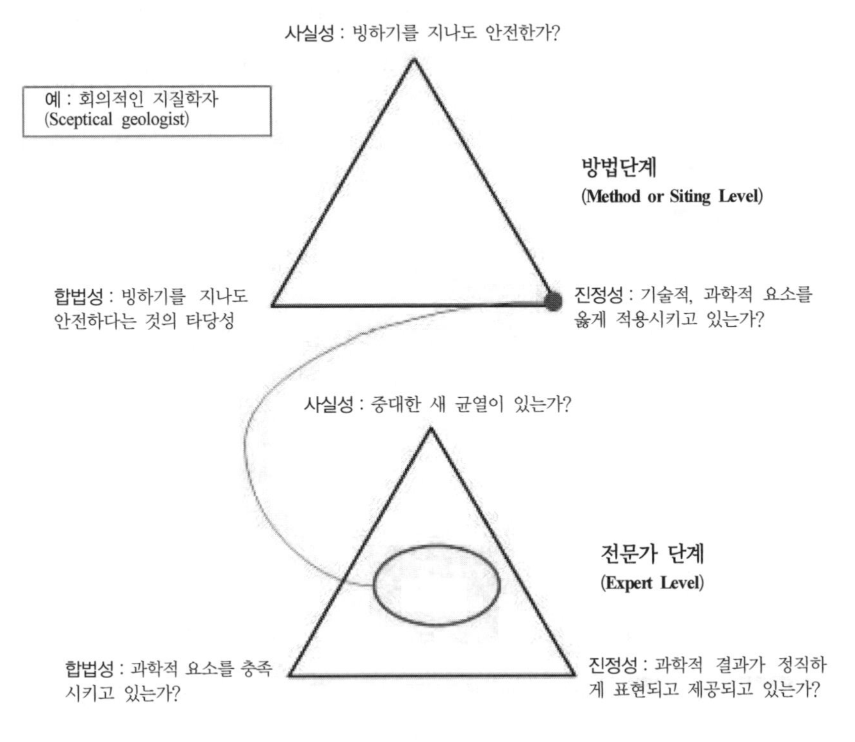

〈그림 2. 4〉 RISCOM의 토론단계

이렇듯 전문가들의 토의로 얻어진 결과물은 그 다음 단계인 '방법단계'로 보냈다. 이 단계에서는 토론 결과를 삼각형의 진정성(Authenticity)에 놓고, '우리가 기술적, 과학적 요소를 옳게 적용시키고 있는가'에 대해 평가했다. 다음으로 합법성에 근거하여 '이 문제가 우리가 최종 결론에서 고려해야 할 정도로 중요한 요소인가'에 대해 판단하도록 했다.

이와 같이 다단계의 합리적 절차를 거침으로 해서 스웨덴은 과학자들 간에 이견이 있는 경우 어떤 근거에 의해 결론에 이르렀는지를 일반국민에게 투명하게 알릴 수 있었던 것으로 평가된다. 또한 입지조사 과정에 원전 전문가는 물론 고고학자, 생태학자 등 여러 전문가들이 참여하고, 이들의 의견을 우선적으로 경청했다는 점도 유의할 필요가 있다.

처분장 유치 과정에서 가장 중요한 요소는 지역주민의 의사였다. 지역주민이나 지방정부가 방사성 폐기물 매립지 부지로 선정하는 것에 반대하는 경우에는 대상 후보지에서 제외하는 조치를 취했다. 전국 평균치로 원전에 대한 스웨덴의 찬성 비율이 40% 정도일 때, 후보 부지인 포르스마르크와 오스카르스함은 71%와 46%에 달했다. 즉 다른 지역에 비해 원전에 대한 수용도가 높았다는 사실이 주목할 만하다.

스웨덴은 2002년부터 세 개의 후보지역 가운데 지자체 의회를 거쳐 부지조사 실시를 수용한 오스카르스함과 외스탐마르 지역을 대상으로 또다시 지역 조사를 실시하는 과정을 거쳤다. 그 결과, 최종적으로 좀 더 유리한 지질 조건을 갖춘 외스탐마르의 포르스마르크가 처분장으로 선정되었고, 2023년 운영을 목표로 처분장 사업을 추진하게 된 것이다. 이 결정에서 유치 지역에 제공하는 직접적인 지원 제도가 없었다는 점도 주목할 만하다. 단지 간접적으로 발생하는 고용 창출과 도로 건설 등의 사업으로 지역주민들이 받아들인 것이다. 지방정부는 방사성 폐기물 처리를 위해 연간 약 40억 크로나(약 6억 달러)의 지원금을 정부에 요청할 수 있도록 되어 있다.

(1) 포르스마르크 중저준위 영구저장 시설

포르스마르크와 오스카르스함은 어떤 배경에서 다른 지역보다 원자력 수용도가 높은 지역이 될 수 있었을까? 포르스마르크에는 1988년 12월부터 운영된 중저준위 영구저장 시설이 이미 입지해 있다. 이 시설은 1988년에 1,000억 원의 비용을 들여 완공된 중저준위 영구저장 시설로서, 동굴처분

방식이며 수송을 위해 해안에 위치하고 있다. 시설 내 모든 설비는 중앙집중식 컴퓨터 시스템과 제어 시스템으로 운영되고 있다.

중저준위 영구저장 부지를 선정하는 과정에서 스웨덴은 우선적으로 원전이 입지한 4개의 부지, 즉 포르스마르크, 오스카르스함, 바쉐백, 링할스와 스터드스빅 지역을 대상으로 지질조사를 실시했다. 그 결과 포르스마르크와 오스카르스함이 부지적합 판정을 받았고, 최종적으로는 포르스마르크가 선정된 것이었다. 중저준위 영구저장 부지유치 과정에서는 일부 지역주민의 반발이 있었으나, 적극적이고 꾸준한 홍보로 주민 반대를 극복하는 데 성공했다. 이때도 정부의 직접적인 인센티브는 없었다. 그러나 철도, 항만, 전기, 수도 등의 사회간접 시설 확충과 관광지로서의 자리매김과 고용 증가 등의 효과를 거두게 되었다.

(2) 오스카르스함 고준위 중간저장 시설(CLAB)

오스카르스함에는 1985년부터 가동하기 시작한 고준위 방폐물 중간저장 시설(CLAB)이 있다. 이 사용후핵연료 중간저장 시설은 지하 30미터에 위치하며, 약 3,000톤의 고준위 방사성 폐기물을 최대 40년까지 저장할 수 있는 규모이다. 투명성을 위해 관련되는 자료와 문헌은 일반에게 공개하고, 처분장 설비 공개 날짜를 지정하기도 했다.

오스카르스함의 경우에도 포르스마르크 중저준위 영구저장 시설 유치와 마찬가지로 정부가 직접적인 인센티브를 제공한 것은 없었다. 물론 원자력 시설 입지에 따른 사회간접 자본의 확충과 고용 증대가 유치의 효과라고 할 수 있다.

스웨덴은 고준위 방사성 폐기물 최종처분장 부지를 확정한 성공 사례로 꼽히고 있다. 그러나 주목할 것은 그런 결정이 단기간에 순탄하게 이루어지지는 않았다는 사실이다. 1970년대 이후 스웨덴은 정치적인 중도 노선의 정당의 부상과 함께 전통적인 찬핵 분위기가 탈핵 논의로 바뀌는 사회적,

정치적 변화를 겪었다. 1976년에는 토르본 팔딘 총리가 탈핵을 선언하기에 이른다. 1977년 스웨덴 정부는 새로 건설되는 원전은 모두 사용후핵연료를 절대적으로 안전하게 보관할 수 있는 장소와 방식을 확립한다는 조건하에 건설해야 한다는 내용의 법(the Nuclear Power Stipulation Act)을 제정한다. 이러한 분위기 속에서 1980년대와 1990년대에 이루어진 조사에서 대부분의 스웨덴 국민은 국내 어느 곳에도 방사성 폐기물 처리장을 짓지 말아야 한다고 생각하는 것으로 조사되었다.[13] 따라서 1980년대 초반에 SKB가 운영한 시추조사 프로그램은 대부분의 지역에서 심각한 반대에 부딪쳐야 했다.

SKB는 1980년대 후반부터 지질학적 연구에 집중하던 전략을 바꾸어, 대화를 통해 지역 수용성을 높이는 데 집중한다. SKB의 1989년 자체 보고서에 의하면, 지질학적으로 방사성 폐기물 처리에 최적인 기반암을 찾는 것은 적절한 접근방식이 아니며, 오히려 어느 정도 지리적 조건을 충족시키는 후보지를 복수로 찾고, 그 후보군을 대상으로 지역 수용성을 높이는 작업을 진행하는 것이 중요한 것으로 판단했다. 최적의 후보지 선정은 지층에 대한 과학적인 조사 결과에 따라 이루어져야 한다는 기술관료적인 입장과는 다른 견해를 표명한 것이다.

이런 과정을 거치며, SKB는 1992년부터 시추조사를 중단하고, 타당성 조사를 시행한다. 타당성 조사는 기반암에 대한 기술적 조사와 함께, 토지·환경, 운반 여건, 사회적 영향 등의 다양한 항목에 걸쳐 진행된다. 이때 SKB는 286개의 스웨덴 전체 지자체에 대해 타당성 조사 참여를 요청하면서, 조사에 참여한 후 관심이 있으면 처리시설 유치를 신청해도 되나, 그렇게 해야 할 의무는 전혀 없다고 강조한다.

1995년 스웨덴 정부는 SKB의 타당성 조사를 허용한 지자체를 대상으로 독립적인 조사단을 운영할 수 있는 펀드를 신청할 수 있게 조치한다. 결국

13) Hedberg, P. & Sundqvist, G. (1998) "Slutstation Oskarshamn?". In Lidskog, R. (ed.) Kommunen och kärnavfallet, pp. 69–122. Stockholm: Carlsson bokförlag.

스웨덴은 1970년대의 탈원전 움직임 이후 30년이 넘는 사회적 합의 형성 과정을 거쳐 방폐물 처리장 부지를 확정할 수 있게 된 것이다. 그리고 그 배경에는 이처럼 지자체의 입장을 존중하고, 과학적 조사 작업의 독립성을 제도적으로 보장함으로써 신뢰를 높이는 정책 추진이 있었기 때문에 가능했던 것으로 결론지을 수 있다.

2) 핀란드

핀란드는 2001년 세계 최초로 사용후핵연료 최종처분장 부지를 확정한 나라이다. 그리고 그 과정 역시 사회적 수용성 확보를 위해 오랜 기간이 걸렸음을 알 수 있다. 1994년 원자력법 개정을 통해 핀란드는 국내에서 발생한 사용후핵연료를 자국 땅에 영구처분하기로 결정하면서 '어떤 원자력 시설도 주민이 반대하는 지역에는 영구히 건설하지 않는다'는 조항을 명문화한다. 그로써 모든 것이 주민들의 주체적인 결정으로 진행될 것이라는 확신을 주었던 까닭에 극단적인 반대 움직임이 진정될 수 있었다. 그리고 '안전한지 한번 잘 따져보자'는 분위기로 번지면서 소통과 합의의 길이 열린 것이다.

1990년대 이후 원자력 폐기물 관리회사인 포시바(Posiva)는 지역주민들과의 접촉을 늘리는 작업을 지속적으로 진행하고 있었다. 1999년과 2007년에 나온 포시바의 환경영향평가 보고서를 보면, 사용후핵연료 관리 정책결정에 일반대중을 참여시키기 위한 프로그램들이 환경영향평가 사업의 중요한 부분을 차지하고 있음을 볼 수 있다.[14] 포시바에서 운영한 대중 참여 프로그램의 내용은 다음과 같다.

— 환경영향평가 결과를 거주민에게 배포
— 포시바 지역 사무실에 관련 자료 비치
— 공회(public meeting) 개최

---

14) Posiva (2007) The final disposal facility for spent nuclear fuel. Environmental Impact Assessment Report. General Summary. Posiva Oy. [http://www.posiva.fi/englanti/yv_ly.pdf]

— 소그룹 만남

— 지역 의회를 위한 정보 제공과 토론회 개최

— 지역 공무원과 함께 협력 그룹, 추후 관리(follow-up) 프로그램 운영

— 박람회 운영을 통해 피드백 수집

— 지역 공청회와 인터뷰

— 지역정부 레벨의 토론회

— 중앙정부 레벨의 세미나

— 신문 칼럼을 이용한 토론

원자력법 개정 이후 6년에 걸쳐 5개 후보지역의 암반, 지질 등 지질학적 조건과 처분장의 안전성을 점검하는 과정이 진행된다. 1999년 포시바는 유라오키 시의 올킬루오토 지역을 처분장 부지로 정부에 추천하게 된다. 유라오키 시는 2000년 시의회에 처분장 유치안을 상정했고, 20 대 7로 유치안이 통과됐다. 이어 2001년에는 의회에서 159 대 3의 압도적인 찬성으로 사용후핵연료 최종처분장의 올킬루오토 건설이 최종 확정된다. 당시 녹색당원들까지 찬성표를 던졌다는 사실이 흥미롭다. 이는 사용후핵연료 처리 문제를 방치하기보다는 장기적인 공론화를 통해 결론을 내리고 행동에 옮기는 것이 후손을 위한 책임 있는 선택이라는 합의가 이루어져서 가능했던 것으로 분석된다. 또한 핀란드가 처한 상황에서는 고준위 폐기물을 지하에 영구처분하는 것이 현존하는 과학기술로 선택할 수 있는 최선의 방법이라는 국민적 공감대가 형성됐기 때문으로 해석된다.

스웨덴과 핀란드는 원전을 운영하는 나라들 중에 가장 앞서서 최종처분시설 부지를 확보했다는 특징이 있다. 또한 40년에 이르는 오랜 기간 동안 최종처분장 확보 과정을 진행시켰고, 모든 단계에서 사회적 수용성 확보를 최우선 과제로 삼아 모든 정보를 주민들에게 공개하면서 진행했다는 것도 공통점이다. 이들 사례는 사용후핵연료 관리 사업에서 장기적으로 단계별로 사회적 수용성을 확보하는 것을 목표로 진행하는 것이 성공 요인임을

보여준다고 할 수 있다.

물론 스웨덴과 핀란드의 현실을 우리나라에 그대로 적용하기는 어렵다. 스웨덴의 포르스마르크 주민은 수백 명에 불과하고, 포르스마르크가 속한 외스탐마르 시 전체의 인구도 1만5,000명 정도이다. 때문에 스웨덴에서는 포르스마르크 원전과 중저준위 시설, 고준위 시설에서 가장 가까운 지역의 주민을 대상으로 일대일 대화와 교육을 실시하는 등의 직접 대민 홍보로 수용성을 높일 수 있었다. 우리나라는 현실적으로 인근 주민과 일대일 대화로 풀어가기에는 한계가 있다는 것도 차이점이다.

3) 일본

(1) 롯카쇼무라(六ヶ所村) 방폐장

롯카쇼무라 방폐장은 1992년 12월부터 운영된 중저준위 폐기물 처리시설이다. 일본 정부는 중저준위 방사성 폐기물을 처리하기 위해 아오모리현 롯카쇼무라에 약 120만 평의 부지를 확보하여 1992년 중저준위 방폐물 영구처분장을 건설했다. 한편 롯카쇼무라의 재처리 시설은 2012년부터 연간 800톤의 사용후핵연료를 처리할 계획이었으나, 계속해서 연기되어 2013년 10월에 완공도 확신할 수 없는 상황이다. 이로부터 연간 5톤 정도의 플루토늄을 얻을 것으로 예상되나, 미일원자력협정에 의해 이를 우라늄과 섞어 혼합산화연료(MOX) 형태로 제조하도록 되어 있다.

일본 정부는 전원 개발의 이익을 롯카쇼무라 지역에 환원시키도록 전원 3법을 도입했다. 전원 3법은 다음과 같다. 일반 전기사업자에게 전원개발 촉진세를 부과하는 전원개발 촉진세법, 촉진세로 인한 수입을 시설설치 보조금으로 내주는 전원개발 촉진대책 특별회계법, 공공시설 정비를 촉진하고 지역주민의 복지 향상을 도모하는 발전소 시설 주변지역 정비법이다. 즉 일본 정부는 방폐장을 유치함으로써 경제적으로 낙후된 롯카쇼무라 지역을 발전시키려는 정책을 시행한 것으로 볼 수 있다. 지역 지원금도 주민이 만족

할 만한 수준으로 제시하는 등 충분한 보상 과정을 거친 것이 특징이다.

또한 기관 투명성을 확보하기 위해 현과 촌 내에서 안전성 전문가 회의와 시설대책 회의를 개최한 것도 눈에 띈다. 전문가 회의는 안전성에 관한 보고서를 작성하여 아오모리 현 주지사에게 제출하는 역할을 했다. 그후 기술적 안전성에 대한 검증 절차를 거쳐 롯카쇼무라 의회에서 유치를 결정하게 된 것이다.

(2) 무쯔 시(陸奧市) 중간저장 시설

무쯔 시 중간저장 시설은 재처리 이전에 사용후핵연료를 일정 기간(50년) 저장하는 시설이다. 무쯔 시는 재처리 시설이 있는 롯카쇼무라에서 북서쪽으로 50킬로미터가량 떨어져 있다. 일본의 대부분의 시 단위 지자체가 적자를 면치 못하고 있는 상황에서, 무쯔 시 시장은 중간저장 시설 유치로 교육과 의료 등 사회기반 시설을 구축하고, 인근의 해양과학연구소를 일본의 대표적 연구소로 만들고 무쯔 시를 세계적인 해양연구 도시로 키운다는 비전을 제시했다.

2000년 중간저장 시설 유치를 시작할 당시 일본은 롯카쇼무라 재처리 공장의 가동 차질로 인해 사용후핵연료 저장시설이 포화 상태에 이르게 될 난국에 처해 있었다. 이에 따라 일본 정부는 고준위 방사성 폐기물의 영구저장 시설을 유치하는 지방자치단체에 해마다 20억 엔(약 180억 원)까지 보조금을 지급하는 인센티브 제도를 마련한다. 그 조치로 2007년 1월 고치(高知) 현의 도요(東洋) 정이 유치신청을 했으나, 주민들의 격렬한 반대에 부딪혀 4월에는 정장이 물러나고 신청이 취소되는 사태가 벌어진다.

상황이 이렇게 되자 일본 정부는 아오모리 현의 무쯔 시에 중간저장 시설을 건설하고 사용후핵연료 3,000톤을 금속 캐스크에 넣어 저장하는 계획을 추진하게 된다. 무쯔 시 중앙집중식 저장시설은 중앙정부, 지방정부의 전폭적인 지원과 효과적인 거버넌스 구축에 힘입어 중간저장 시설 건설계획이 어렵게 성사된 사례이다. 저장 기간은 50년으로 정하게 되었고, 저장 물량은 우라늄 5,000톤이라고 못 박는 등의 단서 조항이 붙었다.

무쯔 시 중간저장 시설은 추진단계에서 우선 주민의 신뢰 확보에 진력했다. 그리하여 시민 24명으로 구성된 간담회, 각 분야 전문위원 7명으로 구성된 전문가회의를 설치해서 보고서에 대한 시민의 의견을 구하는 동시에 기술적인 조사와 검토를 진행했다. 또한 '안전성 검사·검토회'를 설치해 보고서를 제출하고, 이를 토대로 '아오모리현 원자력 정책간담회', '시정촌장회의', '현민 설명회', '현민 의견을 듣는 회의' 등을 거쳐 지역사회의 이해 기반을 구축하는 데 주력했다. 또한 이해당사자를 대상으로 원전 견학과 사용후핵연료 저장연구 현장시찰 프로그램을 운영하여 안전성에 대한 신뢰를 높이는 노력을 기울였다.

중간저장 시설 유치 이후, 무쯔 시 지역주민의 의료 혜택이 늘어났고 교육의 질도 향상되었다는 반응이다. 무쯔 시는 단순히 지원금을 주민들에게 보상금으로 나누어주는 데 그치는 것이 아니라 고정 자산세 등 풍부한 세원으로 풍요로운 도시를 건설한다는 비전을 제시하여 사회적 수용성을 높였다.

일본은 사용후핵연료 관리시설의 수용성을 향상시키기 위해 경제적 보상 정책을 주로 사용했다. 그러나 일본에서도 부지 선정 과정에서 이해당사자 참여와 기관 투명성 높이기를 통한 신뢰 구축이 원자력의 긍정적 이미지 구축에 큰 몫을 했음을 알 수 있다.

4) 영국 CoRWM

영국은 2003년부터 사용후핵연료 관리위원회(Committee on Radioactive Waste Management, CoRWM)를 구성하여 사용후핵연료를 장기간 안전하게 관리하기 위한 방안에 대해 자문하도록 했다. CoRWM은 다양한 전공의 15명 위원으로 구성되고, 2010년 6월 이후로 로버트 피커드(Robert Pickard)

교수가 의장을 맡았다. 그 운영 목적은 다음과 같다.

— 관리방안 관련 과학적 지식과 불확실성을 평가

— 해외 사례 반영

— 윤리적 이슈 고려

— 국민과 이해당사자가 결정 과정에 동참

CoRWM은 사용후핵연료 관리방안의 평가기준을 세우기 위하여 일반국민과 이해당사자, 과학기술 전문가의 의견을 수렴했다. 첫 단계로 CoRWM과 과학기술 전문가 그룹이 국제적 과학기술계가 다룬 방사성 폐기물 관리에 관한 모든 옵션의 목록을 작성하고, 각각의 실효성을 분석한 후 국민에게 그 옵션 목록을 알렸다.

다음으로 일반국민과 이해당사자의 의견을 수렴하여 관리 옵션을 축소하는 과정의 기준을 설정했다(〈표 2. 1〉 참조). 이전 단계에서 목록에 들어간 관리 옵션이 다음 항목 중 하나라도 해당되는 경우에는 목록에서 제외시켰다.

〈표 2. 1〉 CoRWM의 목록 축소 기준

옵션에 대한 확실한 증거가 없는 경우
국경 밖 환경보전에 대한 책임의식에 반하는 경우
환경적으로 민감한 지역에 피해를 주는 경우
비용과 환경 피해 등 미래 세대에 용납될 수 없는 부담을 얹게 되는 경우
혜택을 누린 현 세대가 감수할 수 있는 위험보다 큰 위험을 미래 세대에 부과할 가능성이 있는 경우
핵물질의 안전성에 위험을 끼칠 가능성이 있는 경우
인체 건강에 위협이 되는 경우
비용과 혜택 간의 불균형이 야기되는 경우
향후 변경 가능성이 거의 없는 국제적 조약이나 법규에 위반되는 경우
원칙상 관리 옵션이 영국에서 행해질 수 있음에도 해외에서의 실행을 수반하는 경우

위의 기준에 근거하여 사용후핵연료 관리 옵션 목록을 축소한 후, 관리 옵션의 평가방식과 기준에 대해 다시 제안을 받는 과정을 거쳤다. 일반국민과 전문가의 의견을 통합하여 도출한 최종 평가기준에는 300년 이내 국민 안전, 300년 이후 국민 안전, 노동자 안전, 보안, 환경, 사회경제적 요소, 쾌적한 시설, 미래 세대의 부담, 이행성, 유용성, 비용 등이 포함되었다. 보안에 관련해서는 테러리스트나 외부 공격에 대한 취약성 여부가 평가기준으로 제시되었다. 미래 세대의 부담에 관해서는 근로자의 위험노출(exposure) 정도가 최소화되어야 한다는 것이 세부 평가기준 가운데 하나로 제안되었다.

다음 단계로 CoRWM은 사용후핵연료 관리 옵션의 평가기준과 방식에 관한 보고서를 제출했다. 그 내용으로는 평가기준에 대한 일반국민의 의견과 함께, 평가 점수가 제시되었다. 평가기준별 중요도는 다음과 같이 요약된다. 국민 안전 등 안전이 23%로 가장 중시되는 평가기준으로 나타났다. 미래 세대에 부과되는 부담 고려와 유연성도 순위가 높아야 한다는 응답이 많았다. 노동자 안전, 환경, 이행 능력, 쾌적한 시설도 평가기준 항목으로 제시되었다.

다음 단계는 일반국민이 선호하는 평가기준 항목에 따라 축소 목록에 들어 있는 사용후핵연료 관리 옵션을 평가했다. 평가기준에는 과학적 지식과 사회적 가치를 모두 포함시켰다. CoRWM은 사용후핵연료 관리 옵션 각각의 평가 점수를 산출하여 정부에 권고안을 냈다. 평가 결과, 직접처분 옵션이 저장 옵션보다는 높은 점수를 받은 것으로 나타났다.

CoRWM은 사용후핵연료 관리 옵션에 대한 포괄적 평가도 실시했다. 이는 직접처분에 대한 장기적 안전성, 윤리적 측면, 환경적 원칙, 제도상 관리, 저장시설의 수명, 폐기물의 수명, 폐기물 회수 등의 항목에 대한 논의에 근거하여 이루어졌다. CORWM은 여러 달에 걸쳐 워크숍, 총회, 전문가 패널을 진행했다. 구체적으로 전국 이해당사자 포럼(National Stakeholder Forum), 원자력 시설 부지 원탁회의(Nuclear Site Round Tables), 포 시티즌 패널(Four Citizens' Panel), 베드퍼드셔 스쿨 프로젝트(Bedfordshire Schools' Project) 등을 통해 일반대중과 이해당사자 그룹을 대상으로 광범위한 의견을 수렴한 것이 주목할 만하다.

영국 CoRWM의 활동은 대중의 의견을 수렴하기 위한 전략과 정책적 의지, 그리고 어떠한 과정이 필요한지를 잘 보여주고 있다. CoRWM의 주도로 사용후핵연료 관리 옵션은 일반국민과 다양한 이해당사자들을 위한 적절한 포맷과 언어로 설명되었고, 한 걸음 더 나아가 국민이 직접 참여하여 각각의 옵션을 평가하는 기준을 설계한 것이 돋보인다. 사용후핵연료 관리 옵션의 리스크를 평가하고 얼마만큼의 리스크를 감수할 것인가를 결정하는 협상 과정에 시민사회가 주도적으로 참여할 수 있는 길을 열었기 때문에 성사시킬 수 있었던 것이다. 이 성공 사례는 원자력 커뮤니케이션에서 일방적 홍보보다 참여와 상호교류가 결정적 역할을 하고 있음을 보여준다.

5) 캐나다 NWMO

캐나다는 2002년 사용후핵연료법(Nuclear Fuel Waste Act, NFWA)에 의거하여 방사성 폐기물 관리공단(Nuclear Waste Management Organization, NWMO)을 설립했다. 이 법은 캐나다의 사용후핵연료를 발생시키는 전력회사는 방사성 폐기물 관리기관을 설립하고, 그 장기관리에 필요한 예산을 마련하도록 했다. NWMO는 2002년부터 사용후핵연료의 체계적인 관리방안을 연구하고, 정부에 자문을 하는 역할을 맡게 되었다.

사용후핵연료 관리에 대한 국민의 소리를 정책에 반영하기 위해 NWMO는 네 단계의 조사연구를 수행했다. 우선 국민의 요구가 무엇이고, 그것이 어떻게 NWMO의 정책결정 과정에 영향을 끼쳤는가를 공개했다. 그리고 공개된 자료에 대해 국민 여론을 수렴한 뒤 연구조사 사업에 반영하여 관리자와 일반국민과의 교량 역할을 했다.

1단계에서 NWMO는 국민의 목소리를 수렴하기 위한 연구를 어떻게 진행해야 하며, 어떤 주제들을 다뤄야 하는지부터 국민을 대상으로 여론조사를 실시했다. 1차 보고서에서는 국민이 사용후핵연료 관리방안에 대해 궁금해하는 10가지 질문을 선정하여 공개했는데, 그 내용은 다음과 같다(〈표 2. 2〉).[15]

〈표 2. 2〉 캐나다 국민의 10가지 질문

질문
1. 기관과 거버넌스 이 관리방안이 향후 모든 결과에 대해 책임을 질 수 있는 기본적 규칙, 인센티브, 프로그램, 역량을 두루 갖추고 있는가?
2. 의사결정에의 참여 관리방안 집행의 각 단계마다 일반국민이 충분히 참여할 수 있는가?
3. 지역주민의 가치 반영 지역주민의 시각과 통찰이 관리방안 전개 도출에 영향을 끼쳤는가?
4. 도덕적 고려 관리방안 선정, 평가, 집행 과정이 현 세대와 미래 세대에게 공정한가?
5. 통합적 관점과 지속적 학습 평가기준의 모든 요소를 고려할 때 이 관리방안이 인류와 환경의 장기적 안녕에 기여할 수 있는가? 지속적 학습에 대한 조항이 있는가?
6. 인류의 건강, 안전, 안녕 관리방안이 인류의 장기적 건강과 안전과 안녕을 약속할 수 있는가?
7. 안보 관리방안이 인류 안보에 기여하는가? 테러리스트 등의 핵물질에의 접근을 막을 수 있는가?
8. 환경보존 관리방안이 장기적으로 환경보존을 기약할 수 있는가?
9. 경제적 유지력 관리방안이 경제적으로 지속가능한가? 해당 지역사회의 경제 발전에 기여할 수 있는가?
10. 기술적 타당성 관리방안의 기술적 타당성이 입증되었는가? 이 방안의 설계와 집행이 현존하는 최상의 기술에 기반한 것인가?

15) Nuclear Waste Management Organization, “Choosing a Way Forward”, 2005.

2단계에서는 캐나다 국민이 중시하는 주요 가치와 우선순위를 조사했다. 그 결과에 따르면, 국민이 중요하게 여기는 가치는 위험으로부터의 안전, 현 세대와 향후 세대에 대한 책임, 새로운 지식을 수용할 수 있는 유연성, 사용후핵연료에 대한 관리의 책임, 정부에 대한 신뢰 가능성과 투명성, 지속적 학습, 포용성으로 나타났다.

2차 보고서에는 1차 보고서에 대한 국민의 의견이 수록되었다. NWMO가 이슈를 정확히 파악하고 있는지, 이슈를 다루는 방법이 적절한지, NWMO가 제안하고 있는 의사결정 과정이 적절한지 등에 대한 국민의 판단을 조사한 것이다. 또한 2차 보고서는 캐나다 국민의 가치와 우선순위 조사 결과를 반영하여, 국민적 가치, 도덕적 원칙, 특정 목표 등으로 구성된 사용후핵연료 관리방안 평가 프레임워크를 제안했다.

3단계에서는 평가 프레임워크가 캐나다 국민의 가치와 목표를 옳게 반영하고 있는지 다시 한 번 여론의 피드백을 받았다. 그리고 그 평가기준을 바탕으로 전문가 그룹이 각각의 관리방안을 검토했다. 또한 3차 보고서는 부지가 될 만한 지역의 경제를 고려하고, 위험을 더 세밀하게 정량화하도록 하는 등 관리방안의 평가기준을 강화했다. 3차 보고서는 이러한 평가기준에 따라 관리방안 후보를 선정, 수록하여 정부에 권고했다. NWMO가 제시한 관리방안 이행 과정에서 지켜야 할 주요 목표는, 공공의 건강과 안전의 보장, 위험 분배에 있어서 공평성 보장, 근로자의 안전 보장, 지역사회의 안녕 보장, 시설의 보안 보장, 환경보존 보장, 지역 경제에 긍정적 영향을 미치는 관리방안 설계와 집행, 변화하는 상황에서의 적응력 보장이 포함되었다.

마지막으로 4단계에서는 앞의 과정을 거쳐서 국민의 소리를 반영하고 전문가 그룹이 작업한 연구 보고서를 완결하고 최종 보고서에 대한 국민 의견을 수렴했다. 이처럼 NWMO는 다단계를 거쳐 사용후핵연료 관리방안을 종합적으로 검토했다. 여러 가지 관리방안을 기술적 정보, 도덕적 가치, 사회적 이슈 측면에서 검토한 것이다. 구체적 처분방식으로는 심지층 처분, 부지 내 저장, 중앙집중식 부지 외 저장에 대한 연구와 이들 각 방식이 지니고 있는 강점과 약점에 대한 비교연구를 수행했다. 우선 각 방안의 비용, 혜택, 위험에 대한 비교평가를 시행한 뒤, 폭넓은 대화를 거쳐 모든 방안의 장단점과 집행 시의 고려 사항을 확인하고 수정 보완한 것이다. 이러한 종합적 비교 결과에 의해 최종관리 방안을 도출하여 정부 측에 제시했다.

캐나다의 NWMO가 사용후핵연료의 관리방안을 결정하는 과정에서 거버넌스 개념을 실현시키기 위해 거친 체계적 다단계 연구 과정은 우리나라의 사용후핵연료 정책결정에도 시사하는 바가 크다. 절차의 각 단계마다 국민의 소리를 수렴하여 정책 수립에 반영하기 위한 노력은 정책의 성공을 위한 벤치마킹의 대상이라 할 것이다.

6) 유럽 의회 지원의 COWAM

COWAM(Community Waste Management)은 유럽 의회의 지원을 받아 2000년부터 운영되고 있는 네트워크이자 협력연구 프로그램이다. COWAM은 세미나를 통해 비슷한 관심사를 가지고 있는 지역사회, 전문가, 실행주체, 규제주체를 연결하고, 서로 의견을 공유할 수 있는 연구 네트워크를 구축했다. 제1차 프로젝트(2000–2003)에서는 사용후핵연료 거버넌스에 필요한 4가지 전략적인 영역을 설정했다.

— 지역 민주주의의 실행

— 국가 정책결정 과정에 지역주민의 영향을 반영

— 의사결정 과정의 특성

— 장기적 거버넌스

두 번째 COWAM 프로젝트(2004–2006)는 이들 네 가지 영역에 대해 이해당사자와 연구기관 사이의 파트너십을 구축하는 것을 목표로 했다. 지역 민주주의의 실행과 관련된 이해당사자들은 지역위원회 설립에 대한 정보를 공유하면서, 원자력 관련 지역 민주주의를 확립하는 활동을 했다. 장기 거버넌스 그룹의 전문가들과 규제기관들은 방사성 폐기물 저장 부지나 심지층 부지의 존재에 의한 제도적, 윤리적, 경제적, 법적 고려사항을 파악하고 분석했다. 각 영역에서의 파트너십을 통해, 이해당사자는 해당 문제와 관련 지식의 기틀을 잡고, 새로운 지식을 생산하며 의사결정을 원활하게 할 수 있었다.

원자력 기관과 지역사회는 이러한 의사결정의 원칙과 행동이 실제로 이행 가능할지에 대한 우려를 가지고 있었다. 그러나 두 번째 COWAM 프로젝트 기간 동안 이미 몇몇 나라에서는 COWAM의 원칙에 따르는 움직임을 보이기도 했다. 프로젝트가 진행되면서 유럽 전역에서 이런 움직임이 일어나면서 세 번째 프로젝트인 'COWAM의 실행(COWAM IN PRACTICE)'으로 연결되었다(2007–2009). 'COWAM의 실행'의 목적은 다음과 같이 규정되었다.

— 사용후핵연료 관리에 있어서의 실질적 진전을 이룬다.
— 스페인, 영국, 루마니아, 슬로베니아, 프랑스의 5개 국가의 사용후핵연료 관리 거버넌스를 분석한다.
— 지역사회의 참여를 직접적으로 지원한다.

두 번째 COWAM 프로젝트에서는 조사단과 운영위원회 당사자들이 직접 참여하여 협력연구 방안을 모색했고, 이는 독창적인 절차로 평가되었다. 이런 과정을 통해 이해당사자들이 효과적으로 서로 소통하며 프로젝트를 발전시키는 계기가 되었다.

7) 국내 사례

우리나라의 방폐장 입지 선정 과정은 우여곡절이 깊었다. 1990년에는 정부가 안면도에 방폐장 건설을 계획하고 있다는 언론 보도가 나오면서 대규모 지역 시위로 번졌다. 과학기술처 장관이 방폐장 건설계획을 철회한다고 밝히면서 시위가 일단락되기는 했지만, 이 사건은 결정–발표–방어–포기

(Decide-Announce-Defend-Abandon, DADA) 방식이 빚은 사회적 갈등으로 볼 수밖에 없다.

2003년 부안에서의 방폐장 입지 반대 시위 또한 부안군수가 주민과 지방의회의 반대 의견을 무시하고 유치신청을 한 것에서 비롯된 것으로 알려져 있다. 안면도와 부안에서의 시위를 경험한 정부는 경제적 지원 확대를 통하여 방폐장의 지역사회 수용성을 높이는 쪽으로 정책을 전환한다. 2005년 3월 "중저준위 방사성 폐기물 처분시설의 유치지역 지원에 관한 특별법"이 제정된 것은 이러한 정책 변화의 일환이었다. 특별법 제정 이후 가장 높은 주민투표 찬성률을 보인 경주 지역이 중저준위 방사성 폐기물 처분시설을 유치하기로 결정된다. 그러나 후쿠시마 사고 이후 월성 1호 원전의 수명연장 여부가 사회적 이슈가 되었고, 경주 방폐장 안전성 문제도 계속 쟁점이 되어왔다. 후쿠시마 사고 이전에도 2009년 「부지안전성 조사 보고서」의 내용이 공개되면서 경주 지역의 지반이 불안정하다는 논란이 불거지고, 경주 시의회의 방폐장 반대 시위로 이어졌다.[16)]

정부가 부안 방폐장 건설계획을 백지화한 것은 2004년 9월이었고, 유치지역 지원에 관한 특별법을 제정한 것은 2005년 3월이었다. 주민투표 실시는 2005년 11월이었다. 짧은 기간 동안 이전까지의 DADA 방식에서 벗어난 새로운 정책을 빠른 속도로 추진한 것이다. 다급하게 진행되면서 장기간의 안전성 조사 결과로 나온 암반 적합성과 환경 영향 등에 관한 정보가 제대로 공개되지 못한 측면도 있는 것 같다. 그리고 시민의 자유로운 토론을 통해 규제기관과 정책결정자에 대한 신뢰를 구축하는 작업도 충분히 이루어졌다고 보기 어렵다. 주민투표와 경제적 인센티브만으로 안정적인 신뢰를 확보할 수 있다고 보는 것은 한계가 있다. 지역과 시민사회의 이해기반을 구축하기 위한 장기적인 이해당사자 참여사업이 추진될 때 소통과

---

16) 양이원영, "지연되는 경주 방폐장 안전성 의심된다", 시사인, 2009. 08. 10.

신뢰가 가능할 것이다.

8) 결론

원자력 시설에 대한 사회적 수용성 확보를 위해 이해당사자 그룹의 참여와 합의를 이끌어낸 해외 사례는 여러 가지 시사점을 주고 있다.

첫째 국민적 합의를 이끌어낼 수 있는 전담기구가 잘 작동될 필요가 있다. 이제 더 이상 DADA 방식의 사업 진행은 가능하지 않다. 국민 신뢰를 잃어 사업에 대한 반대 여론을 비등시키기 때문이다. 독일, 스웨덴 등 선진국들도 DADA 식으로 사업을 진행하다가 반대 여론에 부딪혀 다시 원점으로 돌아가 새로 시작하여 성공을 거두었기 때문이다.

둘째, 사회적 수용성 확보를 위해서는 사업 추진의 투명성을 높여야 한다. 투명성은 어떻게 확보할 수 있는가? 투명성의 원천은 일반국민의 이해도와 참여도를 높일 수 있는 정확한 의사소통 방식이다. 즉 의사결정과 이행 과정에서 사실성, 합법성, 진정성을 확인할 수 있는 체계적 과정을 확립하는 것이 중요하다. 이를 위해서는 예컨대 누구나 정책 집행자(implementer)에게 비판적 질문을 할 수 있는 기회를 갖게 하는 것도 중요하다. 즉 투명성(transparency)과 대중 참여(public engagement)를 함께 가는 개념으로 보아야 한다. 또한 중요한 결정을 내리는 단계에서, 선택의 기준으로 과학적 지식은 물론 사회경제적 고려에 대한 다양한 의견 수렴이 이루어져야 한다. 이것이 일반대중이 방폐물 정책을 좀 더 신뢰할 수 있게 하는 길이기 때문이다.

셋째, 기술적 안전성을 철저히 고려하며 진행하는 것이 결국 비용을 아낄 수 있는 방식이다. 예컨대 인허가 과정을 단축시켜 진행을 빠르게 하는 것은 사업 과정에서 안전을 경시했다는 비판을 불러올 수 있고, 과도한 사회적 비용을 치르게 될 가능성이 크다. 현재 사용후핵연료 저장시설의 인허가는 건설 인허가와 운영 인허가를 별도로 받는 체제로 가고 있으며, 단일

허가체계보다는 다단계 인허가 체계로 가는 추세에 있다. 독일 아세 방폐장이 안전성 문제로 방사성 폐기물을 이전하기로 결정한 것은 안전성이 결여된 방폐장 건설이 불러오는 후유증을 보여주는 사례이다.

마지막으로 사용후핵연료 관리정책은 원자력 산업을 지속시켜 국가경제 발전에 기여한다는 목표보다 한 차원 높은 목표를 추구해야 할 것이다. 사용후핵연료 관리정책은 국민 개개인의 안전과 안녕을 보장하고 국민의 인간다운 삶을 보장한다는 상위 목표를 추구한다는 정도로 국민에게 인식될 때 신뢰를 얻을 수 있다고 보기 때문이다. 국민의 행복이라는 국가 정책의 본질적 가치를 추구하고 있음을 원자력 정책의 행위로 실제로 믿을 수 있게 해야 한다. 그럼으로써 사용후핵연료 관리정책에 대한 지역사회와 국민의 이해를 구할 수 있고, 일정 부분의 사회적 합의를 도출할 수 있을 것이다.

제3장

사용후핵연료 관리정책 전문가 원탁토론

일시 2013년 12월 23일

좌장 김명자 한국여성과학기술단체총연합회 회장, 전 환경부 장관

패널 (가나다순, 토론 참석자의 소속과 직책은 토론이 시행되었던 시점 기준)

강철형 한국원자력환경공단 부이사장
김규태 동아사이언스 부편집장
김소영 KAIST 과학기술정책대학원 교수
김효민 울산과학기술대학교 기초과정부 교수
박노벽 한미원자력협정개정협상 수석대표
박방주 가천대학교 전자공학과 교수
박원석 한국원자력연구원 고속로사업단
박원재 KINS 방사성폐기물평가실 책임연구원
서균렬 서울대학교 원자핵공학과 교수
심재억 한국과학기자협회 회장
양이원영 환경운동연합 에너지기후팀 처장
염재호 고려대학교 부총장
유용하 동아사이언스 편집장
윤기돈 녹색연합 처장
윤순진 서울대학교 환경대학원 교수
윤평중 한신대학교 철학과 교수
이레나 이화여자대학교 방사선종양학과 교수
이상욱 한양대학교 철학과 교수
이영일 KINS 안전정책실 선임연구원
이영희 가톨릭대학교 사회학과 교수
이한수 한국원자력연구원 순환형원자력시스템연구소 파이로 PM
이헌석 에너지정의행동 대표
전봉근 국립외교원 안보통일연구부 교수
정지범 한국행정연구원 연구위원
조홍섭 한겨레 환경전문기자

좌장 김명자 오늘 사용후핵연료 관리정책 전문가 원탁토론회는 여성과총과 한국과학기자협회의 공동주최입니다. 심재억 한국과학기자협회 회장님 말씀으로 원탁회의를 시작하겠습니다.

심재억(한국과학기자협회 회장) 반갑습니다. 과학기자협회 심재억입니다. 올해 저희 단체들이 공동주최했던 세미나를 포함해 이런저런 사용후핵연료 토론회가 많았지만, 오늘 참석하신 전문가의 면면을 보니 가장 실질적이고 진전된 논의가 이루어질 수 있으리라고 생각합니다.

오늘 박노벽 수석대표께서도 참석을 하셨지만, 한미원자력협정 협상도 초미의 관심사입니다. 기대한 대로라면 올해 안에 가시적인 윤곽이 드러났으면 했는데, 방금 말씀을 들어보니 올해는 실질적인 결론을 내기가 어려운 것 같습니다. 2014년에는 협상 윤곽이 드러날지 두고 봐야겠습니다. 아직 미결의 과제로 남아 있는 사용후핵연료 처리방안에 대해 공감대를 형성하는 것은 매우 중요한 일이라고 생각합니다. 아무쪼록 오늘 진지하고 열띤 논의를 거쳐 우리가 기대하는 결론에 이르렀으면 하는 바람입니다. 여러분의 고견을 기탄없이 말씀해주시기 바랍니다. 감사합니다.

좌장 김명자 오늘 사용후핵연료 관리정책 전문가 원탁회의에 참석하신 분들의 명단을 나누어 드렸습니다. 업무에 매우 바쁘신데 귀중한 시간을 내주셔서 감사드립니다. 여성과총에서 그동안 원자력 이슈를 다루면서 몇 분 여성 전문가와 함께 했습니다. 제가 초빙교수로 있는 카이스트 과학기술정책대학원의 김소영 교수, 울산과학기술대학교의 김효민 교수, 이화여대 의대의 이레나 교수, 한국원자력안전기술원의 이영일 박사(가나다순)가 그분들인데, 오늘 자리를 함께 했습니다.

심재억 회장님께서 워낙 각계의 최고 전문가들이 모인 자리이니 몇 시간의 심층토론을 통해 결론도 이끌어낼 수 있으면 좋겠다는 말씀을 주셨습니다. 그런데 저는 이 이슈가 그동안 오랫동안 끌어온 난제라서, 최종 결론에 도달하기 위해서는 얼마나 더 많은 시간이 필요할까, 그런 생각이 듭니다. 물론, 이런 우려와는 별개로 오늘 하루 진행되는 토론은 잘 마무리가 될 것입니다.

'원자력'이라고 하면 전문가 중심의 기술적 주제로 되어 있고, 그 내용을 잘 알고 있는 전문가로서 현안에 대한 어떤 입장을 갖는 경향이 있습니다. 그러나 특정 입장과 시각만으로는 이 난제를 풀어갈 수가 없는 것이 현실입니다. 따라서 찬반 양쪽으로 나뉜 각각의 관점에 대해 서로 열린 자세로 듣고, 그 양쪽의 논리와 근거를 서로 충분히 이해하려고 노력하는 바탕 위에서 균형적 결론을 향해 나아가야 한다고 봅니다. 그것을 할 수 있겠는가가 사용후핵연료 이슈를 둘러싼 우리 사회의 과제입니다. 그 논의의 전개에서 열쇠를 쥐고 있다고 해도 될 만한 중요한 분들이 오늘 참석해주셨습니다. 앞으로 적어도 몇 번은 이런 형태로 심층토론의 장을 거쳐야 한다고 생각하고 있습니다.

양이원영 처장이 오늘 발제를 합니다. 지난번 한국과학기자협회와 한국여성과총이 함께 한 토론회에서 임만성 카이스트 교수가 원자력 전문가의 시각에서 발제를 하고, 양이원영 처장이 토론자로 참여했습니다. 그래서 오늘은 발제자를 바꾸어 운동가의 입장에서 발제를 하고 다각적으로 토론하는 것이 균형적 접근이라 생각되어 이 자리를 마련했습니다.

양이원영 처장의 발제에 앞서, 먼저 제가 데이터 중심으로 중복되지 않는 범위에서 간략히 토론의 기초를 제시하고자 합니다.

2013년 12월 기준으로, 전 세계 31개국에서 원전 434기가 돌아가고 있습니다. 71기가 건설 중에 있고, 173기가 계약 중이거나 계획 중에 있고, 제안 중인 원전은 314기입니다. 이 자료는 WNA(World Nuclear Association)의 집계입니다. 참고로 원자력 발전 관련 데이터를 검색하다 보면, 기관에 따라 약간의 차이가 있다는 점을 말씀드립니다. 그림의 아래쪽은 세계의 원전

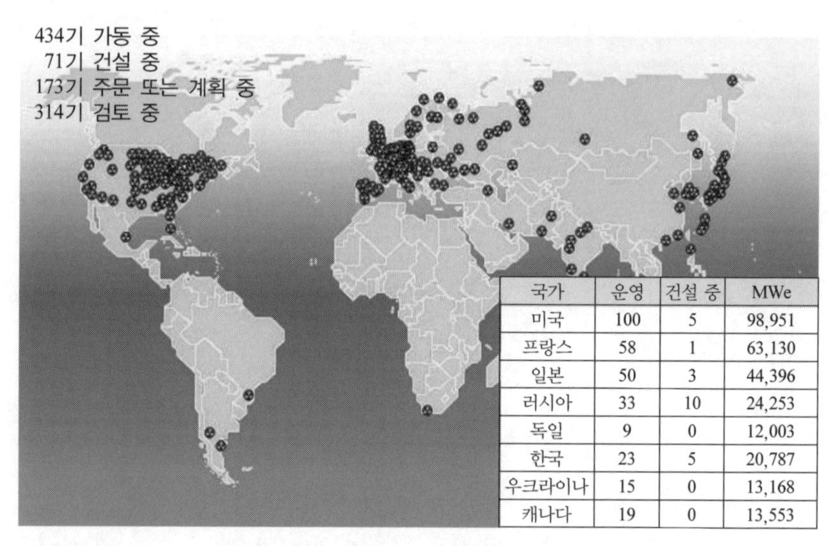

국가	운영	건설 중	MWe
미국	100	5	98,951
프랑스	58	1	63,130
일본	50	3	44,396
러시아	33	10	24,253
독일	9	0	12,003
한국	23	5	20,787
우크라이나	15	0	13,168
캐나다	19	0	13,553

〈그림 3. 1〉 전 세계 원자력 가동과 건설계획 현황[자료 : WNA, 2013. 12]

분포도입니다. 2013년 12월 기준으로 건설 중이거나 계획 또는 제안 중인 국가를 합치면 48개국입니다.

2010년 기준, 세계 원전 비중은 총 전력 생산의 13% 수준입니다. 석탄이 40% 이상, 천연가스가 22%이고, 그 다음이 수력입니다. 총 에너지 소비량에서 차지하는 비중은 13%보다 훨씬 낮아집니다.

다음은 지난해 9월 기준으로 발전량이 가장 많은 국가의 순서대로 나열한 표(〈표 3. 1〉)입니다.

표 제일 오른쪽 칸은 최종관리 정책을 나타냅니다. 스페인까지 원전 발전량이 많은 순서대로 12개국을 살피면, 최종관리 정책을 결정하지 못한 나라는 미국과 한국입니다.

원자로 보유 기수가 적은 대부분의 국가들은 발전량이 적기 때문에 아직까지는 사용후핵연료 관리가 시급한 현안으로 부상되지 않은 편입니다. 따라서 이 국가들은 기술 진보 상황을 보면서 관망(wait and see)하는 상태입니다.

현재 사용후핵연료 관리가 시급한 현안인 나라는 역시 원전 발전량이 많

〈표 3. 1〉 국가별 원자력 발전소 가동 현황과 최종관리 정책 (2013. 9 기준)
[자료 : World Nuclear Power Reactors & Uranium Requirements, WNA, 2012. 9. Energy Imports, net(% of energy use), World Development Indicators, The World Bank]

순위	국가	에너지 수입률 (%)	운영 원자로 단위:기	운영 부지 단위: 개소	원전 발전 비중 단위: %	원전 운영 개시 단위: 년	중간저장 방식 단위 : 부지 개수		최종관리 정책*
							부지 내	부지 외	
1	미국	19	100	65	19.0	1958	47	2**	
2	프랑스	46	58	19	74.8	1959	0	0	Rep
3	러시아	-83	33	10	17.8	1954	4	1	Rep/O-Rep
4	일본	90	50	17	2.1	1965	3	1(planned)	
5	한국	82	23	4	30.4	1978	1	0	
6	독일	59	9	8	16.1	1962	14	2(dry)	Rep/Dis(phaes out)
7	캐나다	-60	19	8	16.1	1962	7	0	Rep
8	중국	9	18	4	2.0	1994	0	1	Dis
9	우크라이나	33	15	4	46.2	1978	1	0	Rep
10	영국	31	16	8	18.1	1956	1	0	Rep/Dis
11	스웨덴	33	10	3	38.1	1964	0	1(wet)	Dis
12	스페인	75	8	6	20.5	1969	1	0	Dis
13	벨기에	72	7	2	51.0	1962	2	0	Rep
14	대만	92	6	3	19.0	1978	0	0	
15	인도	25	20	7	3.6	1973	3	0	Rep/Dis
16	체코	26	6	2	35.3	1985	2	0	
17	스위스	51	5	4	35.9	1969	1	1(dry)	Rep
18	핀란드	50	4	2	32.6	1977	3	0	Dis
19	불가리아	41	2	1	31.6	1974	1	0	Rep
20	브라질	7	2	1	3.1	1985	0	0	
21	헝가리	57	4	1	45.9	1983	1	0	
22	슬로바키아	65	4	2	53.8	1972	1	0	
23	남아프리카	-12	2	1	5.1	1984	0	0	
24	루마니아	22	2	1	19.4	1996	2	0	
25	멕시코	-22	2	1	4.7	1990	0	0	
26	슬로베니아	48	1	1	53.8	1983	1	0	
27	아르헨티나	-6	2	2	4.7	1974	2	0	

28	네덜란드	17	1	1	4.4	1969	0	0	
29	파키스탄	24	3	2	5.3	1972	0	0	
30	아르메니아	68	1	1	26.6	1977	1	0	
31	이란	-68	1	1	0.6	2011	0	0	
·	리투아니아	50	1***	1	0	1991	1	0	

— 이 표는 원자력 발전량이 큰 국가부터 나열한 것이다.
— 빈칸은 최종관리 정책이 결정되지 않은 'Wait and See'의 관망 정책을 나타낸다.
* Rep : Reprocessing(재처리), Dis : Disposal(직접처분), O-Rep : Overseas Rep(위탁재처리)
** Morris Reprocessing Plant Site. Private fuel storage facility
*** 리투아니아는 유럽 연합에 가입하기 위한 조건으로 2009년 12월 31일 체르노빌형 원자로를 폐쇄했다.

은 나라들입니다. 물론 원전 가동을 시작할 때부터 사용후핵연료 대책을 같이 세우는 것이 이상적입니다. 그러나 기술적으로나 경제적으로나 재처리 효용성에 대한 논란이 이어지고 있고, 아직 최종관리의 기술 수준이 미완성이기 때문에 관망을 하는 것입니다.

원전 비중이 높은 국가 순서는 프랑스부터 시작해서 슬로바키아, 벨기에, 우크라이나, 헝가리, 슬로베니아 순입니다. 그러나 슬로바키아 등 동구권 국가들은 기수가 4기, 7기 등으로, 원자력 기수로 보면 매우 적습니다.

〈표 3. 2〉 원자력 발전 비중이 높은 국가 (2013. 9 기준)[자료 : WNA]

순위	국가	원전 발전 비중 단위: %	운영 원자로 단위: 기	에너지 수입률 (%)	운영 부지 단위: 개소	원전 운영 개시 단위: 년	중간저장 방식 단위 : 부지 개수		최종관리 정책
							부지 내	부지 외	
1	프랑스	74.8	58	46	19	1959	0	0	Rep
2	슬로바키아	53.8	4	65	2	1972	1	0	
3	벨기에	51	7	72	2	1962	2	0	
4	우크라이나	46.2	15	33	4	1978	1	0	Rep
5	헝가리	45.9	4	57	1	1983	1	0	
6	스웨덴	38.1	10	33	3	1964	0	1(wet)	Dis
7	슬로베니아	36.0	1	48	1	1983	1	0	
8	스위스	35.9	5	51	4	1969	1	1(dry)	Rep

9	체코	35.3	6	26	2	1985	2	0	
10	핀란드	32.6	4	50	2	1977	3	0	Dis
11	불가리아	31.6	2	41	1	1974	1	0	Rep
12	한국	30.4	23	82	4	1978	1	0	
13	아르메니아	26.6	1	68	1	1977	1	0	
14	스페인	20.5	8	75	6	1969	1	0	Dis
15	루마니아	19.4	2	22	1	1996	2	0	
16	미국	19.0	100	19	65	1958	47	2	
17	대만	19.0	6	92	3	1978	0	0	

현재 건설 중인 원전은 중국이 압도적으로 많고, 러시아, 인도, 한국이 그 뒤를 따르고 있고, 다음이 미국, 일본의 순입니다. 나머지 국가는 2기 이하를 짓고 있는 수준입니다.

〈표 3. 3〉 전 세계 건설 중인 원자로 (2013. 7 기준)[자료 : WNA]

국가	원자로(수)	Mwe(전체)	상업적 운영
중국	28	30550	2013-2016
러시아	10	9160	2013-2017
인도	7	5300	2013-2017
한국	5	6870	2013-2018
미국	3	3618	2015-2017
일본	3	3036	2014-2017?
파키스탄	2	680	2016-2017
슬로바키아	2	942	2014
대만	2	2600	2014-2015
우크라이나	2	1900	2017
아랍에미리트	2	2800	?
아르헨티나	1	745	2013
브라질	1	1405	?
핀란드	1	1700	2014
프랑스	1	1720	2016
전체	70	73026	2013-2018

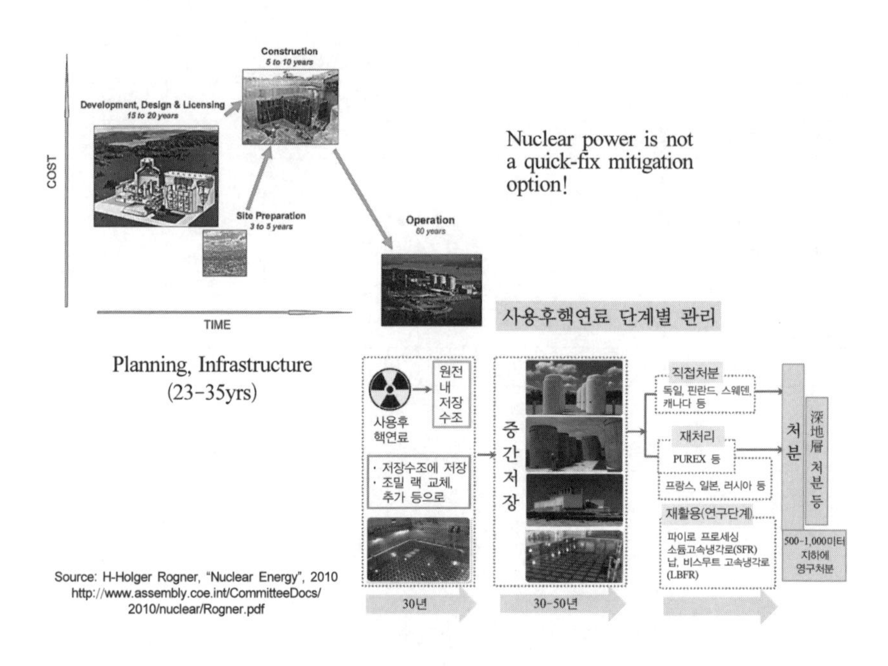

〈그림 3. 2〉 원자력 발전의 선행주기와 후행주기

원자력 산업은 자본집약적이고 장기간의 사업입니다. 특히 초기 자본투입이 엄청나고, 핵연료 후행주기까지 장기간에 걸쳐 엄격한 관리가 필요합니다. 그 특징을 위의 그림(〈그림 3. 2〉)에 간략하게 정리했습니다. 부지선정, 설계, 인허가 획득에서 원전을 건설하기까지 세계적 통계로 보면 23년에서 35년이 걸립니다. 물론 시기와 나라에 따라 그 편차는 상당히 큽니다. 우리나라는 공사 기간이 상당히 짧은 편입니다. 그렇게 건설된 원전은 신형을 기준으로 대개 60년 정도 가동을 합니다.

원전을 가동하면 불가피하게 사용후핵연료가 발생합니다. 꺼내면 일단 임시수조에 저장을 한 후, 다음 단계로는 대개 건식으로 중간저장을 합니다. 재처리를 하는 경우에는 습식으로 저장하는 것이 유리합니다. 또는 최종처분을 택해서 재처리 없이 심지층 처분을 하게 됩니다. 재처리를 하는 경우에도 고준위 방사성 폐기물의 최종처분을 해야 합니다. 다만 최종처분

물량에 차이가 있을 뿐입니다.

우리나라는 재처리라는 용어와 별개로 파이로 공정(Pyro-processing)을 강조하고 있습니다. 아직 연구단계입니다. 그런데 최근 주목할 만한 것은, IAEA 컨퍼런스 등의 보고서를 보면, 중간저장 기간이 계속 길어지고 있습니다. 기존에는 보통 30년-50년이라고 했었는데, 3년 전에 발표된 내용을 보니, 용기 건전성만 담보할 수 있다면 130년도 가능하다는 발표를 하고 있습니다. 미국도 그렇게 길어지는 추세입니다. 물론 이런 장기 중간저장은 검증된 것은 아닙니다.

사용후핵연료의 구성 성분으로 볼 때 자원으로 볼 것인지 폐기물로 볼 것인지의 질문이 제기됩니다. 자원이냐, 폐기물이냐는 국가의 정책 선택에 달려 있습니다. 그러나 당초 재처리는 핵무기를 보유한 국가에 한해서만 허용되었고, 일본이 예외적으로 1980년대 말에 재처리 국가로 인정을 받았습니다. 재처리 정책 채택 여부는 사용후핵연료 발생량에 따라서도 달라지고, 재처리 과정에 대한 기술적, 경제적 가치 판단에 따라서도 달라집니다.

국제적으로 사용후핵연료에 관련되는 정책 이슈는 다양하고 민감합니다. 잠재적 위협에 대해 용인할 수 있는 수용성의 정의에서부터 재처리와 최종처분 사이의 선택, 중간저장이나 최종처분 부지의 선정 과정, 기술적 위험에 대한 평가와 운영 안정성 보장, 재처리시 플루토늄 관리, 현 세대와 미래세대의 이익과 부담에 대한 윤리적 이슈, 시설 입지로 인해 잠재적 위협을 감수해야 하는 지역사회와 그 시설의 혜택을 받는 일반국민 사이의 평등 등이 해결해야 할 과제입니다. 이들 쟁점에 대해 어느 정도 충족시킬 만한 답을 찾아야 사용후핵연료 관리정책을 제대로 추진할 수가 있다는 뜻이 됩니다.

재처리 기술로 상용화된 것은 습식의 퓨렉스(PUREX) 공법입니다. 건식 재처리인 파이로 공정은 상용화 시기가 2040년 또는 2050년으로 예상되고 있습니다. 또한 재처리 후에 발생되는 핵연료를 다시 쓰려면 고속증식로가 상용화되어야 하는 데 몇십 년이 더 걸릴 것으로 보입니다. 이런 것들이 재처리 정책의 걸림돌입니다. 결국 진화단계에 있는 원자력 기술이 상용화되어야 새로운 국면이 열릴 것입니다.

심지층 처분은 이미 보급되고 있는 방식입니다. 그런데 시설수명이 10만 년이라고 할 정도로 깁니다. 게다가 농도가 매우 적다고 하더라도 장주기의 고준위 방사성 핵종은 그 뒤에도 남게 됩니다. 그 10만 년 사이에 어떤 자연재해가 발생하여 무슨 일이 일어날지도 모른다는 불안감을 불식시키는 것이 쉽지 않습니다.

우리나라는 사용후핵연료 중간관리 정책결정을 더 이상 미룰 수 없는 상황입니다. 그렇다면 다른 나라들은 중간관리나 최종관리 정책을 어떻게 결정하고 있는지 살펴보겠습니다. 지금 저는 제너럴리스트(generalist)로서 큰 흐름을 말씀드리고 있습니다. 세부적인 주제별 토론을 통해 여기 계신 전문가들의 다양한 시각을 통합할 수 있기를 기대합니다.

가장 앞서서 핀란드가 사용후핵연료의 최종처분장을 건설하고 있고, 스웨덴도 건설 중에 있습니다. 그런데 이들 국가의 사회적, 지리적 여건은 우리와는 매우 다릅니다. 원자로 기수도 소수입니다. 이런 차이를 염두에 두고, 다른 나라들의 정책에서 시사점을 찾아야 할 것입니다.

대부분의 국가는 부지 내에 건식 중간저장을 하고 있습니다. 물론 일부 습식 중간저장도 있습니다. 원전 부지 외에 중앙집중식으로 중간저장을 하는 경우도 소수 있습니다. 상황을 보건대, 단기간에 뾰족한 수가 나올 것 같지는 않습니다. 미국은 100기 이상의 원자로를 가동시키면서 현재까지 모두 원전 부지 내에서 습식 또는 건식으로 사용후핵연료를 저장하고 있습니다. 군사용 폐기물에 대해 예외적으로 부지 외에 저장을 한 곳도 있긴 합니다. 상용 원전의 경우에는 두 가지 허가('site-specific license'와 'general license')에 의해 운영되고 있습니다.

독일의 경우 중간저장을 '부지 외 집중식'으로 추진하다가 심각한 저항에 부딪혀 결국 '부지 내 저장'으로 바꾸었습니다. 그리하여 3개소의 부지 외 집중식과 부지 내 분산식 방식을 병행하는 결과가 됐습니다. 더 이상 부지 외 시설로 옮기지 못하고 부지 내에 그대로 두고 있는 겁니다. 아하우스(Ahaus), 고어레벤(Gorleben) 등 3곳이 부지 외 저장을 하는 곳이고, 나머지 14곳이 부지 내 저장입니다. 독일이 이렇게 할 수밖에 없었던 이유는 사용후핵연료의 이송 과정에서 극심한 저항과 반대운동에 부딪혔기 때문입니다.

동북아의 경우, 일본에 이미 1만7,000톤이 넘는 사용후핵연료가 쌓여 있고, 중국은 3,800톤 정도입니다. 중국의 원전 확대를 고려하면 앞으로 엄청난 속도로 쌓여갈 것입니다. 일본의 경우, 몬주 고속로 개발이 당초 계획대로 추진되지 않고 계획이 무산되었습니다. 때문에 어쩔 수 없이 중간저장시설을 밖에 따로 건설하게 되었고, 현재 50년 계획으로 무쯔 시에 부지 외 저장시설을 건설하고 있습니다.

지난 2009년에 지하 500미터 온칼로 방사성 폐기물 처분장에 관한 영화「영원한 봉인(Into Eternity)」이 나왔습니다. 이 영화는 10만 년 후 핵폐기물의 안전을 누가 보장할 것이냐는 질문을 제기하고 있습니다.

다른 나라는 사용후핵연료 정책의 난제를 어떻게 풀었을까요? 이것은 그동안 수행된 여러 용역연구 보고서에서도 자세하게 다루고 있는 내용입니다. 그린코리아21(Green Korea 21) 보고서에서는 벤치마킹 사례로서 영국 CoRWM(Committee on Radioactive Waste Management), 캐나다 NWMO(Nuclear Waste Management Organization), 스웨덴 RISCOM(Risk Communication), 유럽의회 COWAM(Community Waste Management)에 대해 자세히 논의했습니다.

그런데 이 사례들은 모두 중간저장을 위한 방안 도출이 목적이 아니라 최종처분 시설 부지를 어떻게 선정할 것인가에 대한 연구였습니다. 물론 최종처분 정책과 중간저장 정책 사이에서 사안별 경중의 차이를 가늠하기는 어렵습니다. 그러나 정도의 차이는 있겠으나 부지 선정이라는 측면에서는 비슷한 성격의 어려움에 당면할 것이라 예상됩니다.

국내 사용후핵연료 저장 현황은 다음과 같이 발표되고 있습니다(한국원자력환경공단 자료). 국내의 발전소 부지 내 저장 용량이 약 1만8,000MTU(Metric Tons of Uranium)입니다. 그런데 23기 원자로에서 현재까지 발생량이 약 1만3,000MTU입니다. 이것은 각 발전소 부지에 저장돼 있고 저장 용량의 72%에 해당합니다. 저장 공간을 넓히기 위해 그동안 조밀저장대를 설치하는 등의 조치를 하고 있었습니다. 기존의 추정치에 의하면, 추가조치를 하지 않을 경우 2016년부터 점진적으로 부지별 저장 용량이 포화되는 것으로 발표되었습니다. 현재 중간저장과 처분에 대해 세부 관련기술 기준을 정비하고 있다고 합니다.

〈표 3. 4〉 국내 사용후핵연료 현황

[자료 : 한국원자력환경공단, 강철형(2013), 사용후핵연료 관리방안]

구분(호기수)		저장 용량(톤)	저장량(톤)	예상 포화연도
경수로	고리(6)	2,690	2,030	2016
	한빛(6)	3,320	2,075	2021
	한울(6)	2,327	1,724	2018
	신월성(1)	219	–	–
	소계	8,556	5,829	–
중수로	월성(4)	9,443	6,878	2017

· 가동 중인 23기 원전에서 연간 약 750톤 발생
· 경수로(19기) : 약 350톤, 중수로(4기) : 약 400톤

· 설계수명에 따라 2083년도 원전 운영 종료
  * 경수로 원전수명 : OPR – 40년, APR · APR+ – 60년
  - 고리 1호기만 10년 연장 운영
  * 중수로 원전 수명 : 30년(연장 운전하지 않음)

· 사용후핵연료 발생량 전망치 : 약 4.5만 톤(2083년까지)
  - 경수로 약 3.3만 톤
  - 중수로 약 1.2만 톤

위의 표(〈표 3. 4〉)는 한국원자력연구원에서 발표한 원전 23기의 사용후

핵연료 관리 현황을 요약한 것입니다. 저장 용량과 현재 저장량, 예상되는 포화연도는 표와 같습니다. 2016년부터 원전 부지별로 저장 용량이 포화된다는 내용은 원자력위원회가 발표한 것인데, 그 시기를 또 바꾸는 것에 대한 부담이 커서 계속 쓰고 있는 것으로 보입니다. 그런데 이제 곧 2014년이고 2016년까지는 2년밖에 남지 않았는데, 이런 데이터를 현황이라 놓고 관리정책을 논의할 수 있는지가 문제입니다. 2년밖에 남지 않았다면 중간저장 대책이 현실적으로 가능하지 않기 때문입니다.

〈표 3. 5〉 국내 사용후핵연료 예상 계획
[자료 : 한국원자력환경공단, 강철형(2013), 사용후핵연료 관리 방안]

추진 방향

- 임시저장 시설의 안정성을 확보하면서 중간저장 시설의 안정성을 담보하도록 규제 기준 법제화
- 관리 대책 마련의 시급성을 고려하여 조속히 공론화에 착수
- 중간저장 방안을 마련하여 적기에 대책 추진
- 지역주민과 미래 세대가 감수해야 하는 사회적 부담에 대해 국민이 공감할 수 있는 수준에서 지원 대책 마련

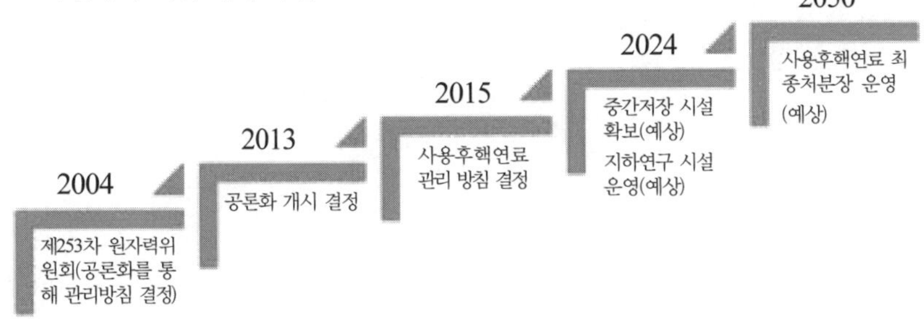

사용후핵연료 관리 로드맵을 간단하게 정리한 한국원자력환경공단의 발표 내용의 추진 방향을 예시했습니다. 그런데 고준위 방폐물의 중간저장 방침을 결정하고 실행하기까지 얼마나 걸릴지 예단하기가 어렵습니다. 역사에서 얻은 교훈과 노하우로 빨리 앞당길 수 있기를 기대합니다. 그러나 결코 쉬운 일이 아닐 것입니다. 한국의 원자력 정책은 구조적으로도 다른 나라보다 더 복잡하기 때문입니다.

2011년에 원자력계의 사용후핵연료 프로젝트에 작은 부분이지만 참여한 적이 있습니다.

당시에도 2016년부터는 원전별로 임시저장 용량이 포화되기 시작한다는 것이 논의의 출발점이었습니다. 그런데 2016년 중간저장을 목표로 하기에는 시간상으로 계획을 맞출 수가 없는 상황이므로, 다른 대안을 찾아야 한다고 판단했습니다. 그 대안의 한 가지로 나온 것이 임시저장 기간을 늘리는 방법을 찾는 것이었습니다. 원전별 임시저장 실태에 대한 검증단을 구성해 시설을 점검하여 임시저장을 늘릴 수 있는 방안이 있는지 파악하고, 만약 있다면 얼마나 어떻게 더 저장을 늘릴 수 있는지 검토하게 되었습니다.

〈표 3. 6〉 사용후핵연료 단기관리 대안
[자료 : 사용후핵연료 관리 대안 및 로드맵 — 기술적으로 본 사용후핵연료 관리방안의 옵션, 2011. 08. 29]

부지별 임시저장 수조 저장 확충의 경우 예상 포화 시점

구분	저장량 (다발)	저장 용량 (다발)	포화연도		저장능력 확충	저장 가능 연도
고리	4,419	6,271	2016	⇨	· 신고리#1, 2 저장대 추가 · 고리#1-4 → 신고리#1-6 이송저장	2028
영광	4,201	7,490	2018	⇨	· 영광#2 저장대 교체 · 영광#1-6호기 간 이송저장	2024
울진	3,428	6,644	2019	⇨	· 울진#1-6 → 신울진#1-4 이송저장	2028
월성	311,424	499,632	2018	⇨	· 조밀 건식저장 시설 #2 추가 건설	2025

그 결과 검증단의 실사를 거쳐 나온 대안이 위의 표에서 오른쪽에 정리된 내용입니다. 그것도 쉽지는 않을 것입니다. 그런데 임시저장 기간을 연장하

는 추가조치를 통해 2024년부터 저장 용량이 포화가 된다고 하더라도 이제 10년밖에 남지 않았습니다. 이 10년이라는 시간이 고준위 방폐물 저장에 대한 해법을 찾아서 건설을 완료하는 데 충분한 기간이 될지는 정책 역량에 달려 있다고 봅니다.

사용후핵연료 중간저장에 대한 논의를 하다 보면, 부지별로 하느냐 부지 외로 하느냐, 즉 분산식으로 할 것인지 중앙집중식으로 할 것인지에 대한 이론적인 그리고 실제 정책적인 검토가 불가피할 것입니다. 두 가지 방식을 단순비교하기에는 서로 다른 강점과 약점이 미묘하게 얽혀 있습니다. 또한 각각의 방식이 얼마나 어려운 일이 될 것인지는 실제 정책을 논의하고 추진하는 과정을 통해서만 확실하게 알 수 있습니다. 따라서 이 시점에서 부지별 저장과 부지 외 집중저장 중 어느 방안이 좋다 나쁘다를 규정하기가 매우 어렵습니다(제1장 사용후핵연료 Q & A 참조).

결국 이러한 해묵은 난제를 해결하기 위해서는, 앞으로 우리 사회가 충분한 논의를 바탕으로 어느 정도 합의를 통해 결론을 도출해갈 수 있겠는가가 열쇠입니다. 제 말씀은 이 정도로 문제 제기를 하는 것으로 일단 마치겠습니다. 오늘은 일반적인 총론을 토론하고 여기에서 제기되는 이슈를 중심으로 향후 보다 심층적인 주제별 토론을 하는 방식으로 이어가기를 기대합니다. 그럼 이제 양이원영 처장, 발제 부탁드립니다.

양이원영(환경운동연합 에너지기후팀 처장) 저는 사용후핵연료 전문가는 아니지만, 핵폐기장 문제에 대해 환경단체로서의 경험도 있고, 얼마 전 사용후핵연료공론화위원회 위원으로 추천되었으나 결국 사퇴할 수밖에 없었던 상황도 있었고 해서, 이렇게 발제 기회를 주신 것 같습니다. 그리고 회장님께서는 전반적으로 총론 중심으로 발제하면 좋겠다고 말씀하셨는데, 저는 세부적인 각론을 말씀드리겠습니다.

지난 20년 동안 핵폐기장 문제, 그것도 중저준위 폐기물 처분장 문제로 굉장히 갈등이 심했고, 고준위 폐기물이 저장수조에서 포화되어 저장방법을 바꿔야 되는 상황에 이르렀습니다. 그런데 그것을 받아들일 수밖에 없는 지역 현장에 계신 분들의 상황을 이해해야 그 다음 단계로 넘어갈 수 있을 것 같습니다. 제가 오늘 말씀드릴 내용은 사례 차원으로 이해하시면 될 것 같습니다.

사용전핵연료에서 사용후핵연료로 전환되는 것을 보면, 우라늄-235가 3% 정도로 농축된 연료가 우라늄-235 1%와 플루토늄 1% 등 다른 인공 방사성 원소 4% 정도를 포함하는 상태로 바뀌는 것입니다. 그런 방사능 핵물질이 간단하게 분리되면 좋겠지만, 200여 종의 새로운 인공 방사성 물질이 섞여 있고, 발열량이 수천 도에 이르는 데다 급성사망 수준의 피폭량 17초인 강한 방사능으로 과학기술이 아직 해결하지 못하고 있는 문제입니다.

사용후핵연료에 든 핵종 가운데는 반감기가 긴 것들이 여럿입니다. 그중에 플루토늄-239는 반감기가 2만4,000년입니다. 방사성 독성이 우라늄 광석과 같아지는 기간은 100만 년 정도로 잡고 있고, 사용후핵연료의 독성은 최소한 10만 년이라고 보고 있습니다. 즉 최소한 10만 년은 안전하게 관리해야 된다는 뜻입니다.

중저준위 폐기물은 물량으로는 전체의 90%를 차지합니다. 그러나 그 방사능 정도는 10%에 불과합니다. 여러 가지 인공 방사성 물질이 묻어 있는 물건을 가리키는데, 반감기가 상대적으로 낮은 핵종들로 되어 있기 때문입니다. 지금 경주 시설에 반입되고 있는 것으로, 2011년도 기준 중저준위 폐기물 저장관리 현황은 8만9,000드럼 정도입니다.

사용후핵연료를 일부 문서에서 사용후연료라고 표기하고 있습니다. 그런데 이렇게 쓰면 사용후연료가 도대체 연탄재인지 핵연료인지 모호해집니다. 용어 사용에서부터 투명해야 합니다. 사용후핵연료가 공식 용어로 맞다고 생각합니다. 중저준위 폐기물도 예전에는 원전 수거물이라고 애매모호하게 표현했었는데, 방사성 폐기물이라고 하는 것이 맞습니다. 또는 일반시민이 쉽게 알 수 있게 핵폐기물로 표현하는 것이 맞을 것 같습니다. 사용후핵연료 발생량 추정은, 한국원자력연구원에서 발전소를 계속 확대한다는 전제하에, 현재 약 1만여 톤에서 더 늘어날 것으로 보고 있습니다.

핵폐기물을 어떻게 할 것인가에 대해서 사실 답이 없다는 것은 알고 계실 것입니다. 저희 운동가들은 이렇게 말합니다. "30년 전기 얻으려고 30만 년 가는 핵폐기물을 양성할 것이냐." 벨기에 등 선진국에서 원전 비중이 높은 것은 국토 면적도 작고 쓰는 전기량이 적기 때문입니다. 단위면적당 핵폐기물 양이 세계 1위인 나라가 우리나라입니다. 앞으로도 더 늘어날 것입니다.

그동안 사용후핵연료 관리방안이 어떻게 추진되었는가를 정리해보겠습니다. 시작은 1987년부터 진행했습니다. 경북 영덕, 영일, 울진 후보지 발표가 있었는데, 당시 7번 국도가 마비될 정도의 극심한 저항이 있었습니다. 이후 1990년에 안면도에 과학단지를 추진한다고 발표합니다. 그러나 사실은 중저준위 폐기물 처분장과 고준위 중간저장 시설까지 다 들어가는 것으로 뒤늦게 밝혀지게 됩니다. 그래서 해당 부처 장관이 사퇴하는 일까지 벌어졌습니다.

1991년에는 47개 임해 대상지역을 중심으로 설문조사 작업을 하면서 고성, 양양, 울진, 영일, 안면도, 전남 장흥 지역을 후보지로 발표합니다. 공교롭게도 12월 25일, 크리스마스 때 그런 발표를 해서 해당 지역주민들이 더 분노했던 것 같습니다. 1993년에는 1990년 안면도 때와 달리 선정 과정을 공개적으로 추진하겠다고 밝히면서 설문작업을 했습니다. 그러나 다시 지역주민과 협의 없이 일방적으로 정부가 지정, 고시할 수 있다고 법을 바꿉니다.

그때 지역 지원금을 500억 원으로 조정했고, 경남 양산과 경북 울진에서 유치활동이 있었습니다. 그러나 결국 이것도 주민 반대로 무산됩니다. 그 뒤 1994년에는 갑자기 전혀 대상지로 떠오르지 않았던 지역, 즉 거의 무인도나 다름없는 작은 섬인 굴업도로 가는 것으로 발표를 합니다. 인구가 적은 지역으로 가려고 했던 것이 아닌가 하고 의심했습니다. 그러나 이 섬에 활성단층이 있다는 것이 뒤늦게 밝혀지면서 백지화되었습니다. 그런데 정부의 내부 자료에 의하면, 그 전부터 활성단층이 있는 것을 사실상 인지하고 있었던 것으로 보입니다.

이후에 방폐물 관리 담당 부처가 과기부에서 산자부로 바뀌고, 담당 기관이 원자력환경기술원으로 바뀝니다. 또한 2001년에 공모사업으로 바뀝니다. 그리고 500억 원의 지역 지원금이 2,000억 원이 됐다가 3,000억 원까지 상향조정됩니다. 이런 과정에서 지역별로 유치지원 사무소가 만들어지고 유치지원 위원회가 구성됩니다. 특히 광주에 유치지원 본부가 개설되면서 전남이나 전북 지역에 핵폐기장이 들어가는 것이라는 소문이 퍼집니다. 그리고 고창, 영광이 유망 지역으로 선정됩니다.

2002년에는 유치 서명을 접수하게 되면서 동명산업기술공단에 핵폐기장 부지 선정 용역을 줍니다. 그리고 동해안에 하나, 서해안에 하나 핵폐기장을 각각 따로 건설하는 것으로 후보지를 발표하게 됩니다. 그러나 이것도 결국 지역 반발에 부딪혀 무산됩니다.

그리고 양성자 가속기 기반시설을 같이 설치한다는 내용으로 관련법이 바뀌고, 부안군수가 군의회 논의 직전에 사라지면서 유치신청을 하게 됩니다. 그 이후 부안 사태가 2003년부터 2년간 지속됩니다. 아시다시피, 이 사태는 노무현 정부 초기에 굉장히 큰 부담으로 작용했습니다. 우여곡절을 거치며 결국 이 계획도 백지화되고, 주민투표에 따라 결정하겠다고 발표했음에도 유치를 신청한 지자체장이 없어서 무산됩니다.

그 뒤 중저준위 방사성 폐기물 처분장 부지 선정을 우선 추진하고 사용후핵연료 관리는 공론화 과정을 거쳐서 하겠다고 발표한 것이 2004년 12월의 일입니다. 사용후핵연료 공론화 계획을 결정한 2004년 말 이후 지금까지 오랜 시간이 흘렀고, 공론화 작업이 사실상 착수된 것은 올해부터라고 볼 수 있습니다.

2004년 부지선정위원회가 구성된 후 네 군데 지역이 유치신청을 했고, 부지선정위원회의 평가 결과가 나왔습니다. 여기서 중요한 것은 이들 후보지역에서 주민투표를 실시하기 위해서는 우선 해당 지역이 방폐장 건설에 적합하고 안전한 지역인지를 먼저 확인해야 한다는 것입니다. 그것에 기초하여 부지조사 결과 보고서가 나오고, 그 결과를 검토하여 부지선정위원회가 평가한 다음에 발표하는 과정을 거치게 되어 있었습니다. 그런데 그 당시 발표한 평가 내용은 네 군데 후보지가 다 안전하다, 따라서 핵폐기장이 건설되어도 큰 문제가 없다는 것이었습니다.

이들 후보지역 가운데 경주는 원래 신월성 원전 부지로 예정된 곳이었습니다. 그런데 이미 인근 활성단층 때문에 핵발전소가 들어가는 것조차 문제가 있다고 계속 논쟁이 일었던 곳입니다. 그러다 보니 경주의 부지 평가 결과가 안전하다고 나온 것에 대해 신뢰하는 사람들이 적었습니다. 그러나 부지선정위원회는 부지조사 보고서를 공개하지 않은 채 평가 결과만 발표하고, 그 결과에 따라 주민투표를 하게 됩니다. 그 결과 결국 경주시가 선정됩니다.

간단히 정리하자면, 열 차례에 걸쳐 핵폐기장 부지 선정작업이 추진되고, 결국 열 번째 시도에서 결정이 난 것입니다. 그런데 가장 중요한 것은 이 열 번 만에 나온 결정이 중저준위 폐기물 처분장에 한정된 것이었고, 가장 난제인 고준위 방사성 폐기물 처분장은 빼놓았다는 사실입니다. 역으로 고준위 방폐물 저장이 빠졌기 때문에 그나마 결정될 수 있었다고 볼 수 있습니다.

그리고 주민이 스스로 결정하게 한다는 방침을 밝히면서 부지유치위원회가 구성됩니다. 그 유치위원회를 한국수력원자력주식회사에서 1인당 약 200-300만원씩 지급하면서 지원하게 됩니다. 그런데 당시의 서명지를 보면, 필체가 한 사람이 작성한 것으로 보입니다. 이런 서명지가 정부에 접수

되면서 유치지원 지역으로 결정된 것입니다.

2005년 9월 15일에 발표된 부지선정위원회 평가 결과를 보면, 제척(除斥) 기준에서 경주 지역, 즉 현재 중저준위 방폐장 공사를 하고 있는 지역에 대해 이렇게 적고 있습니다. '화강암이 분포되어 있기 때문에 균질하고 단열구가 있다 하더라도 문제가 없다'는 것이 골자입니다.

그리고 제척 기준의 두 번째에서도 방사성 핵종의 이동속도를 증가시킬 가능성이나 활성단층 지역이 없다고 되어 있습니다. 그리고 권고기준의 여섯 번째 항목을 보면, RQD(Rock Quality Designation)인 암질지수 즉, 기반암이 얼마나 단단한지를 보여주는 수치가 60-80%로서 양호하다고 돼 있습니다. 구멍을 뚫어 회수하는데, 회수율이 60-80%라는 얘기입니다. 이 수치가 낮아질수록 기반암 상태가 좋지 않다는 뜻입니다.

그리고 수리 전도도라는 항목이 있습니다. 물이 얼마나 빠르게 이동하는지를 가리키는 지수입니다. 사실 지하수가 있다는 것 자체가 문제가 될 수 있지만, 부지 평가서는 지하수가 있다 하더라도 물의 이동속도가 굉장히 느리기 때문에 괜찮다고 적고 있었던 것입니다.

동해안 지역에는 활성단층이 많이 분포되어 있습니다. 그중 집중되어 있는 곳이 경주입니다. 경주에서도 특히 월성 원전 인근의 읍천 단층의 경우에는 활성단층으로 판명이 났습니다. 월성 원전은 현재 0.2g 중력가속도로 내진설계가 돼 있지만, 0.3g로 상향해야 한다는 주장이 나오고 있습니다. 그 이유가 바로 읍천 단층, 수렴단층 때문입니다. 특히 읍천 단층이 가장 가깝게 옆에 위치하고 있습니다.

그런데 당시의 부지조사 보고서 평가 결과서는 인근에 활성단층이 없다고 적고 있습니다. 그리고 앞의 평가 결과서에 RQD 값이 60-80%라고 된 것과는 달리, 원래 부지조사 보고서에는 20-30%로 적혀 있습니다. 더욱이 이 부지조사 보고서는 주민투표가 끝나고 경주 방폐장 공사가 한창 진행 중이던 때, 즉 평가 이후 4년 뒤에서야 공개되었습니다.

이후에 공사가 몇 차례나 연기됩니다. 그 이유는 땅속이 엉망이라 공사를 진행하기가 어려웠던 겁니다. 그런데 부지선정위원회 평가 결과 보고서는 수치를 정반대로 적시하면서 양호한 암반이라고 말하고 있었고, 주민투표가 가능하다고 제안했던 겁니다.

1단계 공사 개념도를 보면 6개 사일로가 설계돼 있습니다. 80-130미터 정도의 깊이입니다. 그런데 사일로 부분에 단층이 여러 개가 지나가는 것이 확인되고 있습니다. 단순히 균열이 아니라 단층이 지나가는 겁니다. 그래서 설계도를 바꿔야 하는 상황까지 되었습니다. 재설계를 할 때의 비용이 얼마나 드는지 산정한 작업에서 나온 내용입니다. 계속 공사 기간이 연장되면서 전문가들도 대부분 암반 상태가 불량하다고 말하고 있습니다. 평가 결과 보고서에는 균질하다고 했던 상부 풍화암 구간을 의도적으로 제외하면서 신뢰가 떨어졌다는 지적도 나오고 있습니다.

그리고 투수성도 10^{-8}, 10^{-9} 정도가 아니라 10^{-7}로 확인됐습니다. 실제로 10배, 100배 더 빠르다는 뜻입니다. 즉 하루에 7.5미터 이동할 수 있다는 계산이 됩니다. 만일 방사성 물질이 유출된다면, 바다에서 100미터 떨어져 있으니, 한 달 내에 바다로 흘러나갈 수 있다는 예측입니다. 현재 해수 침투를 고려한 지하수 모델링은 이루어지지 않은 상태입니다.

당초 시공계획에 의하면, 2007년에 방폐장 건설사업 승인을 받으면서 부지 정지공사가 7월 18일에 시작되고, 완공은 2009년 12월에 됐어야 합니다. 그러나 중도에 공사 기간이 세 차례 연기되면서 30개월 공사가 84개월 공사가 돼버립니다. 그래서 지금도 공사 중입니다. 2014년 6월에 준공 예정입니다.

또한 당시 방폐물관리공단에서도 인정한 사실로서, 저장 장소가 지하수층 아래에 위치하는 것으로 되어 있습니다. 다시 말하면 사일로가 물속에 잠기는 상태가 된 겁니다. 방사능 물질의 유출 가능성에 대해서도 인정하고 있습니다. 다만 기준치 이하이기 때문에 안전하다고 말합니다. 사정이 이렇고 보니, 한마디로 물속에 넣는 셈이나 마찬가지인 것을 왜 땅속에 건설하느냐는 얘기가 나오게 됐습니다.

이어서 재처리에 대해 말씀드리겠습니다. 사용후핵연료 처리를 논하다 보면, 사용후핵연료를 97%까지 재활용할 수 있는 재처리를 해야 한다는 주장이 따라나옵니다. 그런데 실제로는 그 재활용률이 1%라는 반대 주장도 있습니다. 어느 주장이 맞습니까?

또한 재처리 과정을 거친 핵연료를 다시 연료로 사용하기 위한 시설인 소듐냉각고속로(Sodium-cooled Fast Reactor, SFR)가 굉장히 비싸고, 설비 이용률을 제대로 보여준 경우가 거의 없다는 것이 세계적으로 알려진 사실입니다. 이는 데이터를 통해서 확인할 수 있습니다.

재처리가 고비용에다가 신뢰할 수 없다는 반론이 꾸준히 나오고 있는 상황이므로 이에 대해 정리할 필요가 있습니다. 프랑스의 경우 기존 원전 운영 비용에 GWe(gigawatt electrical)당 5억 달러의 추가 비용이 든다고 합니다. 일본의 경우에는 GWe당 30억 달러의 추가 비용이 든다고 합니다. 특히 일본의 롯카쇼 재처리 공장은 아직도 운전이 연기되고 있는 실정입니다.

재처리를 한다 해도 고준위 핵폐기물 처리 문제는 여전히 남습니다. 재처리 과정에서 중저준위 폐기물이 더 발생하고, 고준위 핵폐기물도 양이 좀 줄어들 뿐 처분장이 반드시 필요하다는 점을 고려하면, 적어도 현재로서는 실익이 없습니다.

우리나라 재처리 정책이 한미원자력협정 때문에 결정이 안 되고 있다는 주장도 설득력이 없습니다. 미래부 산하 원자력연구원(임채영 박사)의 자료에 의하면, 2017년에 소듐냉각고속로의 실증로(proven type reactor) 특정 설계를 완성하고 2028년에 실증로 건설을 완료한다는 계획으로 되어 있습니다. 파이로 공정의 경우에는 2025년에 준상용 파이로 시설을 건설하겠다는 계획으로 알고 있습니다. 2020년대까지 실제로 상업화까지 추진하고 있는 것입니다.

방사성 폐기물 처리에서 비용 문제를 고려하지 않을 수 없습니다. 중저준위 핵폐기물 처분 비용은 동굴처분(Cave Disposal)과 천층처분(Shallow Land Disposal)까지 60년간 운영하는 것으로 되어 있습니다. 그럴 경우 중저준위만 해도 처분 비용이 4조5,000억 원 정도가 됩니다.

사용후핵연료 처분 비용의 경우, 우리나라도 중간저장 기간을 100년 정도 잡고 있는 것 같습니다. 작년 말, 미국 측의 의뢰로 원전 사후처리 충당금 재산정 작업을 한 것으로 알고 있습니다. 그 보고서에는 중간저장 시설의 수명을 100년, 처분시설의 수명을 74년으로 잡고 있습니다. 이는 안전하게 처분할 수 있는 기술을 확보했다는 것을 전제로 하는 것입니다. 그렇게 해서 사용후핵연료 처분 비용은 53조2,800억 원이 산정되었습니다.

물론 비용은 중간저장 방식을 중앙집중식으로 할 것이냐, 아니면 분산방식으로 할 것이냐에 따라 달라질 것입니다. 만약 재처리 정책까지 도입된다면 그 비용은 훨씬 더 높아질 수밖에 없습니다. 미국에서는 1만 년 후를 얘기하면서 미래 세대도 알아볼 수 있도록 원자력 위험표시 로고까지 바꾸고 있습니다.

그동안 추진된 상황에 비추어볼 때, 사용후핵연료 관리정책의 이슈를 해결하기 위해서는 몇 가지 전제가 필요하다고 생각합니다. 우선 경주 방폐장 논란을 그냥 두고 갈 것인지, 즉 방사성 물질이 바깥으로 유출될 가능성, 물속에 잠기게 될 사일로에 핵폐기물을 넣는 방식의 합당성 등의 문제가 계속 제기될 수밖에 없습니다.

무엇보다도 신뢰회복 조치가 필요합니다. 과거 사례에서 부지선정위원회의 평가 결과가 의도적으로 조작되었다고 보는 시각이 있습니다. 그런데, 이에 대해 설득력 있게 해명하고 책임지는 사람이 아무도 없습니다. 건설기간이 두 배 이상 늘어난 이유에 대해서 책임 있는 답변을 하는 사람이 없습니다. 방사능 물질이 유출될 가능성에 대해서 누구도 책임을 지고 있지 않습니다. 중저준위 폐기장을 추진하는 것도 이 정도인데, 사안이 훨씬 더 어려운 사용후핵연료 처리 문제를 제대로 할 수 있을 것인지 신뢰가 없는 것입니다.

또한 사용후핵연료 공론화에서 다룰 내용과 위원회의 위상에 대한 합의가 필요하다고 봅니다. 공론화위원회를 중간저장 부지 선정용으로 삼고 있는 것이 아닌가라는 우려가 있기 때문입니다. 정부에서 재처리나 최종처분 등 여러 가지 방안에 대해 논의를 한다고 하지만, 사실상 2024년부터 임시 저장 수조의 사용후핵연료가 포화되기 시작하는 만큼 시급한 현안이라고만 강조하고 있습니다.

다른 나라의 공론화위원회 운영을 보면 지역주민이 위원으로 들어가는 경우는 별로 없습니다. 그런데 우리는 지역대표를 넣어서 위원회를 만들었습니다. 때문에 공론화위원회에서 다루는 내용이 중간저장 부지의 선정방법과 그에 따른 보상 내용을 논의하는 데 초점이 맞춰지는 것이 아닌가 하는 추측을 낳고 있습니다. 진정한 공론화가 이루어지는 것이 굉장히 어려운 상황인 것입니다. 공론화위원회의 진정한 목적이 무엇인지 진행 상황을 봐야 알 것 같습니다.

과연 공론화위원회가 책임 있는 의사결정을 주도할 수 있을지도 의문입니다. 미래부는 재처리 연구를 상용화까지 하겠다는 목표를 향해 진행하고 있습니다. 그리고 외교부는 한미원자력협정을 개정해서 우리나라도 재처리를 할 수 있는 권한을 갖겠다는 데 초점을 맞추는 것으로 보입니다. 범부처 성격을 갖는 민감하고 복잡한 이슈를 산업부 산하 민간자문위원회에서 공론화하겠다고 하니, 그에 대한 신뢰가 떨어질 수밖에 없습니다.

근본적으로, 거시적 관점에서 핵폐기물 문제를 해결하려면 그 발생량을 줄이기 위한 사회적 논의가 우선되어야 한다고 봅니다. 그리고 관련되는 정확한 자료 공개가 필요합니다. 경주 방폐장 사례처럼 부지조사 보고서를 뒤늦게 공개하는 행태가 반복되어서는 안 될 것입니다. 그리고 충분한 논의를 할 수 있도록 시간에 쫓기지 않아야 할 것입니다. 정부 계획은 공론화위원회를 앞으로 1년 반 동안 운영하고 나서, 부지선정위원회를 구성하여 부지를 선정하겠다는 것으로 알고 있습니다.

이런 일정과 절차로는 충분한 논의가 이루어질 수 없다고 봅니다. 무엇보다도 투명성과 신뢰성을 확보하는 일이 기본이 되어야 되고, 합의에 근거하여 추진되어야 합니다. 현재 상황에서는 사용후핵연료 공론화위원회가 그런 역할을 할 수 있을지에 대해서 좀 의문입니다.

당초 공론화위원회에 환경단체 몫으로 2명이 추천되었습니다. 그런데 사퇴를 할 수밖에 없었던 배경 중의 하나는 사용후핵연료 공론화위원회 위원장이 바로 경주 중저준위 방폐물 처분장을 선정한 부지선정위원회 위원이었기 때문입니다. 경주 방폐장 문제가 해결이 안 된 상태에서, 그 문제에 책임을 져야 하는 사람이 공론화 위원장을 맡았다는 것이 신뢰를 떨어뜨린다고 본 것입니다.

공론화에서 해야 할 일은 우선 핵폐기물에 대해 정확한 인식을 공유하는 것입니다. 핵폐기물 또는 그에 관련된 자료도 마찬가지로 위험성에 대한 인식에서 어느 정도 합의가 이루어져야 할 것입니다. 그리고 고준위 방사성 폐기물의 위험성 자체를 인정해야 할 것입니다. 이것을 인정하지 않는다면 어떻게 안전하게 보관할 것인가를 이야기할 수 없습니다. 같은 맥락에서 사용후핵연료 공론화위원회가 시작되기 전에 방폐물관리공단이 원자력환경공단으로 이름을 바꾼 것에 대해서도 그 의도가 우려됩니다.

또한 핵폐기물 문제를 총체적으로 어떻게 해결할 것인가에 대한 얘기부터 해야 된다고 생각합니다. 중간저장을 어떻게 할 것인지로 단도직입적으로 들어간다면 공론을 모으기가 어렵다고 생각합니다. 그리고 처리와 처분 방식에 대해서 구체적으로 모두 검토해야 할 것입니다. 심지층 처분이라고 하더라도 지각활동이 더 일어나지 않는 곳까지 파고들어 처분하는 방안이 연구되고 있는 것으로 알고 있습니다. 그런 내용까지 포함해서 모든 가능성을 다 열어놓고 확인해야 한다고 생각합니다. 폐기물 처리와 처분의 비용도 사회적으로 논의를 해야 될 것입니다.

마지막으로 상호 인정할 수 있는 정보 체계를 구축했으면 좋겠습니다. 앞에서 간단히 말씀드렸지만, 재처리에 대한 논의에서 시각 차이가 매우 큽니다. 같은 과학자인데 제시하는 데이터는 너무나 다릅니다. 1/1,000 또는 1/100로 고준위 방폐물의 부피가 줄어든다는 주장부터 각각입니다. 재활용이라는 용어를 사용할 수 있는지에 대해서도 합의가 필요합니다. 서로 인정할 수 있는 정보를 만들고 공유하는 작업이 첫 단추가 되어야 할 것입니다. 마지막으로 공론화 방법에 대한 논의도 필요할 것 같습니다.

좌장 김명자 역사로부터 깨우쳐야 한다는 관점에서 발제를 하셨습니다. 그런데 계속 똑같은 시행착오가 반복되는 것을 보면, 인간사회는 그리 지혜롭지는 못한 것 같습니다. 좀 다른 얘기지만, 지역주민 대표가 공론화위원으로 위촉된 것에 대해서는 이해당사자로서 가장 중요하기 때문이라고 해석할 수도 있지 않을까요.

오늘 박노벽 한미원자력협정개정협상 수석대표께서 참석하셨는데, 다른 회의 일정 때문에 방금 자리를 뜨셨습니다. 오늘 논의와 관련하여 지금 이 시점에서 뚜렷하게 말씀하실 내용은 없다고 하십니다. 자유롭게 이름표를 세워주시고 말씀하시면 됩니다. 오늘은 세부적 소주제에 대해서보다는 사용후핵연료 정책의 실마리를 푸는 데 있어서 나아가야 할 방향에 관해 논의해주시기 바랍니다.

원자력에 대해서 다루다 보면, 에너지 믹스를 논해야 하고, 다른 에너지와의 비교도 포함되어야 해서 매우 복잡해집니다. 그러나 사용후핵연료는 이미 발생하여 쌓여 있고, 어떠한 형태로든 중간저장 단계로 넘어가야 합니다. 더 이상 시간을 끌 수가 없는, 그야말로 발등에 떨어진 불입니다. 따라서 이 자리에서 논의의 초점은 이 문제를 어떻게 풀어가는 것이 가장 합리적이겠는가부터 시작하고자 합니다.

세계의 기록을 열심히 찾아봤지만, 중저준위 방사성 폐기물 처분장 때문에 이렇게 고생을 한 나라는 없었습니다. 이제 이 좁은 땅에서 어떤 방식으로 어떻게 고준위 방사성 폐기물 관리정책을 세울 것인가, 시행착오를 최소화할 수 있도록 국내외 역사적 사건 속에서 얼마나 배울 수 있겠는가, 이런 것이 우리 모두가 함께 풀어가야 할 과제이자 주어진 임무라고 생각합니다.

어렵고 복잡한 문제일수록 모두 함께 의견을 주고받으며 이해를 넓히고 함께 방법을 찾아내는 일이 중요합니다. 지금 오늘 이 자리에서 뾰족한 대안을 마련하기 어렵다고 한다면, 앞으로 지속적인 대화와 소통을 통해 그야말로 중지를 모으는 일이 중요하다고 생각합니다. 간단히 논평이나 질문하시지요.

박원석(한국원자력연구원 고속로사업단) 현재 원자력연구원의 소듐냉각고속로 개발을 책임지고 있는 박원석입니다. 먼저 미래부 이야기가 나왔는데 여기에 관계자가 안 계신 것 같아서 잠깐 말씀드리겠습니다. 김 장관님께서 말씀하셨듯이, 현재 최종처분에 대해서는 대부분의 국가가 두고 보는(wait and see) 정책을 견지하고 있습니다. 그러나 관망한다고 해서 우리가 손을 놓고 마냥 시간을 벌 수 있는 처지는 아닙니다.

최종처분의 방법으로는 직접 묻는 방법, 재활용하는 방법, 방사성 핵종을 계속 분리해서 따로 처분하는 방법 등 여러 가지가 있습니다. 현재 미래부에서 추진하고 있는 파이로 공정이라든지 고속로 사업은 국가와 국민이 "사용후핵연료에 대한 최종처분 방법을 결정해야겠다"는 시기, 즉 2020년 또는 2030년대에 과학적, 기술적 기초를 바탕으로 이러저러한 방법이 있으며, 우리나라의 상황에서는 과학적으로 이런 방법이 제일 낫겠다는 데이터를 제공하기 위해 미래부 주관으로 연구개발 사업을 진행하고 있다는 말씀을 드립니다.

앞서 양이원영 처장님께서 미래부 연구사업이 재처리 상용화를 목표로 한다고 말씀하셨는데, 상용화는 현 단계로서는 생각하지 않고 있습니다. 우리 국민에게 기술적으로 가장 좋은 방안을 선택할 수 있는 과학적인 데이터베이스를 제공하기 위한 장기적 차원의 준비라고 말씀드리고 싶습니다.

좌장 김명자 지금 많은 분들이 발언을 요청하셔서 간단히 말씀해주셨습니다. 다음은 강철형 한국원자력환경공단 부이사장님, 언제 기관 명칭이 바뀌었지요?

강철형(한국원자력환경공단 부이사장) 올해 7월에 기관명이 바뀌었습니다. 저는 원자력연구원에서 일하다가 지난 8월 1일부터 한국원자력환경공단 부이사장으로 일하고 있습니다. 양이원영 처장님이 말씀하신 공론화위원회의 지원단을 맡고 있습니다.

우선 중저준위 방폐물 처분장인 경주 시설의 안전성과 그간의 사업 추진 배경을 말씀해주셨습니다. 먼저 이렇게 깊은 관심을 갖는다는 것 자체가 애정을 갖고 있는 것으로 받아들여집니다. 단지 오늘의 고준위 방폐물 관리 정책과는 직접 상관이 없는 듯해서 후에 개인적으로나 다른 자리에서 다시 토의하도록 하겠습니다.

공론화위원회와 관련해 다양한 얘기가 나온다는 것 자체가 공론화위원회가 필요하다는 것을 의미한다는 말씀을 드리고 싶습니다. 중저준위 처분장 부지를 정하는 데만 19년이 걸렸다고 했는데, 중저준위 사업에 19년이 걸렸으니 고준위 사업 결정에는 그보다 더 걸린다는 뜻은 아니라고 봅니다. 우리가 실패 사례를 연구하는 것은 실패로부터 배워서 그보다 나아지기 위한 것이라고 생각합니다.

중저준위에 대해 말씀하신 것을 보면, 2004년부터 본격적 공론화는 아니지만 공론화 비슷한 운동이 있었던 것 같습니다. 그후 1년 만에 결정이 되었습니다. 그러한 실패 사례를 보면, 지금 공론화를 한다는 자체가 진일보한 상태라고 생각합니다. 구성에 대해서는 다시 논의하기로 하고요.

양이원영 처장님이 얘기하신 다른 문제들은 공론화에서 다루어져야 되는 문제라고 생각합니다. 그래서 저는, 지금 사퇴하신 환경단체의 두 분이 다 여기 계신데, 이번 기회에 밖에서만 논의할 것이 아니라 위원회 안에 들어가서 좀 더 적극적으로 참여하는 것이 공론화가 바른 길로 인도되는 길이라는 말씀을 드리고 싶습니다. 그리고 여기 원탁회의 같은 모임이 위원회 밖에서 지원을 해주었으면 하는 의견을 말씀드립니다.

좌장 김명자 혹시 공론화위원회의 논의 주제나 범위가 정해졌는지요.

강철형 산업부 등 정부가 주도한다는 얘기를 하셨는데, 모든 논의 주제나 논의 방법은 공론화위원회에 일임되어 있습니다. 그래서 논의 범위에 제한을 두지 않는 것으로 되어 있습니다. 단 에너지 믹스는 논의 주제에 포함되지 않고, 말씀하신 대로, 발생된 사용후핵연료를 어떻게 관리할 것이냐가 주제입니다. 거기에는 단기방안에서부터 장기방안까지 포함될 수 있습니다. 그 모든 것이 열려 있는 상태입니다. 이런 주제에 대해 위원회에서 논의하게 될 것이고, 전문가 토론, 전문가 포럼, 국민 공감 공론화 등을 통해 의견을 수렴하는 방향으로 가고 있습니다.

좌장 김명자 그러면 회의는 어느 정도 진행되고 있는지요?

강철형 현재 4차 회의까지 진행되었습니다. 계획 운영세칙을 정부에 제출하도록 되어 있어서, 1월에 운영세칙을 정해서 제출하고 홈페이지를 통해 공표할 예정입니다.

좌장 김명자 제가 이전의 관련 문건을 보니 부지 얘기가 나오던데, 부지 선정에 대해서도 다루는 건가요?

강철형 부지 선정은 공론화위원회의 논의 주제가 아닙니다.

양이원영 부지 선정은 부지를 정하는 것인데, 전혀 고려하지 않나요?

강철형 부지 선정은 하지 않습니다. 그런데 부지 선정의 기준, 즉 앞에서 말씀하신 어떤 지질 조건이 되어야 하는가, 또는 최종방안이나 처분 정책이 정해질 때 알맞은 지역 조건 등은 논의 대상이 될 수도 있겠지요.

양이원영 부지 선정을 하지 않더라도 부지 선정에 영향을 미치는 내용을 얘기할 수 있기 때문에, 지역주민이나 지역의회, 지자체가 민감하게 반응을 하는 것입니다. 예를 들면, 중간저장 시설을 결정하는데, 인구가 적은 곳으로 정한다고 논의하게 되면 울진이 부담스러워합니다. 차라리 기존의 핵폐기물장이 있는 곳으로 결정하는 것이 낫지 않겠냐고 하면 경주가 불안해합니다. 2000년대 초반에 나온 이야기처럼 동해안과 서해안에 각각 하나씩 만들려고 하는 경우, 서해는 영광 한 군데밖에 없기 때문에 불안해하는 측면이 있는 것입니다.

따라서 부지 선정작업을 하지 않는다고 해도 선정에 관련되는 규칙을 어떻게 정하느냐에 따라 후보지가 미리 정해지는 셈이 됩니다. 그렇기 때문에 부지에 관한 논의 자체가 공론화 과정에서 큰 문제가 될 수도 있습니다. 그렇게 되는 경우, 공론화라기보다는 결국 관련 지역과의 논쟁의 자리가 될 가능성이 있습니다.

강철형 꼭 그렇다고 볼 수 없는 것이 위원회에서 그러한 결정을 내려야 되는 것이 아니기 때문입니다. 가령 동해안에 하나, 서해안에 하나라는 안이 여러 가지 시안 가운데 하나로 나올 수는 있습니다. 그러나 다른 안으로 모든 부지에 분산저장하거나 중앙집중식으로 관리하는 것도 방법 중의 하나가 될 수 있기 때문입니다. 중간저장이라는 것도 논의단계를 따라 올라가면 단지 옵션 가운데 하나가 될 수 있겠지요. 옵션으로서 중간저장을 이야기하지 않고 공론화 논의가 전개될 수는 없을 것입니다.

앞에서 말씀하신 것처럼, 2024년부터 저장수조의 시설 용량이 포화되기 시작한다면 이 문제의 해결을 위한 옵션이 어떤 것이 있는지, 또 각 옵션별로 고려해야 하고 결정해야 할 사안은 무엇인지에 관해 전문가 의견, 국민의견, 지역 의견을 수렴하면서 공통의 솔루션을 찾는 것이 공론화의 목적이라고 봅니다.

좌장 김명자 이 문제를 계속 들여다보면서 느끼는 것은 '매우 어렵다'는 것입니다. 그래서 정부의 역할이 특히 중요하다고 생각합니다. 앞에서는 시사점을 얻기 위해서 다른 나라는 이 어려운 문제를 어떻게 풀고 있는지를 살펴보았습니다. 결국 이론적 옵션과 현실적 선택방안을 고려했을 때, 부지별 분산저장 방식과 중앙집중식 부지 외 저장방식이 있습니다. 그 추진 과정에서 독일처럼 두 가지 방법을 모두 도입하게 된 시행착오의 사례도 있습니다. 아마도 공론화를 하면서 이러한 옵션에 대한 논의 없이 사용후핵연료 관리만 언급하는 것은 실질적으로 어려울 것이라고 판단됩니다.

민감할 수도 있지만, 원자력환경공단이라고 변경된 기관 명칭에 관련해서 한 가지 질문을 하겠습니다. 기존 명칭은 방사성폐기물관리공단이었습니다. 그런데 그 기구가 탄생한 배경에는 중앙집중식으로 고준위 방사성폐기물을 관리하기 위한 목적이 있었습니다. 아닌가요? 관련 사업의 기금과 체제가 중앙집중식을 전제로 해서 만들어졌다고 한다면, 그리고 그 체제를 그대로 유지하는 상태에서 공론화위원회가 가동된다면, 원래의 체제와 재원을 그대로 유지한다는 뜻인지, 또는 원점으로 돌아가서 백지에 그림 그리듯 모든 논의를 할 수 있다는 것인지, 이런 현실적인 질문이 제기될 수 있을 것 같습니다. 답변하기 어려우신가요?

강철형 제가 공단의 입장에 대해 즉답을 드리기는 적절치 않아서, 일단 개인적인 답변을 드리겠습니다. 개인적으로는 그렇지 않다고 생각합니다. 방사성폐기물관리공단이 원자력환경공단으로 이름을 바꾸면서, 그 전과는 다르게 예산이나 구조가 중간저장을 중앙집중식으로 추진하는 것은 아니라고 말씀드리고 싶습니다.

현재는 임시저장이나 중간저장에 대한 법적인 정의가 확실하지 않습니다. 이것은 어디까지나 개인적인 생각입니다만, 설령 분산식 저장을 하더라도 환경공단에서 네다섯 군데를 공히 관리해야 하지 않을까 하는 생각이 듭니다. 중앙집중식이면 환경공단이 하고, 분산방식이면 한수원이 해야 된다는 생각을 하고 있지는 않습니다.

개인적인 의견을 전제로 하고, 한수원의 입장은 모르겠습니다만, 일단 중간저장이라는 개념이 들어오기 시작하면 환경관리공단에서 통합 관리를 해야 하고, 장기적인 계획에 맞춰 중기, 단기를 순차적으로 진행할 수 있지 않을까 생각됩니다.

좌장 김명자 방사성 폐기물의 안전관리를 위한 법규는 상당히 복잡하게 여기저기 흩어져 있습니다. 그런데 기본적으로 원자력법 제2조(정의)에 의하면, '방사성 폐기물은 방사성 물질 또는 그로 인해 오염된 물질로서 폐기의 대상이 되는 물질(사용후핵연료를 포함한다)'로 정의하고 있습니다. 즉 현재로서는 사용후핵연료는 폐기물로 규정되어 있습니다.

그리고 안전관리에 대한 몇 가지 규정도 명시되어 있습니다. 현행 규정에 따르면 원전사업자가 할 수 있는 것이 아니라 별도로 허가를 받은 폐기물

관리사업자만이 할 수 있습니다. 따라서 원전 부지 내에서 중간저장을 하는 경우에는 원전사업자의 물리적 공간에 방폐물 관리 사업자가 들어가야 하는 결과가 되므로 조정이 불가피해지지 않겠습니까?

규정은 다음과 같습니다.

— 방사성 폐기물 관리 사업은 원자력법에 따라 허가를 받은 자만이 할 수 있다(법 제76조).

— 폐기시설 등의 건설, 운영자 이외에는 방사성 폐기물의 처분을 할 수 없다(법 제84조 제2항).

— 해양 투기에 의한 처분을 금지하여 국제적 규범을 준수한다(법 제84조 제1항).

다음은 이상욱 교수님, 말씀하시지요.

이상욱(한양대학교 철학과 교수) 발제 흥미롭게 들었습니다. 일단 궁금한 것부터 여쭤보고 더 이어가는 것이 좋을 것 같습니다. 경주 방폐장 부지 선정에 관해 전문가 의견들이 좀 다른 것 같습니다. 저는 진실 게임에 관심이 있는 것이 아닙니다. 여기 계신 모든 분들은 방폐장이 과학적인 근거에 입각해서 안전한 지질층에 시설이 건설돼야 하고, 모든 정보가 비밀 없이 다 공유돼야 하고, 절차적으로 적절하고 민주적 방식으로 선택되어야 한다는 것에 모두 동의하실 것입니다. 실제로 어떻게 진행됐는지에 대해서는 논쟁을 할 수 있다 하더라도, 이러한 과정이 바람직한 것이라는 데에는 동의할 수 있으므로 그 과정은 논쟁의 대상이 아닌 것 같습니다.

그런데 우리가 원전을 앞으로 어떻게 가져갈 것인가, 즉 앞으로의 에너지 믹스 정책과는 별개로, 어떻게 고준위 방폐물을 보관할 것인가의 문제는 해결이 되어야 합니다. 결론 도출에 절차적으로 문제가 없고, 과학적으로 타당한 근거가 제시되면서 부지가 선정되어야 한다는 전제하에, 다른 대목을 어떻게 하는 것이 바람직하다고 보시는지를 잘 이해하지 못해서 질문을 합니다. 즉 양이원영 처장님이 판단하시기에 어떠한 과정을 거쳐야 그 부지 선정이 민주적이고, 또 다른 여러 가지 상황을 고려할 때 적절하다고 판단하실 수 있는지 듣고 싶습니다.

또 한 가지는 제 전공과 관련하여 굉장히 흥미로운 점이 있습니다. 실제로 아주 능력 있고 확신에 찬 과학자 두 사람이 논란이 되고 있는 주제에 대해 서로 다른 견해를 내세우며 논쟁하는 경우가 많습니다. 그런데 이견의 원인은, 일부 개인적 이해관계에서 비롯될 수도 있지만, 사실은 꼭 그렇지 않은 경우가 훨씬 많습니다. 대개는 서로 말하는 게 조금씩 다릅니다. 똑같은 것을 말하는 것처럼 보이지만, 자세히 들여다보면 인식론적으로 서로 다른 점들을 말하고 있기 때문입니다.

이러한 관점에서 양이원영 처장님께서 말씀하신 1,000배 정도 차이가 나는 그런 사실 주장에 대해 어떤 식으로든 조정을 해서 좀 객관적이고 더 정확한 정보를 전문가 집단이 도출해낼 수 있는 여지는 없는 것인지 궁금합니다. 많은 경우 전문가 사이에서 "내가 말하는 이 수치는 이러한 실험을 통해 이러이러한 측면에서 보았기 때문에 이런 결과가 나온 것이고, 다른 사람이 다른 실험에서 다른 쪽으로 작업을 하면 새로운 결과가 나올 수 있다"고 조정할 수 있는 경우가 꽤 있습니다. 원자력 이슈에 대해서는 이런 가능성이 없는지, 어떻게 생각하시는지요.

좌장 김명자 오늘 세션은 서로 난상토론으로 Q & A를 많이 했으면 합니다. 이상욱 박사님은 과학철학, 과학사 전공이고, 제가 홍성욱 서울대 과학사 주임교수님도 초청했는데, 지방 출장이라 못 나오셨습니다. 양이원영 처장님 답변해주십시오.

양이원영 첫 번째 질문에 대해서는 저도 답을 갖고 있지 못합니다. 그런데 공론화라는 것은 사실 어느 한 기관 또는 한 단체, 몇몇 소수 전문가로서 해결할 수 없기 때문에 사회적인 지혜를 모아본다는 의미가 크다고 생각합니다.

두 번째는 사회적으로 공동의 책임을 져야 한다는 점을 유의해야 할 것 같습니다. 이 두 번째가 굉장히 중요하다고 생각하는데, 지혜를 모으면서 동시에 공동의 책임을 져야 한다는 것입니다. 핵폐기장도 그렇고, 밀양 송전탑 사건도 마찬가지고, 어느 결정에 의해서 이익을 보는 측과 피해를 보는 측이 너무나 명확하게 나뉘어져 있습니다. 그것이 해결을 어렵게 하는 것 같습니다.

어쨌든 폐기물은 제가 지난 40년 동안 살면서 쓴 전기 때문에 나온 것이라는 생각을 하고 있습니다. 그러니 저도 일정 부분 책임을 져야 되는데, 그렇다고 한 드럼씩, 한 다발씩 갖고 있을 수도 없는 일입니다. 그렇다면 이 책임을 위임해야 될 텐데, 아무도 그 해답을 갖고 있지 못합니다. 말씀하신 것처럼, 과학적 사실에 대해 전문가들도 서로 너무 다르게 얘기하고 있기 때문에 사회적으로 공론화를 통해서 정리해야 하는 것입니다.

저는 2000년대 초반에 핵폐기장 문제를 다룰 때 유럽 등지를 다니면서 그곳의 단체, 정당, 과학자들과 만났습니다. 그들 역시 우리와 별로 다르지 않다고 느꼈습니다. 똑같은 핵물리학자인데 정부에 계신 분과 그린피스에 계신 분이 전혀 다르게 얘기하시는 겁니다. 우리보다 훨씬 먼저 논의를 시작했음에도 불구하고 진전이 되지 않는 것을 보면서, 사회적 합의 과정은 단기간에 이루어지는 것이 아니라 그 사회의 민주주의 성숙도에 따라 진행될 수밖에 없다는 걸 깨달았습니다.

흥미로운 것은 독일과 프랑스의 시민단체가 내어놓은 대안도 서로 정반대였습니다. 역사적 경험 때문에 그런 것 같습니다. 독일은 히틀러 치하를 경험했기 때문에 인간을 믿지 못하는 측면이 있다고 한다면, 혁명을 겪은 프랑스는 오히려 자연현상에 대한 불안감을 가지고 있다고 느꼈습니다.

독일은 지상 처분, 원전 부지 내(on site)에서 해결하는 방법이 계속 논의되고 있습니다. 프랑스는 아예 사람의 손이 닿지 않는 곳에 두는 것이 낫지 않겠냐는 쪽에 힘이 실리고 있었습니다. 결정되지는 않았지만 이런 논쟁이 계속되고 있었습니다. 이렇게 핵폐기물 관리는 선진국에서도 그 사회의 조건과 수준은 물론 역사적 경험도 반영되고 있다고 생각합니다.

그렇다면 핵폐기물 밀집도가 세계 최고인 우리나라는 원전 부지도 동해안과 서해안으로 나뉘어져 있고, 활성단층 분포도 많고, 부지 근처에 수백만 명의 사람이 살고 있는 상황입니다. 도대체 어떤 결정을 내리는 것이 맞을 것인지 심도 있는 논의를 해야 된다고 봅니다. 그런 논의 과정 속에서 우리도 입장을 정할 수밖에 없을 것입니다.

그리고 또 두 번째 질문에 대해서는 공개적인 토론의 장을 마련하는 것이 중요할 것 같습니다. 원자력과 관련해서 가장 큰 문제는 폐쇄적인 비공개 문화라고 생각합니다. 공개된 자리에서 재처리를 주장하는 전문가와 그에 대해 비판적 견해를 가진 전문가가 모여 공개적으로 토의를 한다면, 쟁점이 정리될 수 있으리라고 봅니다. 그리고 각각 서로 어느 지점에서 어떻게 다른지도 확인할 수 있을 것이라고 생각합니다. 지금까지는 그런 자리가 한 번도 없었습니다.

전봉근(국립외교원 안보통일연구부 교수) 외교안보 분야에서 일하고 있는 사람으로서 오늘의 주제에 대해 전문가라고 말하기는 뭣합니다만, 몇 가지 말씀드리겠습니다.

우선 저희 기관은 외교부에 속해 있습니다. 그래서 박노벽 대사님과 같이 한미원자력협정에 관련한 업무에서 도와주는 위치에 있습니다. 미래부와 외교부의 역할이 어떻게 되느냐는 질문이 나왔는데, 외교부의 역할은 국가가 필요한 정책을 수립할 때 그 정책이 국제적인 외부 변수에 의해 좌우되거나 방해되지 않도록 외부 환경을 조성하는 임무라고 봅니다.

따라서 우리나라가 앞으로 재활용 정책을 택하거나, 재처리를 택하거나,

또는 농축을 하게 되거나 등 무엇을 택하게 되더라도 우리의 선택에 의해서 진행할 수 있도록 하는 환경을 조성하는 데 진력하고 있습니다.

그것이 중요한 임무라고 보는데, 핵 문제의 이중성 때문에 현재 굉장히 어려운 상태에 있습니다. 때문에 우리나라는 앞으로 언젠가 재활용, 처분, 재처리 등 모두를 옵션으로 놓고 선택해야 하는 측면이 있다고 봅니다. 현재 재처리에 대해서는 논의를 하고 있기는 하나, 미국의 한국에 대한 재처리 반대 입장 때문에 이미 옵션에서 제외되어 있는 상황인 것 같습니다. 그러나 외교부로서는 미래 선택의 유연성을 위해 모두를 옵션으로 놓을 수 있도록 최선을 다하고 있다는 말씀을 드립니다.

여기서 말씀드릴 것은 외교부의 역할은 국내 정책에 개입하는 것은 아닙니다. 외교부는 미국을 향해 우리나라가 재처리를 하게 해달라고 말하고 있지 않습니다. 만일 한다고 하더라도 그것은 외교부가 재처리 정책을 선호해서가 아니라 국내의 정책 옵션의 폭을 넓히는 환경을 조성하기 위해서인 것입니다.

그리고 저는 원자력에 대한 찬반 논의와 사용후핵연료의 처리방안에 대한 논의는 완전히 분리해서 다루는 것이 합리적이라는 판단을 하고 있습니다. 원자력에 대해서 선언적으로 계속하기를 원한다 또는 반대한다고 입장을 밝히면서 사용후핵연료 관리방법을 토론하는 경우, 사용후핵연료 관리를 논하면서도 또다시 원자력을 하자, 말자의 논쟁으로 되돌아가기 마련이기 때문입니다. 따라서 이 두 가지 이슈를 분리해서 논의할 때 실질적인 진전이 있을 것이라고 생각합니다.

양이원영 처장님은 원자력에 대해서 부정적인 생각을 갖고 계십니다. 이러한 반대 관점과 사용후핵연료 관리의 합리적 선택을 분리해서 다루는 문제에 대해 더 말씀드리겠습니다. 사용후핵연료 관리정책을 결정할 때에도 글로벌 스탠더드는 반드시 고려해야 할 것이라고 생각합니다. 글로벌 차원에서 어떤 선택이 유리한지를 벤치마킹할 필요가 있습니다.

또한 이 논의에서는 어떤 방법이 타당하다는 것을 분명한 과학적 근거에 의해 제시하는 과학적 합리성이 필수라고 봅니다. 그리고 옵션에 대한 선택은 국민에게 맡겨야 한다는 점을 강조하고 싶습니다. 이때 국민의 선택이 NGO의 선택과 같다고 볼 수는 없을 것이라고 생각합니다. 국민의 선택으로 이루어져야 할 결정이 NGO의 주도에 의해 오히려 혼돈스러워진다거나 국민의 선택이 무엇인지를 모르게 되는 상황이 되는 것은 진정한 의미의 공론화라고 보기 어려울 것이기 때문입니다.

해외 사례에 관해서는 저도 앞에 보여주신 김명자 회장님 자료와 비슷한 내용을 본 적이 있습니다. 외국의 경우, 원자력 발전을 많이 하고 있는 나라는 재처리 옵션을 가지고 있는 것 같습니다. 한국 이외에는 다수가 재처리를 옵션으로 갖고 있지만, 미국의 경우에는 핵비확산 정책을 국가의 정책 기치로 내걸었기 때문에 안 하고 있습니다. 독일의 경우에는 원전을 줄일 것이기 때문에 재처리를 안 하겠다고 합니다. 이 모두가 각국의 자발적인 선택이었습니다. 한국처럼 스스로 선택할 수 없고, 외부적 요인에 의해 재처리 옵션을 선택하지 못하게 된 것은 외교상 한번 짚고 넘어가야 한다는 생각이 듭니다.

그리고 이미 나온 이야기이지만, 어느 나라가 원자력을 선택할 때는 몇 가지 기준이 있습니다. 그중에서 가장 중요한 것이 경제성이 있느냐, 환경성이 있느냐 하는 점입니다. 이런 질문에 대해서는 과학기술계가 모범답안을 마련해주어야 하는데, 여전히 답을 잘 모르겠습니다. 이미 말씀했듯이, 외국도 마찬가지로 보이는데, 어떤 전문가는 재활용을 하면 장점이 크다고 하고, 어떤 전문가는 전혀 그렇지 않다고 주장합니다.

이런 쟁점에 관해 과학자 커뮤니티에서 국민을 향해 좀 더 정확하고 포괄적인 답을 줄 수 있기를 바랍니다. 특히, 우리 국민이 굉장히 궁금하게 여기는 재활용의 경제성, 환경성 그리고 지속가능성, 핵비확산성에 대해서 답을 내어놓은 후에 국민이 선택하도록 해야 할 것입니다. 현재 과학기술계가 한 목소리로 답을 못 내고 있으니, 과학적 정보와 지식이 제한된 상태에서 NGO가 싸우고 있는 형국입니다. 국민의 선택을 돕고 NGO의 논거를 좀 더 이해할 수 있도록 과학기술계가 정확한 정보를 제공해주기를 바랍니다.

좌장 김명자 과학기술계의 책임이 상당히 크다는 지적을 해주셨습니다. 우리나라의 경우 정부에 대한 국민의 신뢰가 낮은 것으로 나옵니다. 과학기술계에 대한 신뢰도 다른 나라에 비하면 매우 낮습니다. 과학기술 관련 이슈를 중심으로 사회적 갈등이 빚어질 때 과학자의 목소리가 잘 들리지 않고 쟁점 해소에 기여하지 못하는 이유도 신뢰 미흡과 관련되는 현상이라고 볼 수 있습니다.

그리고 원자력에 대한 국제 기준을 말씀하셨는데, 원자력은 국제성이 가장 큰 분야이기 때문에 글로벌 스탠더드가 매우 중요합니다. 2013년 5월, 한국여기자협회 임원진과 IAEA를 방문할 기회가 있었습니다. Q & A 세션을 가졌는데, 그쪽 전문가들이 강조하는 것은 제 예상과 달랐습니다. IAEA는 국제기구로서 정보를 많이 전달하는 역할을 할 뿐이지 선택은 어디까지나 개별 국가의 자발적 결정이라고 했습니다. 국가별 정책 평가에 대해서도 매우 중립적인 태도였습니다. 상당한 거리를 두고 있었습니다. 글로벌 스탠더드의 범위를 제공하되 국가별 정책결정이나 그 평가에 대해서는 완전히 비켜가고 있다는 인상을 받았습니다.

재처리가 하나의 옵션인 것은 분명합니다. 프랑스는 재처리를 하고 있습니다. 미국이 안 하는 것은 나름대로의 분명한 이유가 있습니다. 우리는 하고 싶다고 하더라도 할 수 없는 실정입니다. 여러 가지 변수에 의해서 국가가 정책을 결정하게 되는데, 우리의 정책 선택에 관련되는 변수 중에 가장 중요한 것이 무엇인가에 대해서 합의를 이루어야 그 정책결정이 가능할 것입니다.

이 시점에서 영국의 정책 변화가 시사적이라고 생각합니다. 영국은 미국과 마찬가지로 민영화 체제입니다. 그런데 민간 사업자들은 재처리를 허용해도 실제로 행하지 않고 있습니다. 경제성 때문입니다. 우라늄 핵연료 값이 몇 배가 뛴다든가, 재처리 기술의 경제성이 현재보다 훨씬 좋아지는 등의 큰 변화가 있기 전까지는 재처리에 손대는 것이 별 이익이 없다고 말하고 있습니다. 그러니 재처리를 하지 않을 것이라고 한국을 방문한 영국 전문가들이 말했습니다. 2017년부터는 재처리를 하지 않는다고 합니다.

윤순진(서울대학교 환경대학원 교수) 오늘 이 자리는 공동주최가 한국여성과총과 한국과학기자협회이고, 주제는 사용후핵연료 관리방안인데, 여기에서 논의된 것이 어떻게 정책에 반영될 것인지 궁금합니다. 이미 사용후핵연료 공론화위원회가 출범했는데, 여기서 토론하는 내용이 사용후핵연료 공론화위원회와는 어떻게 연결이 될 수 있을지요.

강철형 부이사장님께서 이런 논의도 공론화의 하나의 방법일 수 있다고 말씀하셨습니다. 그렇다면 사용후핵연료 공론화위원회에 전달되고, 커뮤니케이션이 되어야 합니다. 또는 그 위원회의 위원 중에 누가 참석해서, 여러 분야 전문가들이 사용후핵연료에 대해서 어떤 생각을 갖고 있으며, 무엇이 의제가 되고 있는지, 어떤 논쟁이 있는지 확인할 필요가 있다고 봅니다. 이런 모임이 앞으로도 여기저기서 있을 것인데, 현실적으로는 실체가 있는 공론화위원회가 존재하기 때문에 그 관계가 어떻게 돼야 할지 궁금한 것입니다.

좌장 김명자 제가 좀 답변을 드려야 할 것 같습니다. 지금 이 자리에서 속기 전문 기사가 처음부터 여러분들이 말씀하시는 내용을 한마디도 빼지 않고 속기록을 작성하고 있습니다. 이렇게 포럼을 진행하는 경우 속기록을 작성하고, 제가 수정을 한 다음에 발언하신 분들께 보내서 다시 개별적으로 보완 수정하는 과정을 거칩니다. 그런 다음 전체 수정 내용을 다시 하나의 체계적인 보고서로 작성해서 보내드려 확인하고 마무리합니다.

정부와 국회에서 상당 기간 일하면서 거버넌스 체제의 구현을 위해서 어떤 부분이 보완되어야 하는가를 체험했습니다. 때문에 이런 성과물이 시간 낭비로 그치지 않게 기대효과가 극대화되도록 활용합니다. 오늘의 주제는 특히 민감한 국가적 난제입니다. 오늘의 논의가 어떻게 정책결정에 기여하고, 문제의 본질에 대한 각 전문 분야의 이해를 높이고, 나아가서 지역주민과 국민의 이해를 높이는 데 기여할 수 있겠는가를 가장 고심하고 있습니다.

지금까지 만든 보고서는 관계기관에도 전달되고, 국립중앙도서관에 ISBN을 부여받아 등재되는 등의 여러 경로를 거쳐 사회적 여론 형성에 기여하고 있습니다. 그리고 오늘 이 자리에도 언론계에서 여러분이 참석하신 것을 주목해주십시오. 언론이 다양한 측면을 두루 고려하면서 논의의 방향을 잡는 데 기여할 수 있다면 큰 성과라고 봅니다.

그리고 제가 "사용후핵연료, 폐기물인가 자원인가"라는 제목으로 현재 책을 쓰고 있는데, 이 회의 내용을 보완 편집해서 여러분의 동의를 얻은 뒤 책에 넣는 것으로 계획하고 있습니다. 물론 초벌 원고는 보내드린 뒤, 최종본으로 수정 보완할 것입니다. 또한 지금 이 자리에 강철형 공론화 지원단장님이 나와 계십니다. 그 정도로 하면 답변이 될 것 같습니다.

윤순진 부디 이 결과가 활용되기를 바랍니다. 그리고 오늘 원탁회의에 오기 전에 공론화위원회 홈페이지에 들어가 보았습니다. 위원회 소개 메뉴를 살펴보니, 위원회의 주요 기능이 공론화 기본 원칙 및 주요 의제 설정, 공론화 실현계획 수립, 이해관계자 및 전문가들의 의견 수렴을 위한 프로그램 운영, 공론화 관련 대국민 정보 제공 및 홍보, 대정부 권고 보고서 작성 및 제출로 나와 있습니다.

그리고 언론 보도를 검색했더니, 2014년 1월 말까지 실행계획을 수립해서 발표하겠다고 되어 있습니다. 공론화위원회 구성원에 대해서는 학계 인사의 경우에는 누리미디어나 한국연구재단 웹사이트에 들어가면 이제까지 썼던 글과 경력이 다 나옵니다.

그런데 공론화를 추진하고 실행계획을 수립하는 데 꼭 필요한 전문가들이 잘 보이질 않는 것 같습니다. 국민 여론이 수렴되기 위해서는 다양한 스펙트럼의 전문가가 참여해서, 찬성과 반대 측의 입장을 전하고 조율해야 하지 않을까 생각합니다. 이전에 토론회를 할 때, 공론화위원회를 구성하기 위한 공론화를 거쳐야 하는 게 아닌가 하는 의견이 있었습니다. 왜냐하면 어떻게 구성되는가가 매우 중요하기 때문입니다.

좌장 김명자 공론화위원회에 대한 조사를 많이 하셨네요.

윤순진 공론화위원회에서 지금까지 4번 회의를 했습니다. 그 논의 안건들에는 오늘 이 자리에서 논의한 내용이 들어 있지 않았습니다. 1차 회의 논의사항은 사용후핵연료 공론화위원회 CI 및 홈페이지, 공론화위원회 대변인 선출방안, 소위원회 구성 운영방안, 공론화위원회 차기회의 일정, 환경단체 대표의 공론화위원회 참여방안 이런 것들이 논의되었습니다.

2차 회의에서도 별로 달라진 것이 없습니다. 기타 논의로 공론화위원회 운영세칙을 다루었고, 회의록 보고 및 공개 여부에 대해서 논의했고, 산업부 고시위원회 활동계획, 위원회 전문자료 제공 등이었습니다. 3차 회의도 공론화위원회 홈페이지 개설, 환경단체 참여, 차기회의 일정을 다루었고, 4차 회의는 공론화위원회 워크숍 및 시찰, 해외시찰 계획하고 공론화위원회 현판식 행사계획, 공론화 실행계획 수립방안 및 일정, 공론화위원회 CI 및 영문명 수정 등을 논의했습니다.

이것만 보아서는 오늘 우리가 얘기했던 정도의 내용이 얼마나 논의되었는지를 알 수 없습니다. 적어도 홈페이지에는 나와 있지 않습니다. 공론화위원회의 역할이 무엇인지, 위원회가 다루게 될 범위는 무엇인지, 공론화 참여 대상은 어디까지로 할 것인지, 어떤 일정계획으로 어떻게 추진할 것인지 등이 논의 안건에 들어가야 할 것이라고 기대하는데, 아직까지는 찾아볼 수가 없어서 아쉽습니다.

좌장 김명자 발족 초기이므로 앞으로 많은 여론을 참조해서 발전적인 계획으로 향상시키기를 기대합니다. 공론화위원회가 해야 할 역할과 의제 등에 대해 여론을 들을 필요가 있을 것 같습니다.

윤순진 또 한 가지는 공론화위원회가 사용후핵연료를 어떤 방식으로 처리해야 된다고 결정을 내리는 것이 아니라, 공론화를 통해 결론을 내리는 과정이 중요하다는 점입니다. 일반대중이 어떻게 참여할 것인가가 중요합니다.

그리고 앞에서 김 장관님께서 발표하실 때, 원전 1-2기를 가동시키고 있는 나라들은 사용후핵연료 관리가 아직 현안은 아니라고 말씀하셨습니다. 물론 저도 당장의 현안은 아니라고 생각하지만, 사실은 처음부터 고려해야 될 문제라고 생각합니다. 1-2기를 가동해도 어차피 사용후핵연료가 나오기 때문입니다. 우리나라도 사실 더 일찍 이런 공론화 과정을 준비하고 거쳤어야 합니다. 우리나라는 많이 늦어졌지만, 지금이라도 대책을 세워야 합니다.

하나 더 말씀드리면, 중저준위 방사성 폐기물 처분장 부지를 선정하는 데까지만 해도 19년 걸렸다고 하는데, 실은 처음부터 중저준위만 처리하겠다고 한 것은 아니었습니다. 중저준위만 처리한다고 발표된 것은 2004년이었습니다. 그 전에는 고준위 방폐물의 중간저장 시설까지 같이 가거나 최종 처분까지도 같이 가는 것으로 논의되었기 때문에, 그 기간이 단지 중저준위 폐기물 처분과 관련한 역사만은 아니었다고 볼 수도 있습니다.

김효민(울산과학기술대학교 교수) 중저준위 방폐물과 고준위 방폐물에 대한 지역사회와 일반국민의 인식에 어떤 차이가 있을지, 그리고 원자력 발전소와 사용후핵연료 중간저장 시설 건설에 대한 지역주민들의 반응이 어떻게 차이가 나는지도 변수가 될 것 같습니다.

윤순진 최근에 한국원자력문화재단에서 나온 여론조사 결과를 보고 놀랐습니다. 지난 10월에 나온 여론조사 결과를 보면 8월 조사에 비해서 모든 지표에서 좀 더 부정적인 방향으로 변화되었습니다. 그런데 원자력 발전이 필요하다는 사람이 84%입니다. 원자력 에너지 이용을 찬성한다는 비율은 70%로 8월 조사에서보다는 다 감소했습니다.

그런데 원자력 발전소가 안전하다는 응답은 31%인데, 방사성 폐기물 관리가 안전하게 이루어질 수 있다고 믿는 사람은 26%밖에 안 됩니다. 그러니까 우리 국민은 원전보다 오히려 방사성 폐기물에 대해서 더 불안감을 가지고 있는 것으로 나타납니다. 사실 사고 위험성을 보면 원전이 더 위험할 수 있는데, 저장 기간이 너무 길어서 불안감이 더 큰 것 같기도 합니다.

10월 조사에 따르면, 원전을 더 짓자는 의견은 40%이고, 더 지어서는 안 되고 지금처럼 유지하든지 더 줄이자는 의견이 60%로서 더 많습니다. 이렇게 보면, NGO 측의 주장이 국민 여론과 배치되는 것은 아니라고 생각됩니다.

독일이 탈핵 정책에서 '단계적 폐쇄'로 가닥을 잡는 것을 보고, 그 결정 자체도 의미가 있지만 그 결정 과정이 더 의미가 있다고 생각했습니다. 위원회 이름부터 '안전한 에너지 이용을 위한 윤리위원회'입니다. 17인으로 구성되었는데, 전문가 내부의 토론이 아니라 TV에서 장장 11시간을 공개토론을 했습니다. 그것을 보면서 국민이 모르는 부분은 이메일이나 문자를 통해서 질문하도록 하고, 전문가들이 나와서 답변을 해줍니다. 이런 방식의 쟁점토론이 한국 상황에서 재현될 수 있을지는 모르겠지만 고민해볼 필요가 있다고 생각합니다.

조홍섭 국장님께서 말씀하신 원자력 발전에 관한 시민합의회의에 저는 전문가 패널로 참여를 했었습니다. 그때 시민들이 반가워했던 것은 찬성과 반대의 논거를 동시에 들어볼 기회를 가질 수 있었다는 사실이었습니다. 그리고 정말 궁금한 것을 질문해서 전문가들에게 답을 얻을 수 있었다는 것이 마음에 와 닿았습니다. 이튿날에는 전문가 패널과 시민 패널의 토론이 있었는데, 사용후핵연료 관리정책에 대해서도 그런 방법을 고민하면 좋을 것 같습니다.

좌장 김명자 공론화위원회 구성에 대한 말씀이 많이 나왔는데, 정부에서 이처럼 해묵은 난제이고 폭발성이 큰 민감하고 찬반이 갈린 난제를 다루면서, 위원회 구성에 대해 고심을 안 했을까요? 정부로서는 나름대로 최선의 방안으로 잡음 없이 공론화위원회를 구성하기 위해 애를 썼으리라 믿습니다.

다만 그 발상에서는 NGO와는 차이가 있을 것입니다. 그러나 그간의 실패에서 얻은 교훈을 바탕으로 많은 노력을 했을 것이라고 믿습니다. 이런 위원회 구성의 경우 항상 제기되는 것이 대표성의 문제입니다. 포괄적으로 모든 국민을 대표하는 회의체를 만드는 것은 가능하지 않습니다. 15명으로 위원회 구성을 한다는 것이 사회의 다양한 요구를 충족시키기에는 미흡할 것이므로 다른 보완조치가 필요하다고 봅니다.

계속 말씀을 듣도록 하겠습니다. 강철형 부이사장님 보충 발언하실 것이 있으면 하시지요. 지금 공론화위원회의 운영에 대해서 질문과 제안이 있었기 때문에, 답변을 주시면 좋겠습니다.

강철형 회장님이 중요한 말씀을 다해주셔서 제가 할 말은 별로 없습니다. 제가 처음에 이런 자리도 공론화가 아니겠느냐고 말씀드린 것은 이런 모임이 자주 열려야 공론화가 되는 것 아닌가 하는 취지였습니다. 오늘 이루어지고 있는 논의를 반영하기 위해서 비공식적으로는 제가 우선 보고를 드리겠습니다. 그러나 저희가 설계하고 있는 운영세칙에는 공론화위원회 조직으로 분과위원회와 전문가 자문 그룹도 들어 있습니다. 개인적인 의견이지만, 예를 들면 이런 그룹이 자문 그룹이 될 수도 있을 것입니다.

또한 일반국민을 대상으로 하는 공공토론 그룹 구성, 여론조사 시행, 의견수렴 센터 운영, 설명회, 공청회 등의 다양한 메커니즘이 있을 수 있습니다. 전문가 그룹이나 실무 그룹에서도 토론회와 포럼을 운영하고 참여할 수 있습니다. 완전히 만족스러운 상황은 못 될 수도 있겠지만, 현재 구성으로는 환경단체의 두 분을 포함하여 15명인 공론화위원회에서 이러한 다양한 과정을 통해 많은 국민과 전문가의 의견을 수렴하는 방향으로 설계를 하고 있습니다.

위원회의 구성을 말씀드리겠습니다. 15명 중 5명은 원전 지역, 즉 5개 원전 지역 지자체로부터 추천을 받았습니다. 3명은 시민단체에서 추천을 받았습니다. 각각 환경단체 2명과 소비자단체 1명입니다. 그리고 7명의 위원을 결정하기 위해 추천위원회가 구성되었습니다. 추천위원회에서 각 학회와 단체를 통해 추천을 받은 전문가 중에서 결정한 것으로 알고 있습니다. 7명의 위원에 대해 외부에서 보시기에 이런저런 이유로 좀 미흡한 점이 있을지는 모르지만, 절차상 단체에서 추천을 받고, 그 추천된 분 중에서 선출되었기 때문에 인정해주셨으면 하는 바람입니다.

윤기돈(녹색연합 처장) 앞에서 전봉근 교수님께서 원전을 더 지을 것이냐 말 것이냐가 사용후핵연료 처분과 연계되지 않았으면 좋겠다고 말씀하셨습니다. 제가 알기로는 상당수의 환경단체가 그렇게 연계하는 것을 염두에 두고 있지는 않습니다.

이미 2005년, 2006년에 중간처분장 부지를 선정하면서 어떤 방법이 적절한지에 대한 많은 논의가 있었고, 앞으로의 원전계획과 연계하는 것이 적절하지 않다는 판단을 내렸던 것 같습니다. 물론 이 부분에 대해 견해가 다른 민간단체가 있을 수 있지만, 전 교수님 말씀에 대한 저의 의견은 이렇습니다.

그리고 NGO의 선택이 곧바로 국민의 선택일 수는 없다고 봅니다. 그런데 이것은 정부의 정책적 선택이 곧바로 국민의 선택일 수 없는 것과 마찬가지입니다. 즉 정부의 정책이 국민의 선택에 의해 심판을 받는 것처럼, NGO의 주장도 국민의 선택에 의해서 심판을 받는다고 볼 수 있습니다. 따라서 NGO 관점의 주장에 대한 판단은 국민이 정부의 주장을 판단하는 것과 마찬가지라고 보시면 될 것 같습니다.

오늘 이 자리가 어떤 의미가 있을지에 대해서 고민을 했습니다. 사용후핵연료 관리정책의 논의에서, 직접 관련되지 않는 정책을 이 자리에서 논의하기가 곤란하고, 아직 그렇게 하기는 적절하지 않을 것 같다는 생각이 듭니다. 이미 출범한 사용후핵연료 공론화위원회가 어떻게 어떤 내용으로 모습을 갖추게 될지에 대해서 우리 참석자들이 심도 있는 이야기를 나눌 수 있을 것 같습니다.

무엇보다도 사용후핵연료 공론화위원회가 수행해야 될 첫 번째 행보는 이해관계 당사자 그룹을 만나서 마음을 열어놓고 진심으로 이야기를 듣는 자리를 가져야 한다고 생각합니다. 거기에는 원전 지역주민도 있을 것이고, 환경단체의 활동가나 회원도 있을 것이고, 원전 관련 산업계 종사자도 있을 것입니다.

윤순진 교수님이 말씀하셨지만, 공론화위원회의 출범 자체가 그리 공론을 모으는 과정이 되지는 못했습니다. 그것을 태생적인 한계라고 본다면, 그 태생적 한계를 극복하기 위한 첫걸음이 더 필요하다고 봅니다. 그래서 사용후핵연료 공론화위원회에 거는 기대가 무엇이고, 심각하게 우려하는 사항이 무엇인지 의견을 나눈 뒤, 어떠한 계획을 다뤄야 할지를 논의하는 자리가 마련될 필요가 있다고 생각합니다.

그리고 이미 기존에 정해진 틀이 있습니다. 사용후핵연료 관리를 위해

공단도 만들어졌고, 여러 가지 관계 법령과 제도가 있습니다. 그렇다면 법령과 제도가 국민의 눈높이에 맞게 제정되어 있는 것인지, 국민의 눈높이에 부족한 측면이 있다면 그것이 무엇인지에 대해서 살피고, 이를 바로잡는 과정을 거쳐야 할 것입니다.

이후에 과학적으로 사용후핵연료를 안전하게 보관하기 위한 여러 가지 시나리오를 설계해야 할 것입니다. 해외 사례에서도 어떻게 사용후핵연료를 관리하는 것이 적절한지에 대한 다양한 시나리오가 있을 것입니다. 우리나라에서 연구된 시나리오는 과연 적정하게 되어 있는지, 빠진 부분이 무엇인지를 검토하는 과정을 밟아야 될 것입니다.

이를 바탕으로 시나리오를 하나하나 제외해나가는 과정을 거쳐야 될 것입니다. 만일 100가지의 시나리오가 있다고 한다면 최적화된 시나리오를 찾기 위해서 우리는 무엇을 기준으로 삼아야 할 것이며, 국민에게는 어떠한 기준이 가장 중요한지 등에 대한 의견을 수렴하는 과정을 사용후핵연료 공론화위원회가 거쳐야 한다고 생각합니다. 그 과정 속에서 중간처분장을 부지 내로 할 것인지 아니면 중앙집중식으로 할 것인지를 최종적으로 논의해야 할 것 같습니다.

자칫 논의가 중간처분장을 어떻게 할 것인가에 모아진다면 우리가 앞서 논의해야 할 것과 이를 위한 논의 과정 속에서 국민이 이해하고 동의할 수 있는 기회가 무시될 우려가 있습니다. '아, 이렇게 사용후연료를 보관할 수 있겠구나'라는 공감대가 형성되지 않는다면 또 다른 불신과 분란의 소지가 될 것입니다. 그래서 이러한 과정이 충실하게 진행될 수 있도록 여기 계신 분들뿐만 아니라 강 부이사장님께서도 열심히 함께 해주시면 좋을 것 같습니다.

유용하(동아사이언스 편집장) 전문가들이 많이 계신데, 무지렁이가 낀 것 같습니다만, 흥미 있는 토론입니다. 분위기는 좀 무겁지 않나 싶습니다. 아시

다시피 언론에서는 원자력이나 핵에 관심이 많기는 한데, 지금 논의되는 사용후핵연료처럼 논란이 되는 이슈는 다루기가 쉽지 않습니다. 자칫 잘못하면 어느 한쪽으로 편향될 수도 있기 때문입니다. 저도 성격상 논란이 되는 것을 쉽게 다루지 못하는 편이라, 어느 편이 얼마나 더 설득력이 있는지 중도쯤에서 이쪽저쪽 보는 경향이 있습니다.

기술적으로 전문적인 내용은 말씀드리기가 좀 어려울 것 같습니다. 언론의 입장에서 우리가 취재하면서 관심 있게 보는 주제인 '신뢰'에 관련해서 궁금한 것이 있습니다. 이런 자리에서 논의되어야 하지 않나 해서 말씀을 드립니다.

항상 위원회나 그 추진사업을 보면 논란이 되는 경우는 예외 없이 정부 측에 대한 신뢰가 없다는 것이 가장 큰 문제라고 느낍니다. 정부 쪽에서는 '우리는 모든 것을 다 털어놓고 얘기하는데 당신들은 왜 믿지 않느냐'고 합니다. 한편 국민의 입장에서 보면, 시민단체나 NGO 쪽에서 현장감 있게 생활에 직접 와 닿게 말씀하시니까, 그쪽에 관심을 갖게 되고 손을 들어주는 경향이 있습니다.

중요한 사안에 대해서는 특히 과학적인 합리성으로 결정을 하는 것이 중요합니다. 따라서 국민이 올바른 결정을 하려면 사실 과학적 합리성에 의한 판단이 중요합니다. 논쟁적인 것에 대해서는 특히 과학적인 데이터를 어떻게 해석할 것인가에 대해서 명확하게 정리해줄 수 있는 신뢰할 만한 목소리가 있어야 합니다. 그런데 사실 주류 과학계는 그런 역할을 하지 못하는 것 같습니다. 아마도 연구비 때문인지는 모르겠는데, 눈치를 많이 보십니다. 국민이 어떻게 판단할지에 근거가 되는 정확한 데이터를 제시한다고는 하는데, 과연 그 데이터가 우리 국민이 이해할 수 있는 수준으로 설명하고 있는 데이터인지, 보다 중요하게는 과연 신뢰할 수 있는 데이터를 말하고 있는 것인지, 그 판단은 별개의 문제가 되는 것 같습니다. 이것이 문제를 더 복잡하게 만드는 것 같습니다.

공론화위원회가 발족된다는 소식을 듣고 기사를 쓰기도 했습니다. 좀 전에 강 부이사장님이 말씀하셨는데, 솔직히 그 얘기를 듣고도 공론화위원회에서 무슨 일을 어떻게 한다는 것인지 정확히 잘 모르겠습니다. 우선 공론화라는 용어의 정의도 명확하게 해야 합니다. 부지 선정에 대한 논의는 아니고, 부지 기준에 대한 공론화라고 말씀하셨는데, 결국 같은 뜻이 아닌가 생각됩니다. 위원회에서 무엇을 공론화하고 어떻게 운영할 것인가에 대해 좀 더 정확하게 알려주시는 것이 국민의 판단을 돕고, 정부의 신뢰를 얻는데 도움이 될 것 같습니다.

다음은 양이원영 처장님에게도 궁금한 질문인데, 이 자리에서 논의되어야 할 사안이라고 보는 것을 말씀드리겠습니다. 원전 부지 내의 임시저장수조가 2016년부터 포화 상태에 이른다고 하는데, 공론화를 통한 사회적 합의도출은 쉽지 않다는 말씀을 하셨습니다. 그렇다면 앞으로 어떻게 해야 할 것인가에 대해서 NGO는 어떤 생각을 갖고 계신지 궁금합니다. 그런 내용이 이 자리에서 논의될 필요가 있다고 봅니다.

그리고 이미 잃어버린 정부의 신뢰회복인데요. 현재 땅바닥에 떨어진 것을 주워올 수도 없는 처지에 있는 그 신뢰를 어떻게 회복할 것인가가 매우 중요합니다. 정부는 항상 '우리가 얘기하니까 들어보시오. 왜 믿지 않는 겁니까?' 이런 식인 것 같습니다. 과연 그런 식으로 신뢰를 회복할 수 있을까요? 잃어버린 정부의 신뢰를 회복하기 위해서 어떤 방법이 있는 것인지, 양이원영 처장님께서 대안을 말씀해주시면 좋겠습니다.

좌장 김명자 예, 핵심적 질문을 해주셨습니다. 마이크 넘깁니다.

양이원영 고맙습니다. 과학적 합리성을 담보하기 위해서 찬반 양쪽의 과학자와 전문가가 공개적으로 토론하는 자리가 보장되어 열린 토론이 이루어져야 한다고 생각합니다. 전봉근 교수님께서 정보가 제공되어 있지 않다고 하셨는데, 실은 언론에 관련 기획기사가 엄청나게 많이 나왔습니다. 원자력연구원에서 열심히 계몽과 홍보를 하셔서 제가 본 것만도 여러 경제신문과 주요 일간지에 실렸습니다.

그런데 그런 보도가 저희가 보기에는 어느 한쪽에 기울어 있다는 것입니다. 최근에도 여러 곳에서 토론회가 열렸습니다. 국회에서도 해외 전문가까지 모셔와서 토론회를 가진 것이 세 번 정도입니다. 운동가 쪽에서 문제제기를 했기 때문에 어느 한쪽에만 치우쳐 논할 수 없는 상황이라고 봅니다. 그런데 이렇게 따로 할 것이 아니라, 찬반 양쪽이 만나서 공개적으로 시민 앞에서 열린 토론회가 되어야 한다고 생각합니다.

그리고 신뢰회복 조치를 물으셨는데, 우선 경주 중저준위 핵폐기장 문제가 교착 상태에 빠지고, 방사성 물질 유출이 예견되는 부지 선정을 했는데 아무도 책임을 지지 않는다는 것이 앞으로의 정책에 대해서도 우려를 갖게 하는 겁니다. 계속 그런 방식으로 간다는 것이니, 신뢰가 가지 않는 것입니다. 몇 번을 고쳐 생각해도 그건 아닌 것 같습니다.

앞에서 윤기돈 처장님께서 원전 확대 정책과 핵폐기물 처리를 연계하지는 않을 것이라고 하셨습니다. 환경단체 가운데 그런 단체가 있기는 합니다. 그러나 그리 간단하게 논의를 분리시키기는 어려운 측면이 있는 것이, 이를테면 화장실이 없는 맨션을 계속 짓는 격입니다. 핵폐기물 처리를 못하는 핵발전소를 계속 짓는 것이 과연 맞는지, 이것부터 풀고 넘어가야 되는 것이 이치가 아닌가, 그런 생각을 지울 수가 없습니다.

앞에서 말씀드린 것처럼, 경주 중저준위 방폐장 시설에서 방사성 물질이 유출되는 것은 KINS에서도 인정하신 것으로 알고 있고, 관련 공문도 보내셨습니다. 다만 기준치 이하라고 주장합니다. 가동 중인 원전에서는 방사성 물질이 나올 수밖에 없기 때문에 그런 기준치를 정하고 지키는 것이 맞다고 봅니다. 그러나 핵폐기장은 고준위 방폐물을 안전하게 보관해야 되는 시설이므로 원전과는 기준이 달라야 하고, 방사성 물질이 유출되어서는 안 된다고 생각합니다.

원전이나 중간저장 시설이나 둘 다 같은 원자력 시설이라고 보고, 핵발전소에서 나오는 만큼의 방사성 물질은 기준치 이하이므로 문제가 없고, 법적으로 원자력 시설이니까 안전하다고 하는 것은 별로 설득력이 없어 보입니다. 저장시설에 대해서는 원전과는 다른 기준이 필요하지 않겠습니까? 그런 뜻에서 경주 방폐장 문제를 해결하는 것이 향후 공론화에서 첫 단추를 끼는 것이라는 생각이 듭니다.

신뢰 구축을 위해서는 신뢰를 받는 인물로 위원회가 구성되는 것이 첫째 조건이라고 생각합니다. 저희가 위원회에 들어가지 않고 사퇴한 것은 사실 자신이 없었습니다. 저희가 위원으로 참여해서 노력을 해도 신뢰를 받을 수 없으리라는 우려를 했기 때문입니다.

그리고 2016년부터 포화되는 문제를 해결하기 위해 정부는 신고리 쪽으로 옮기려는 것으로 알고 있습니다. 그런데 사실 호기 간 이송도 위험한 것입니다. 그런 뜻에서 2016년부터 우리나라 사용후핵연료가 위험을 관리해야 하는 상태로 들어간다고 보는 것이 타당합니다.

그렇다고 해서 빨리 결정한다고 문제가 해결될 것 같지도 않습니다. 충분히 논의되고 의견 수렴이 안 된 결정이라면 또 장벽에 부딪히게 될 가능성이 있기 때문입니다. 공개적이고 투명한 과정을 통해 신뢰를 쌓게 된다면 속도가 느리지 않게 진행될 수 있을 것입니다. 그것이 우리 국민이 일하는 특성 중 하나라고 생각합니다.

한번 교착 상태에 빠지는 경우 몇 년이 걸릴지 알 수가 없습니다. 터놓고 바닥에서부터 신뢰받고 시작할 수 있다면 빨리 갈 수 있을 것이지만, 신뢰 구축이 되지 않은 상태에서는 교착 상태가 될 것입니다. 또다시 누구도 책임질 수 없는 상황이 되지 않을까 하는 우려가 있습니다.

좌장 김명자 정부 입장에서는 위원회 구성에서 원자력 분야에서 경험이 전혀 없는 인사를 위원이나 위원장으로 위촉할 수는 없었겠지요. 그런데 과거의 사례가 투명하고 매끄럽지 못했기 때문에 과거에 발목이 잡히는 형국인 것 같습니다. 그러나 계속 논쟁만 할 수는 없으니, 과거 정책추진 과정에서 일어났던 시행착오를 수정해서 이번에는 전철을 밟지 않도록 해야 할 것입니다. 개인이나 조직이나 역사에서 배우는 것이 참 중요한데, 실제로는 반복되고 있어서 시끄럽습니다. 보다 진전된 방식으로 변화할 수 있는 가능성을 향해 우리 사회도 개인도 나아가야 한다고 생각합니다.

김효민 오늘 원탁회의를 하는데, 경주의 경우를 어떻게 할 것인가, 또한 원자력 발전을 할 것인가 말 것인가 등이 사용후핵연료 문제와 같이 다루어져야 하지만 실제로는 쉽지 않고, 무엇인가 공론화의 범위와 내용을 제안해야 한다는 방향으로 논의가 진행되고 있습니다. 이것은 분석적으로는 맞는 논리입니다.

그런데 신뢰는 어떤 기관이나 사람이 어느 한 사안에 대해서 쌓는 것이 아니라, 그 기관이나 사람이 걸어온 역사적 과정을 통해서 쌓여지는 것이기 때문에 사용후핵연료 이슈만을 분리해서 다루기가 참 힘든 것 같습니다. 공론화라고 하는 것이 서로 신뢰를 못 한다면 의미가 없어집니다. 결국 공론화의 열쇠는 신뢰의 여부입니다. 일단 이 말씀을 먼저 드리고 싶습니다.

2013년 OECD의 원자력기구(Nuclear Energy Agency, NEA)에서 발간한 보고서 "Stakeholder Confidence in Radioactive Waste Management"를 보면, 시민의 참여에는 여러 가지 단계와 수준이 있습니다. 시민을 참여시키지 않고 여론을 조작하는 등의 '불참여(non-participation)'가 비효율적이고 비민주적인 의사결정 방법임은 분명합니다. 그 위의 단계가 정보 제공(informing), 시민에 의한 심의(consultation)입니다.

그런데 이 절차들을 지키는 것도 역시 신뢰 형성 과정으로서는 불충분하다고 합니다. 우리나라의 경주 방폐장 선정 과정에서 나타났듯이, 정보 제공이나 심의 절차가 형식에 그쳤다는 비판을 받을 소지가 있습니다. 따라서 그보다 더 위의 단계, 즉 실질적으로 시민에게 의사결정권을 부여하는 협력(partnership), 권한의 위임(delegated power), 시민 통제(citizen control)와 같은 참여의 상위 목표들을 진지하게 고려해야 할 필요성이 이제 우리나라에서도 대두되는 것으로 보입니다.

따라서 현재 설정된 2014년 말까지 원자력진흥안 기본 계획을 낸다는 공론화위원회의 타임라인에 대해서는 신중한 논의가 필요하다고 생각합니다. 타임라인이 짧게 설정되는 경우 논의할 수 있는 주제가 한정될 수밖에 없습니다. 논의 주제와 그 주제에 관련된 전문가, 그리고 전문가가 사용하게 될 방법론 등 관련 요소가 한정됩니다. 그러므로 어느 정도 여유 있는 기간을 설정하고, 이 공론화를 추진할 것인가에 대해서부터 더 심도 있고 투명한 논의가 되어야 한다고 봅니다.

그리고 국민의 목소리라고 할 때 그 국민을 누구로 볼 것인가는 실질적으로 중요한 문제가 됩니다. 이에 대해 지역주민으로 한정시키는 경우 오히려 주제가 굉장히 좁아질 수 있고, 어느 정도의 보상을 받으면 수용할 것이냐 마느냐의 문제가 될 수가 있습니다. 어떤 사용후핵연료 관리방안을 선택할 것인가는 경제성과 안전성뿐만 아니라 환경성과 미래 세대에 대한 영향까지도 고려해야 하는 문제인데, 이런 문제를 전문가가 시민에게 일방적으로 안전성에 관한 지식을 전달해주는 방식이나 지역주민의 경제적 손익 문제에 초점을 맞추는 방식으로 해결할 수는 없습니다. 사람들이 가진 다양한 가치(value)를 논의할 수 있는 사회적 소통의 장이 필요합니다.

OECD 원자력기구의 보고서에서 한 가지 더 강조하는 사항이 있습니다. 원자력 안전이란 기술적 요구 조건들을 따르는 것 이상이라는 것입니다. 모두가 동의하시리라 생각합니다. 개인으로서 내가 안전하다고 생각하는 과정은 기술적 근거뿐만 아니라, 내 안전을 보장해주는 기관, 그리고 정부가 얼마나 사회적으로 정당하고 공정하고 윤리적인 방식으로 의사결정을 내리는 조직인가에 대한 신뢰의 문제와 깊게 연관되어 있습니다. 원자력 안전 문제에서 우리 국민 모두는 이해관계자입니다.

사용후핵연료 문제는 결국 다양한 이해관계자가 안전과 보상을 포함한 근본적인 신뢰와 공정성의 문제에 대해 자신의 목소리를 낼 수 있고 의사결정에 참여할 수 있다는 인식을 가질 수 있을 때 해결될 수 있으리라 봅니다.

이헌석(에너지정의행동 대표) 저도 오늘 모임이 무엇을 해야 할 것인가, 어떤 기능을 할 수 있는가에 대해 생각하고 있었습니다. 오늘 하고 있는 논의를 6개월 전쯤 했었더라면 싶습니다. 지금은 이미 공론화위원회가 출범을 했기 때문에 원래대로 그렇게 갈 것 같습니다. 산업부에서 그동안 논의에 참여했던 '선수들'을 빼놓고 공론화위원회를 짰다는 인상을 받았습니다. 오늘 모임은 그동안의 '선수들'을 중심으로 의견을 수렴하는 자리라는 생각이 듭니다.

사용후핵연료를 어떻게 할 것인지, 중간저장을 하는 것이 맞는지 등의 논의는 2006년도부터 몇 년째 해오던 이야기입니다. 그리고 그것을 위해 공론화위원회가 출범했으니, 2014년에 경기판이 만들어지면서 본 시합을 하게 될 것입니다.

저는 가장 큰 문제를 이렇게 봅니다. 시합을 하려고 하니, 우리나라에서 처음 해보는 시합이고, 듣도 보도 못한 경기입니다. 그래서 그 룰을 만들기 위해 공론화위원회가 구성되었습니다. 그런데 그 기능을 과연 잘할 수 있을지 잘 모르겠다는 지적이 나오고 있습니다. 참고로 말씀드리면, 지난 9월까지 산업부와 같이 시민단체 쪽에서 공론화위원회 참여에 대해 논의하다가 9월에 저희는 안 들어가겠다고 손을 떼게 되었습니다. 이유는 양이원영 처장님 발제와 같습니다. 위상도 문제이고 과연 신뢰가 있는가에 대해 고민하다 그런 결정을 했던 것입니다.

내년도의 관련 예산이 몇십억인 것으로 알고 있습니다. 이제 시합은 벌어졌는데, 제대로 된 결론이 나올 것인지가 관심사이고, 가장 중요한 핵심 포인트라는 말씀을 드리고 싶습니다. 그리고 과학기술적으로 이 문제를 어떻게 풀어갈 것인가도 중요하다고 봅니다. A라는 답이 있다고 가정한다면, 그 A라는 결론을 내는 것이 공론화위원회가 아니라야 합니다. 그보다 A라는 답을 만드는 과정이 중요하다는 뜻입니다. 수학 문제풀이로 치면 답이 0이라는 것을 알고 있더라도 그 답을 중시하는 것이 아니라, 그것을 풀어가는 과정이 중요하다는 뜻입니다. 공론화위원회는 그런 일을 해야 한다고 봅니다.

저는 그 풀이 과정에 대해서 여기 계신 전문가들께서 말씀해주셨으면 합니다. 지금까지 이루어진 대부분의 논의를 살펴보면, 풀이 과정에는 별로 관심이 없고 '그래서 정답이 뭔데?' 하는 것에 더 관심이 많은 것 같았습니다. 이렇게 되어버리면 공론화는 실패할 확률이 높습니다. 정답은 한계 조건 등을 고려한다면 어찌 보면 정해져 있다고 할 수 있습니다. 오늘 논의되었던 모든 대안 중의 어느 하나가 될 것이고, 새로운 것이 나올 수가 없는 실정입니다.

전문가 토론은 풀이 과정에 대해서 지속적으로 논의해야 된다고 생각합니다. 그런 측면에서 공론화위원회가 한 달 내에 그 룰을 모두 설계한다는 것은 상식적으로, 그리고 지금까지 공론화 문제를 바라본 사람으로서 잘 이해가 되지 않습니다. 왜냐하면 실제 경기에는 그리 많은 시간이 안 걸리기 때문입니다. 물론 경기 자체에 대해서도 충분히 논의해야 되겠습니다만, 경기의 설계가 중요합니다. 한 달 안에 끝난다는 것은 너무 조급하다는 말씀을 드리고 싶습니다. 답을 도출하는 과정이 중요하므로 그것을 충분히 논의할 수 있었으면 합니다.

좌장 김명자 저의 얘기를 잠깐 하면, 사용후핵연료 관리정책을 들여다보고 있는 중에 후쿠시마 사고가 났습니다. 그것을 계기로 고속으로 『원자력 딜레마』 책을 썼고, 2013년에는『원자력 트릴레마』 책을 썼습니다. 국정 과제에서 가장 폭발성이 큰 어젠다이면서도 정치적인 관심을 비롯하여 일반 국민의 관심을 별로 못 받고 있는 주제라고 생각했기 때문입니다. 원자력은 사회적 갈등으로 번질 우려가 있고, 그렇게 되는 경우 우리 사회가 엄청난 갈등 비용을 치러야 하는 과제입니다. 그래서 어떤 절차와 과정을 거쳐서 어떻게 합리적인 해법을 도출할 수 있겠는가를 고민하게 되었습니다.

그런데 원자력 논의에서는 뚜렷한 특징이 있습니다. 대부분 찬성과 반대의 양측으로 갈라져 있습니다. 그래서 찬반 양측이 모여 보다 객관적으로 문제의 본질을 보고 가닥을 잡아가는 것이 중요하다고 판단했습니다. 이런 논의에서는 기술적 전문성은 부족하더라도 인문사회과학적으로 풀어가는 접근법이 필요하고, 그로부터 융합적 접근에 의해 새로운 것을 만들어내야 한다고 생각합니다.

박방주(가천대학교 전자공학과 교수) 김 장관님이 이런 자리를 마련하신 것은 큰 의미가 있다고 생각합니다. 그 의미가 계속 발전되기를 기대합니다. 정부와 공론화위원회에 당부 드리고 싶은 것이, 소명의식을 가지고 이번에는 어떤 형태로든 결론을 내려야 한다는 겁니다. 공론화라고 해서, 형식적으로 일부 전문가 의견이나 환경단체, 시민단체의 의견을 들어 정부에 전달한다는 방식으로 임무를 다했다고 생각하지 않기를 바랍니다.

오늘 원탁회의과 같은 민간회의체가 정부의 공론화에 대해 일종의 압력 수단으로 작용하게 하면 어떨까 합니다. 지금 이 정부의 관계자 중에도 자신의 임기 중에 결정하지 않고 다음으로 넘기려는 경우도 있을 수 있습니다. 그런 멘탈리티 때문에 결국 2004년부터 오늘날까지 계속 끌어왔던 것 아니겠습니까? 여기까지 밀려왔는데, 이번에는 더 이상 미루지 말고 절차를 잘 설계해서 결론을 내었으면 좋겠다는 바람입니다.

앞서 안전한 처리방안에 대해 논했습니다만, 그것이 무엇이건 간에 원자력 과학계에서 과학적으로 안전한 방법은 내어놓을 겁니다. 저도 여러 군데 토론회를 많이 다녔습니다만, 어떻게 하면 보다 더 안전하게 관리할 수 있을지 많이 연구하고 있습니다. 물론 완벽한 안전성이란 것은 없습니다. 그러나 현존하는 기술적, 제도적 능력 범위 내에서 사람의 힘으로 할 수 있는 가장 안전한 방법은 이미 과학계에서 연구된 것이 있습니다. 그것을 원용하면 될 것인데, 그보다 더 중요한 것은, 앞서 말씀하신 것처럼, 지역주민의 의견을 수렴하는 겁니다.

김효민 교수님이 지역주민만을 대상으로 보는 것은 너무 협소하다는 말씀도 하셨습니다. 그러나 이 난제에 대해 가장 큰 이해관계를 갖고 있는 사람들은 지역주민입니다. 서울에 사는 사람들에게 사용후핵연료 관리에 대해 물어보면 "그걸 왜 저한테 물어봅니까?" 하는 분들이 아마 꽤 많을 겁니다. 당장 처분장을 짓거나 원전이 들어서는 지역주민들의 이해가 가장 첨예하게 엇갈린다는 현실을 고려하지 않을 수 없습니다. 지역주민을 대상으로 일단 의견을 수렴하여 합리적 방안을 만들어가는 것이 중요하다고 생각합니다.

만약에 이번에 공론화를 거치며 사용후핵연료 관리정책이 어떤 형태로든 정리되지 못한다면, 그 파장은 클 것입니다. 지역주민들이 반대해서 처분장을 건설할 수 없다든가 아니면 처분장이 건설되지 못해 사용후핵연료를 저장할 곳이 없게 되는 경우, 정부는 양단간에 결정을 내릴 수밖에 없게 될 것입니다. 원전을 계속 하기 위해 어떻게 해서든지 처분장을 지어야 하는 상황에 처하게 될 것이고, 아니면 원전을 포기하는 방법밖에 없는 것입니다. 그러므로 이번 공론화 과정에서 이들 과제를 확실히 짚고 넘어가야 한다고 생각합니다.

좌장 김명자 박 교수님은 오늘 공동주최하는 한국과학기자협회의 전임 이사장이시지요. 저널리스트의 감각으로 좋은 말씀 감사합니다. 다음은 염재호 고려대학교 부총장님, 행정학의 관점에서 말씀을 청해 듣겠습니다.

염재호(고려대학교 부총장) 저는 2013년부터 원자력안전위원회 위원으로 일하게 되어서 관심이 많습니다. 우리나라 정책 중에는 특이한 것들이 있는데, 그중 하나가 원자력 정책입니다. 왜냐하면 기술적 전문성이 매우 강하고 사회적 파급효과가 매우 커서 사회적 쟁점이 되고 심각하게 이슈화되는 정책이기 때문입니다.

대학교의 행정학과에서도 원자력 정책을 주제로 연구조사를 많이 합니다. 경주 방폐장하고 안면도 사태를 비교해서 박사학위 논문을 쓴 학생도 있었습니다. 어떻게 하면 효과적으로 갈등의 쟁점을 풀어서 정책을 도출할 수 있는가에 초점을 맞추었습니다. 사실 똑같은 방폐장 설치 이슈인데 정책을 풀어나가는 접근을 반대로 함으로써, 어느 때에는 결사적으로 반대하고, 어느 때에는 결사적으로 유치하려고 하는 두 가지의 상반된 사례가 있었습니다. 그래서 이런 사례가 행정학 분야의 흥미로운 주제가 되는 것입니다.

여기 과학자, 전문가들이 많이 계십니다만, 과학자들은 정책은 합리적으로 결정된다고 생각하십니다. 그리고 당연히 정책은 합리적이어야만 한다는 당위성을 우선시하는 경향이 있습니다. 그러나 많은 경우 과학기술과 관련된 정책은 프레이밍(framing)으로 결정되고 있고, 그렇기 때문에 정치화되기가 쉽다는 점에 주목해야 합니다.

그런 관점에서 저는 R & D 정책을 매우 흥미 있게 보고 있습니다. 20여 년 전에 히타치에 있는 일본 원자력연구소의 원전 연구시설을 들어가본 적이 있습니다. 당시로서 가장 안전하다는 재처리 기술에 의해 새로운 원자로를 건설한다는 말을 들었습니다. 그런데 그 기술이 이번 후쿠시마 사태를 통해 그렇지 않다는 것이 반증되어 사람들이 불안해하고 있습니다. 원전에 대한 불안의 문제는 과학의 문제가 아니라 사회의 문제로 논의를 해야 합니다.

원전의 안전성 문제는 코끼리 몸의 서로 다른 부분을 만지면서 그것만이 옳다고 주장하는 것 같다는 느낌을 받습니다. 원자력이나 핵공학을 연구하는 전문가들은 안전에 대한 굳건한 확신을 갖고 과학적으로 원전은 안전하다고 주장합니다. 그런데 일반시민은 그런 말을 일단 안 믿으려고 합니다. 따라서 이 지점에서부터 틀어져서 결론이 안 나는 겁니다. 그리고 이런 어긋남이 증폭되다 보니, 원자력 발전에 대해 서로 다른 관점에서 접근하고 있는 것입니다.

앞에서 말씀하셨지만, 핵폐기물 관리와 처리는 이제는 반드시 풀어야만 되는 숙제입니다. 따라서 어떻게 풀 것인가를 논의해야 합니다. 그러나 논의 과정에서 당면 과제보다는 원자력에 대한 본질적인 이슈로 들어가다 보니, 정작 그 과제를 잘 풀어갈 수 있을지 어려움에 처합니다. 정책 연구의 입장에서 보면, 어느 경우를 막론하고 최상의 대안(best option)은 별로 없습니다. 따라서 차선(second best)이나 차차선(third best)을 찾아가는 과정을 밟아야 하고, 그러기 위해서는 서로 양보와 타협을 해야 합니다. 그런데 현재까지는 내내 양측이 평행선을 긋고 있는 것 같아서, 엉뚱한 생각까지 하게 됩니다. 예컨대 핵폐기물 처리는 옛날부터 해묵은 문제인데, 무인도로 가져가면 안 되나, 그런 생각도 듭니다.(웃음)

기왕에 엉뚱한 얘기를 더 한다면, 핵폐기물 처리시설이 전문가가 이야기하는 대로 정말 안전한데, 주민들이 위험성에 대해 심리적으로 과민 반응하는 것이라면 핵폐기물 처리시설을 차라리 군부대 시설 안에 만들면 안 되나, 그런 생각도 듭니다. 왜냐하면 주민으로부터 격리된 장소가 그런 곳밖에 없으니까 말입니다. 이렇듯 별별 생각을 다 했는데, 이것은 사회과학이나 인문학을 전공하시는 분들로서는 말도 안 되는 발상이라고 할 겁니다. 핵폐기물 처리는 이처럼 절박한 이슈라는 말씀을 드리고 있는 것인데, 현재 어느 누구도 추호의 양보를 하려 들지 않습니다. 때문에 결론이 나기가 어려운데, 어떻게 해야 할지 실로 고민스럽습니다.

오늘 말씀을 들어보니, 공론화위원회의 중요성에 비추어 공론화위원회를 구성하기 위한 공론화를 먼저 했었어야 한다는 지적도 행정학자로서 매우 흥미롭습니다. 또한 우리 사회가 갈등과 쟁점을 풀어가는 사회적 비용을 줄이고, 함께 협상에 의해 난제를 푸는 과정으로 변화하려면 어떻게 해야 하는지 고민이 더 커집니다. 앞으로 기회가 있으면 참여해서 제가 기여할 수 있는 것을 찾아보도록 하겠습니다.

좌장 김명자 말씀 감사합니다. 사정이 딱하다 보니, 후보 부지로 무인도를 말씀하셨는데, 앞에서 양이원영 처장의 발제에서도 인구밀도가 적은 지역에 이런 기피시설을 건설하는 경우의 비윤리적 측면을 언급한 바 있습니다. 이런 식의 비판은 독일의 경우에도 부지 선정에 관련해서 나온 적이 있습니다.

그런데 실은 관점에 따라 해석이 다를 수 있습니다. 정책은 효율성도 중시해야 합니다. 그런 관점에서는 이런 시설을 인구밀도가 높은 지역에 건설하는 것보다는 그 반대로 밀도가 적은 지역이 훨씬 적합하다는 판단을 할 수가 있습니다. 지역주민 지원도 있고, 설득의 어려움도 있고 등등, 거기에 투입되는 것은 결국 국민 세금인데 인구밀도가 높으면 그게 커지기 때문이지요.

그리고 보다 근본적으로 정책 당국은 그 시설이 위험하지 않게 안전관리가 된다고 전제하는 것이고, 지역주민이나 시민사회는 그 안전성에 대해 안심을 못하고 불안해한다는 것이지요. 그것이 걸림돌입니다. 즉 기술적 신뢰성도 그렇고, 안전관리를 한다고 하는 당국의 주장에 대해 믿지 못하는 신뢰의 문제로 귀결되는 것입니다.

이레나(이화여자대학교 방사선종양학과 교수) 양이원영 처장님께서 발표하신 내용 중에 드리고 싶은 말씀이 있습니다. 첫째로 미래부와 외교부가 벌써 재처리를 위해 연구개발사업에서도 준비를 하고 있다고 하셨습니다. 듣고 보니 정부 쪽에서 벌써 재처리를 답으로 정해놓고 진행하고 있다는 인상을 받게 됩니다.

그런데 과학자의 입장에서 본다면, 어느 쪽으로 결론이 나든 간에 과학적으로 미리 준비해야 할 일들이 있다고 봅니다. 따라서 그렇게 선입견을 갖고 보지 마시고, 앞으로 어떤 결론이 나게 될 때 우리가 대응할 수 있는 준비를 한다는 차원에서 이해해주시면 좋을 것 같습니다. 그리고 경주 부지 선정과 관련하여 부지선정위원회에서 발표한 자료와 추후 검증 조사한 결과가 다르다는 말씀을 하셨는데, 과학적으로 예측을 하는 것과 실제적으로 다르다는 뜻인지요?

양이원영 그 말씀이 아니고, 부지선정위원회가 부지조사 보고서를 검토한 뒤에 평가 결과를 발표했는데, 그 당시 부지조사 보고서는 공개되질 않았습니다. 결국 부지조사 보고서는 4년 뒤에 공개되었습니다. 바로 그 부지조사 보고서에 기초하여 작성한 평가 결과에 나타난 것이 다르다는 사실을 말씀드린 것입니다.

이레나 그런데 그게 부지조사 보고서만 검토하고 낸 평가 결과인지요?

양이원영 예, 그렇습니다.

이레나 혹시 실제로 부지를 조사하니 이전에 예측했던 것과는 좀 다른 점들이 나타난 것은 아닌지요?

양이원영 아니요. 부지조사위원회 평가 결과는 부지조사 보고서만 보고 작성한 것으로 알고 있습니다.

이레나 그게 사실인가요? 제가 확인하고 싶은 것은, 정부에서 발표하고 보고서가 나왔는데 그것을 거짓으로 바꾼다는 것이 이해가 안 되는 부분이 있습니다. 먼저 이 부분에 대해 말씀하시고 다음 질문을 하면 어떨까 합니다.

박원재(KINS 방사성폐기물평가실 책임연구원) 이 사안을 보는 시각에 대해 잠깐 말씀드리겠습니다. 저는 원자력안전기술원에서 25년 정도 방사성 폐기물을 연구했고, 10년 동안 국제원자력기구 방사성 폐기물 안전기준위원회 위원을 역임했습니다.

그동안 경주 방사성 폐기물 처분장의 안전성에 대해 논란이 있었습니다. 양이원영 처장께서는 지하수가 들어오는 등 부지의 지질학적 조건에 문제가 있다고 말씀하셨습니다. 그러나 핵심을 볼 필요가 있습니다. 방사성 폐기물의 안전성은 장기간 동안, 즉 100년이면 100년, 300년이면 300년 동안 방사성 폐기물이 인간의 접촉으로부터 격리되어야 한다는 것이 기본 원칙입니다. 그 다음 2차 기준이 지하수 유입 여부, 그 다음이 구조적인 문제입니다.

첫째 기준을 충족시키기 위해 방사성 폐기물 처분장의 설계나 안전기준은 무엇인지, 부지를 어떻게 선정하고 어떻게 건설해야 하는지, 그리고 어떻게 관리해야 하는지를 고려하여 설계하고 건설합니다. 그 세 가지 요소가 유기적으로 연계되어 안전성을 갖추게 됩니다.

우리는 지금 그 세 가지 중에서 하나의 요인에 대해 집중적으로 논의하고 있습니다. 지하수가 유입되기 때문에 안전하지 못할 것이라는 우려에 대해서는 이렇게 조치를 했습니다. 지하 100미터, 150미터, 200미터로 들어가게 된 것입니다. 그래서 인간의 환경으로부터 격리시킨다는 개념으로 이해해 주시면 이런 논의가 좀 더 포괄적이 되지 않을까 합니다.

좌장 김명자 지하수가 흘러나오는 문제가 제기되면서 가장 먼저 떠오르는 것은 천층처분을 했더라면 문제가 없었을 것을 왜 그랬을까 하는 점입니다. 공론화도 중요하지만, 못지않게 중요한 것은 정부 당국이 관련 법규를 체계화하고 보완하는 작업이라고 봅니다. 부지 선정에 성공한 스웨덴의 경우에도 먼저 법규부터 작업했습니다. 1970년대부터였지요.

현행 우리의 법적 기준으로 보면, 중저준위 폐기물은 방사선안전관리규칙 제59조의 규정에 따라 천층처분하는 것으로 되어 있습니다. 그런데 상위 법령인 원자력법 제84조 2항을 보면, 천층처분은 동굴처분을 포함한다고 규정하고 있습니다. 최근의 국제 동향으로 보면 동굴처분은 천층처분이 아닌 중간층 처분으로 용어가 정립되고 있는 추세로 알고 있습니다.

후에 경주 중저준위 처분장 시설의 2단계 공사에서는 동굴처분이 아닌 천층처분 방식을 택하는 방향으로 바뀌었습니다. 동일시설에 두 가지 처분방식이 도입된 셈입니다. 이런 사례로부터 결국 중저준위 처분방식의 선정에서 시행착오가 있었음을 부정하기 어려울 것 같습니다. 지역주민의 요구에 의해 그렇게 되었다는 얘기를 들었습니다만. 세계적으로도 중저준위는 지층구조에 따라 예외가 있긴 하지만 천층처분을 더 많이 하고 있습니다. 경주 사례는 사용후핵연료 처리에 관한 법률적 정비가 중요하다는 것을 잘 보여주고 있습니다. 또다시 이런 식의 시행착오가 있어서는 안 된다는 것을 교훈으로 제시하고 있다고 봅니다.

강철형 모든 암반에는 공극과 균열 등이 존재하며 지하수위 아래에 위치한 암반에는 지하수로 포화되어 있습니다. 지하수위 아래에 위치한 구조물에는 방수와 배수 설비가 있습니다. 예를 들어 서울 지하철 주위에도 지하수가 흐르며 배수 설비를 통하여 배수를 계속합니다. 그러나 지하철이 물속에 잠겨 있는 것은 아닙니다. 가덕 해저 터널은 물속에 잠겨 있다고 해도 되겠지요. 천층처분과 동굴처분 모두 각기 장점과 단점을 갖고 있는 안전한 처분방법으로 알려져 있습니다. IAEA에서 폐기물을 고준위, 중준위, 저준위,

극저준위 등으로 세분하는 분류법을 추천하고 있습니다. 우리나라도 이러한 분류를 고려하고 있습니다. 이러한 방법으로 세분하고 폐기물도 준위에 따라 처분방식을 달리하여 관리하는 것이 안전성과 경제성 등을 높이는 데 도움이 됩니다. 이러한 관점에서 동굴처분 시설과 천층처분 시설 등을 모두 갖추는 것이 바람직하다고 할 수 있습니다.

조홍섭(한겨레 환경전문기자) 제가 그 당시 담당기자였기 때문에 그 과정에 대해서 좀 압니다. 그런데 분명한 것은 그 당시 지역주민뿐만 아니라 환경단체와 일반국민들도 핵폐기물을 굉장히 무서운 것으로 알고 있었습니다. 실은 그 내용을 알아서 무서워했다기보다는, 추진방식 등을 보니 이게 보통 무서운 것이 아니고서야 저렇게까지 할까 하는데서 불안이 더 커졌습니다. (웃음)

그 당시에 기자들이 스웨덴의 포르스마르크(Forsmark) 동굴처분하는 곳에 시찰을 갔었는데, '세상에 왜 이런 시설이 필요할까?' 하는 느낌을 받았습니다. 마치 핵전쟁에 대비하는 시설 같아 보였는데, 우리도 그렇게 한다고 하는 겁니다. 그런데 기술자들은 실은 중저준위 폐기물에 대해서는 그렇게까지 시설을 할 필요가 없다고 했습니다. 그럼에도 그렇게 된 것은 폐기물 처리에 대해서 신뢰를 갖고 있지 못했기 때문에 치르게 된 대가가 아닌가 생각합니다.

오늘 이 원탁회의의 주제가 공론화위원회가 아닌데도 많은 분들이 공론화위원회에 대해서 이런저런 우려를 제기하고 있습니다. 그 이유가 무엇일까요? 정부가 주도하는 공론화위원회로 환원되어, 논의가 충분히 되지 않는 상황에서 단기간에 모든 윤곽이 잡힐 것이라는 우려가 있어서가 아닌가 싶습니다. 누구나 걱정이 크면 최악의 상황에 대비하게 됩니다. 그래서 '아이고, 이러다가 재처리까지 가는 것 아닌가'라고 생각할 가능성이 있습니다.

그런 면에서 신뢰회복이 핵심이라고 생각합니다. 그중에는 과학과 과학계에 대한 신뢰 문제도 있습니다. 오늘 포럼은 한국과학기자협회도 공동주관하고 있는데, 저는 언론인으로서 최근 4대강 사업에서 우리 사회가 과학에 대해 갖고 있던 최소한의 신뢰마저 무너졌구나, 그렇게 절감했습니다. 어찌 보면 대학원생 수준이면 이론의 여지가 없을 정도의 쟁점을 둘러싸고 대한민국 전체 과학계가 논란을 벌인 꼴이기 때문입니다.

그래서 저는 이런 현상이 빚어진 원인에 대해서 학계도 연구를 해야 된다고 생각합니다. 과학계가 내부적 자정 기능을 제대로 작동하지 못하기 때문에 혼란이 생기는 것입니다. 예컨대 과학적으로 말도 안 되는 주장을 펼 때, 그 사람이 그 과학계 내에서 더 이상 발을 못 붙이게 되는 풍토라고 한다면, 과연 과학계가 온통 1-2년만 지나면 근거가 전혀 없다고 밝혀질 주장을 뻔뻔하게 강변할 수 있을까요? 그러므로 첫째는 과학계 내부의 소통구조가 보다 활성화되어야 되고, 또 하나는 과학 언론도 사태를 오도하는 데 일말의 책임이 있다고 생각합니다.

과학 언론도 실은 그 내용의 상당 부분에 과학계나 과학자에 대한 감시 기능이 들어가야 한다고 봅니다. 그런데 우리 과학계는 멋진 신세계나 사회 기술을 소개하는 데 치중하여 과학계의 건전성을 감시하고 지키는 데 너무 소극적이라는 느낌이 듭니다. 그래서 과학 언론도 마찬가지로 반성할 부분이 있다고 생각합니다.

정책결정에 대한 신뢰를 얻기 위해서는 대중이 그것을 도출하는 과정에 참여해야 됩니다. 원자력계와 반핵운동가들이 국민이 보이지 않는 곳에서 자주 만나는 것은 일반대중의 신뢰를 얻는 데 도움이 안 될 것입니다. 원자력계가 국가를 대표하는 것도 아님에도 지나치게 국가 정책에 과잉 대응하고, NGO 또한 일반국민에 대해 과잉 대응하는 측면이 있습니다.

NGO들이 내부적으로 논의하는 것을 국민은 잘 모릅니다. 따라서 참여적 방식을 더 폭넓게 도입하는 것이 필요하다고 봅니다. 예컨대 한겨레가 10여 년 전에 원자력 발전에의 참여방식에 관한 의사결정에 대해 조사한 적이 있었습니다. 합의회의 형태였는데 사전 지식이 없는 시민들을 무작위로 인구학적 분포로 뽑아서, 찬핵 진영, 반핵 진영의 강사로부터 장기간에 걸쳐 학습하도록 했습니다. 그후 자체적으로 모여 1박 2일 동안 토론을 해서 원자력을 어떻게 하면 좋겠느냐고 의견을 물어 결론을 도출했습니다. 그 결론은 상식적인 범위를 벗어나지 않았습니다. 그러나 성과는 있었습니다. 그 과정에서 시민들이 원자력 문제에 대해서 많이 이해하게 된 것입니다. 그런 접근이 확산되어 나간다면 건강한 사회 담론을 형성하는 데 아주 큰 도움이 될 것 같습니다.

그래서 제안을 하나 드립니다. 이미 공론화위원회가 출범했고, 다시 해산할 뜻이 없다면, 대중에게 좀 더 이 문제를 진지하게 접근할 준비가 되어 있음을 보여주는 게 중요합니다. 제스처나 의지를 보여달라는 것입니다. 예를 들어, 국회에서도 문제가 되고 있듯이, 원자력문화재단이 국민 세금으로 일방적인 원자력 홍보만 하는 것을 어떻게 보아야 할까요? 찬핵과 반핵 가릴 것 없이 방사성 폐기물 정책에 대해 국민이 직접 체험하고, 고민하고, 그리고 답을 찾아보는 작업을 해야 한다는 생각입니다.

좌장 김명자 원전은 사회적 수용성이 핵심 요건인 기술사업인 관계로 국민 이해사업은 필요하다고 봅니다. 또한 막대한 규모의 예산이 투입되는 사업이기 때문에 차질이 생기는 경우 국가적 손실이 커지므로 원전 정책에서 홍보와 커뮤니케이션은 중요하다고 생각합니다. 그런데 논란이 되는 것은 관련 기관의 홍보가 일방적으로 친원전 성향을 띤다는 인상을 준다는 것입니다.

일반국민이 일방적 원전 홍보라고 느낀다면 그 신뢰는 훼손될 것입니다. 그 생각을 왜 못하는지 이해가 잘 안 됩니다. 일방적으로 홍보를 하는 것이 먹히기 때문인가? 제 생각이 틀린 것인가? 헷갈릴 때도 있습니다. 신뢰를 얻으려면 홍보기관은 쌍방향 소통에 의해 객관성과 투명성을 높이고 그로써 사회적 수용성을 높이는 구실을 해야 한다고 봅니다. 정작 사건이나 사고가 터질 때 홍보기관의 목소리나 모습은 잘 보이지 않습니다.

이레나 앞서 양이원영 처장님이 말씀하신 것에 대해 질문을 했었는데, 발제에 찬성하는 부분도 있습니다. 문제 해결을 위한 전제에 대한 제안은 전적으로 공감합니다. 그리고 공론화위원회에서 위원장에 대한 신뢰를 말씀하신 것도 어느 정도 일리가 있다고 봅니다.

그 이유는 예를 들어, 제가 산업부의 정책자문위원회 등의 위원회에 참석하면서 느끼는 것도 아무리 여러 가지 의견이 나와도 최종 결론은 위원장 말씀이 거의 대부분이 되는 경우가 많을 정도로 비중이 크기 때문입니다. 그러니 공론화위원회에서 많은 얘기를 해봤자 결국 위원장 의견으로 종합된다고 한다면, 위원회에 참여한 것 자체로 그 결론에 동의하는 결과가 되어서 오해를 받게 될 것입니다.

앞서 여러분이 말씀하셨지만, 오늘 이 모임에 대해 바라는 점은, 공론화위원회가 이미 출범했으므로 그 위원회가 잘 진행될 수 있도록 제안과 조언을 하는 역할을 할 수밖에 없다고 생각합니다. 김 장관님께서 이렇게 다양한 시각의 전문가들의 의견을 수렴하여 정부나 공론화위원회가 제대로 잘 처리할 수 있도록 지속적으로 조언을 하면 어떨까 생각합니다.

이런 말씀을 드리면서, 이번에 출범한 공론화위원회가 글자 그대로 공론화를 위한 위원회인가 묻게 됩니다. 정부 부처의 하나의 위원회라는 인상을 받기 때문입니다. 공론화를 한다고 하면 각 부문의 위원들이 많이 참여해야 합니다. 그런데 15명이 공론화의 무슨 일을 할 수 있겠습니까? 만약 보완 가능하다면 본 위원뿐만 아니라 다른 단체들이 지원해서 공론화의 성격을 갖출 수 있도록 하는 것이 바람직하다고 봅니다.

그리고 시간이 중요합니다. 저도 다른 위원회에 참여하면서 겪었던 굉장히 어려운 문제인데, 시간이 너무 짧다 보니 제대로 파악도 못 하고 결론으로 들어가서 발표를 하는 경우를 드물지 않게 봅니다. 그래서 충분히 공론화를 할 수 있는 시간을 가질 수 있도록 위원회에 건의하고, 이를 실제 추진 일정에 반영할 수 있으면 좋겠습니다.

그리고 우선 과학자들 간의 의견 격차를 좁히는 일이 제일 중요한 것 같습니다. 서로 다른 가정을 가지고 논의를 시작하면 최종 결과는 천 배, 만 배의 차이가 날 수 있기 때문입니다. 그런 의견 차이를 가진 분들이 한 자리에 모여서 공개토론을 했으면 좋겠습니다. 장관님이 그런 것을 제안하고 주관해주시면 좋겠습니다. 서로 다른 결론을 가지고 있는 과학자들이 공개토론을 해서, 처음 가졌던 가설에 대해 설명하고 이해해가면서 의견 차이를 점점 좁힐 수 있는 자리가 필요하다고 봅니다. 저희 원탁회의가 공론화위원회가 잘 돌아가도록 지속적으로 자문을 해줄 수 있는 자리였으면 하는 바람입니다.

좌장 김명자 이 교수님이 좋은 지적을 해주셨습니다. 과학자들조차 의견이 나뉘어 있는 상태에서 일반 공론화를 하게 되면, 배가 어디로 갈까요? 지금까지 지적해주신 것처럼, 공론화라는 메커니즘이 몇 명으로 충실히 이루어내기에는 한계가 있다는 것은 우리 모두가 알고 있습니다. 따라서 이 자리뿐만 아니라 많은 토의의 장이 이루어져서 다양한 의견이 충돌하다가 결국 합의점을 찾는 과정을 밟아가는 것이 중요하다는 데 모두 동의하십니다. 그런데 공론화위원회가 자체적으로 자문위원회 등 수평, 수직의 여러 조직을 가동시킬 것이므로 우리 모임의 어떤 역할을 정한 것은 아닙니다.

김규태(동아사이언스 부편집장) 원전 정책에 대한 전문가들의 입장이 다르지만, 결국 친원전 대 반원전의 두 진영으로 나뉩니다. 수년간 원전 관련 이슈를 취재하면서 느낀 것은 원자력 전문가들 사이에도 이견이 있고, 흔히 주류라고 하는 친원전 측 전문가 사이에서도 다양한 견해가 있다는 사실을 알게 되었습니다.

그런데 영향력이 있는 소수의 학계와 원자력계 리더들 때문에 주류 내에서도 다양한 토론이 이루어지지 않는다는 인상을 받았습니다. 따라서 원전 전문가 간의 토론 이외에도 비공식적으로 의견을 표출할 수 있는 공론의 장이 있어야 주류 학자들 내에서도 새로운 의견이 나올 것 같습니다.

김효민 전문가의 의견을 수렴하는 것이 중요하다는 말씀을 여러분들께서 해주셨습니다. 그런데 과학적 합리성에 근거하여 사용후핵연료 문제를 해결해야 한다는 것을 전제로 하고, 그 다음에 투명하고 민주적으로 풀어가야 한다고 흔히 생각하시는데, 그런 과정이 그렇게 선후로 분명하게 분리되는 것 같지가 않습니다. 역사적으로 볼 때 미국 등의 경우, 앞서 여러분이 얘기를 하셨지만, 과학계의 현실에 주목할 필요가 있습니다. 사실 원자력계 전문가들은 '아니, 우리는 무슨 펀드 받고 연구한다고 거짓말하는 사람들이 아니다'라고 말씀하실 것입니다. 저도 과학을 전공했고 지금도 정책을 하는 사람으로서 개인적으로는 그런 반응에 동의를 합니다.

그러나 거시적으로 볼 때, 어떤 학계의 전반적인 연구주제 선정의 흐름이라는 것은 개인적으로 정해질 수 있는 것이 아닙니다. 예를 들어, 미국에서 수정된 Nuclear Waste Policy Act(NWPA)에 근거하여 유카 산(Yucca Mountain)이 최종 방폐장으로 선정된 것이 1987년입니다. 이 결정을 내리게 된 근거는 유카 산의 건조한 지질학적 조건 때문에 물이 지표면에서 사용후핵연료가 보관될 300미터 이하의 지층까지 매우 천천히 흐를 것이라는 과학적 연구 결과였습니다. 당시 주로 미국 에너지부(DOE)의 과학자들을 중심으로 그 지역의 낮은 강수율과 높은 증발율을 계산한 것은 분명히 과학적으로 '사실(fact)'을 생산한 것으로 볼 수 있습니다.

그러나 그렇다고 할지라도 왜 하필 부지 선정이 되던 그 당시에 그런 과학적 사실이 많이 생산될 수 있었는가 하는 데 대한 해석은 단순치 않습니다. 1980년대 중반까지만 해도 수문학(hydrology) 연구의 주제는 보통 대수층(aquifer)과 수자원 확보에 초점이 맞추어져 있었습니다. 물이 지표면에서 불포화대까지 흐르는 속도에 관한 연구는 별로 많지 않았습니다. 그런데 유카 산이 부지로 선정되던 즈음, 불포화층(vadose zone)에서의 물의 이동에 관한 연구라는 새로운 주제가 확립되고, 과학적 연구 결과가 쏟아져 나온 것입니다. 만약 이때에 네바다 지역의 화산이나 지진이 사용후핵연료 보관에 미치는 영향에 관한 과학적 연구들이 더 많이 생산되었다고 한다면, 유카 산이 최종 후보지로 선정되기는 힘들었을 수도 있습니다.

그러나 그 무렵 네바다 지역의 화산이나 지진에 대한 연구보다도 지하수에 대한 연구가 훨씬 더 많았다는 것입니다. 물이 얼마나 천천히 흐르고, 얼마나 들어오는가에 대해서 연방정부의 연구비가 훨씬 더 많이 들어간 상황에서 과학자들의 대부분이 '그래, 이 지역에 들어와야 한다'는 결론을 내린 것 자체는 '사실(fact)'이라고 할 수 있습니다. 그러나 왜 하필 그때, 1980대 중반 유카 산을 방폐장 부지로 선정할 때, 지하수의 이동속도에 관한 연구 결과가 많이 생산될 수 있었는가 하는 대목에서 사회적이고 역사적인 맥락을 떼어놓을 수 없다는 것입니다. 오늘의 논의와 연결해 다시 말씀드리자면, 당장 우리나라의 모든 원자력 관련 전문가를 모아서 사용후핵연료를 어떻게 처리할 것인가에 대한 토론을 한다 하더라도, 이것이 반드시 정치와 정책으로부터 자유롭고 절대적으로 옳은 해답을 내어놓는 결과로 이어진다는 보장이 없습니다.

이런 내용은 현재 미국 원자력규제위원회(Nuclear Regulatory Committee, NRC)의 의장인 앨리슨 맥팔레인(Allison Macfarlane)이 2003년 조지아 공과대학교의 지구환경과학과 교수 시절에 썼던 논문에서 밝힌 사항입니다. 이 논문에서 맥팔레인은 유카 산이 최종 후보지로 결정되는 과정에서 당시 미국의 정치와 정책은 분명히 과학을 만들어내는 역할(the role of politics and policy in creating science)을 했다고 말하고 있습니다.

"모든 정치적 고려는 빼고 우선 객관적인 과학적 사실에 근거하여 부지를 선정하자"고 말하는 것은 쉽지만, 실질적 의사결정에 이용되는 과학을 정치와 정책으로부터 분리하는 것은 역사가 보여주듯이 결코 쉽지 않다는 것을 알 수 있습니다. 따라서 논란의 여지없는 과학적인 정답을 딱 하나 내고 그에 따라 결정하려는 것은 소망적 사고(wishful thinking)에 그칠 수 있고, 더 나쁜 경우에는 가변적인 결론을 완벽한 답으로 받아들일 것을 강요한다는 인상을 이해관계자에게 주며 신뢰를 잃을 수 있습니다.

그래서 거시적이고 전반적인 내용에 대해 과학계에서 현재까지도 논란이 있으므로, 우리 과학계는 이렇게 보지만 해외 과학계는 어떻게 말하는지에 대해 상황을 정리해줄 수 있는 제너럴리스트로서의 NGO의 역할이 매우 중요하다고 생각합니다. 김규태 부편집장님의 "원전 전문가 간의 토론 이외에도 비공식적으로 의견을 표출할 수 있는 공론의 장이 있어야"한다는 말씀과 일맥상통하는 부분이 있는데, 사용후핵연료 공론화에는 과학적 전문성뿐만이 아니라 사회적 전문성도 필요합니다. 중요한 논의의 참가자를 주류 학계 구성원으로만 한정시키면 불신이 초래됩니다.

정부도 주류 학자들의 의견뿐만이 아니라 다양한 의견에 대해 열려 있는 자세를 적극적으로 보일 때, 신뢰를 구축할 수 있으리라 생각합니다. 앞서 말씀드린 앨리슨 맥팔레인 교수는 2012년에 오바마 정부의 미국 원자력규제위원회 의장으로 임명되었습니다. 유카 산 사용후핵연료 처리장에 대해 지속적으로 비판적인 목소리를 내었고 2006년에는 『남아 있는 불확실성 : 유카 산과 고준위 방사성 폐기물(*Uncertainty Underground : Yucca mountain and the nation's high-level nuclear waste*)』이라는 책까지 낸 사람인데, 원자력 문제와 관련된 정부 기관의 장을 맡긴 것입니다. 우리가 이 사례로부터 시사점을 찾아볼 수 있을 것 같습니다.

좌장 김명자 미국 수준의 합리적 사회에서 그렇게 오랫동안 공들인 정책사업이 정치적 이유로 거의 무산되는 사태를 보면서 새삼 원자력 후행주기 정책의 어려움을 실감하게 됩니다. 그럼에도 불구하고 미국의 에너지 전문가들, 특히 한국계 미국 국적의 전문가들의 얘기를 들어보면, 정부의 원자력 정책에 대한 신뢰가 상당히 높다는 사실입니다. 이런 신뢰가 바로 세계에서 가장 많은 100기 이상의 원자로를 가동시키면서도 여론조사 결과를 보면 어느 시기나 세계에서 가장 높은 지지도를 보이고 있는 배경이라는 생각을 하게 됩니다.

스리마일 섬 사고 때를 비롯해서 NRC에 대한 비판도 있었고, 너무 더딘 의사결정 구조도 취약성이라는 평도 있습니다. 그러나 원전 운영에서 안전관리 시스템의 투명성과 신속성을 갖추고 조직 내에서 눈치를 보지 않고 바로 외부로 보고할 수 있는 체계를 갖춤으로써, 객관성 있고 믿을 만한 판단을 하도록 하는 것이 신뢰의 기반이 되고 있습니다.

이런 운영에서의 안전관리에 대한 신뢰는 사용후핵연료 관리정책에 대한 신뢰에서도 그대로 연결될 것이라고 봅니다. 그런데 우리 경우는 최근의 비리사건으로 그나마 있던 신뢰조차 무너졌기 때문에 상황이 어렵습니다. 신뢰는 한번 잃으면 다시 찾기가 몇 갑절 더 어렵다는 것이 심리학 연구의 결과입니다.

정지범(한국행정연구원 연구위원) 여러분 말씀 잘 듣고 있습니다. 신뢰와 관련해서, 한겨레 조홍섭 국장님께서 말씀해주신 4대강 사업의 비유가 특히 인상 깊습니다. 4대강 사업을 강조하는 전문가들이나 이른바 원자력 마피아라고 불리는 분들이 정말 좀 사악한 사람일까라고 생각해본 적이 있습니다. 사악하다는 제 표현이 적절치 않습니다만, 편의상 그렇게 썼습니다.

공대 출신인 제가 행정 분야에서 일하면서 여태까지 살았던 삶을 되돌아보면, 전문 분야로 점점 갈수록 시야는 오히려 좁아졌습니다. 예를 들어 생물학과 전공이라고 하면 학부 때에는 생물학 전반에 대해서 배우지만,

대학원 석사과정에 가서는 이를테면 모기에 대해서 배우고, 박사과정으로 올라가서는 이를테면 모기의 발톱에 대해서 깊게 공부하고 그런 패턴 아닙니까?

그렇게 과잉된 좁은 전문성의 조직문화 속에서, 대부분의 전문가는 개인적인 사리사욕 때문에 어떤 특정한 주장을 하는 것은 아니라고 봅니다. 제가 만나봤던 많은 분들도 4대강 사업을 하면 결과가 좋을 줄 알았다고 말씀하는 분들이 많습니다. 속칭 원자력 마피아라고 하지만, 그분들도 진심으로 원자력이 우리가 살 수 있는 길이라고 믿고 있기 때문에 그런 주장을 하는 것입니다.

이런 과잉된 전문성 때문에 발생하는 왜곡의 문제를 해결하는 방법 중의 하나가 대중의 합리성에 의한 보완이라고 생각합니다. 대중이 가지고 있는 상식적이고 일반적인 지식과 질문에 대해 전문가들이 좀 더 고민하고, 그것들에 대한 답을 찾는 노력을 기울여야 한다고 생각합니다. 따라서 이러한 과잉된 전문성의 문제를 해소하는 기능도 공론화위원회가 담당해야 할 역할이라고 생각합니다.

공론화위원회의 상황을 보면 제약 요건이 너무 많은 것 같습니다. 예를 들어, 시간 제약이 그것입니다. 빨리 문제를 해결해야 된다, 2016년이면 임시저장 수조가 차기 시작한다, 중간저장 시설은 시간에 맞추어 반드시 준비되어야 한다, 어딘가 부지가 필요하다, 에너지 믹스는 논하지 말라, 등등의 한계 조건이 얽히고설킨 상황에서, '우리 모두 앉아서 찬찬히 얘기해봅시다' 하는 꼴입니다. 지금 집에 불이 났는데 앉아서 어떻게 불을 끌지 천천히 얘기해보자고 하는 꼴입니다. 이런 상황에서 제대로 된 토론을 할 수 있을까요?

사용후핵연료의 부지 간 이송과 같은 절차를 통해서 연장할 수 있는 시한이 2024년이라고 하는 말도 있습니다. 그런데 계속 경각심을 주기 위해 2016년을 시한으로 하고 빨리빨리 추진하자는 투로 얘기하는 것처럼 들리기도 합니다. 마치 협박을 하면서 다른 한편으로 앉아서 천천히 얘기해보자고 하는 것처럼 들리기 때문에, 진솔한 느낌이 들지 않습니다.

어쨌든 공론화위원회가 구성된 이 상황에서, 이헌석 대표와 양이원영 처장님께 질문하고 싶은 게 있습니다. 공론화위원회가 제대로 돌아가기 위해서는 어떤 식으로든 시민단체의 의견이나 대중의 합리성이 반영되는 일이 필수인데, 이를 위해 어떤 조건이 갖추어져야 한다고 보십니까? 저는 이런 생각을 합니다. 다수결의 원칙 같은 것은 절대로 적용하지 않는다, 모든 회의는 완전히 공개해서 일반대중에게 열어놓는다 등의 몇몇 요건을 갖추자는 것입니다. 이러한 요건들을 구체적으로 제안해주시면 앞으로 도움이 되지 않을까 생각합니다.

이헌석　지난 9월에 공론화위원회에 참여하지 않겠다고 하면서 느꼈던 가장 큰 고민은 일단 위상 문제였습니다. 앞서 양이원영 처장님이 얘기하신 것처럼, 범부처적인 사업의 성격인데 산업부의 민간 자문기구 형태로 되어 있는 것이 정책결정과 조율에 있어 힘을 받을 수 있을까 하는 의문이었습니다. 이 점은 이미 이전에 수행된 원자력 정책 포럼에서도 지적되었던 문제입니다.

다음으로 15명의 위원이라는 구성 자체가 제약이 크다고 보았습니다. 물론 위원 수가 많다고 해서 일이 다 잘된다는 뜻은 아닙니다. 산업부는 당초 9명과 6명을 나누어 구성하기로 하고, 각 단체에 공문을 보내는 일을 했습니다. 지역주민들이 위원 수를 늘려주지 않으면 참여하지 않을 거라고 하면서, 복잡해졌습니다.

그렇다면 현 상태에서 어떻게 해야 할까요? 법을 바꿔야 한다고 봅니다. 기존의 방폐법을 개정해서 처음부터 잘 진행했더라면 6개월 정도 늦어지더라도 잘될 수 있을 것이라고 보았는데, 이미 강을 건너가버린 듯합니다. 내년에도 에너지정의행동은 공론화위원으로 참여하지는 않겠지만 공론화위원회가 하는 일에 대해서는 주목하고 모니터링할 것입니다.

양이원영 환경단체는 가치를 중시합니다. 환경운동연합은 스스로 자기 타당성, 자기 정당성 그리고 합리성을 거스를 수가 없다는 생각으로 일하고 있습니다. 그런 차원에서 원래는 핵발전소 문제가 해결이 안 되면 핵폐기장을 논할 수 없다는 원칙을 가졌었습니다. 그러나 공론화 자체를 거부할 수 없는 것이 아닌가 하는 판단에 따라, 즉 합리성에 기초해서 입장을 바꾸게 되었습니다. 사실 막판에 사퇴하기 전까지도 고민했습니다. 결국 우리의 기대와는 달리 권위적이고 일방적이라고 느꼈고 그래서 그만두어야 한다는 결정을 내리게 되었습니다.

공론화위원회 구성에서 지역주민을 위원으로 포함시키면서 위원회가 다룰 내용이 바뀌었다는 느낌이 듭니다. 일반시민을 대상으로 우리 세대가 책임져야 할 사용후핵연료를 어떻게 처리할 것인가의 논의로부터, 현재 각 발전소별로 포화된 핵폐기물을 어떻게 중간저장 할 것이냐의 주제로 옮겨갔다고 생각합니다. 저희는 공론화위원회가 보다 근본적인 논의를 해야 할 것이라고 생각합니다. 갈등을 둘러싼 사회적 협의, 공론화 방법 등에 대한 전문가가 들어가야 하는데, 현재는 거의 배제된 것으로 보입니다.

이영희(가톨릭대학교 사회학과 교수) 앞서 발제에서도 나왔지만, 사용후핵연료라고 하는 것은 인간사회가 만들어낸 가장 위험한 괴물이나 마찬가지라는 생각이 듭니다. 이 세상에 무려 10만 년을 안전하게 관리해야 될 그런 인공물이 있습니까?

그러면 처음에 이런 기술을 만들었던 사람들의 생각은 무엇이었을까요? 최근에 맨해튼 프로젝트의 과학기술 행정 책임자였던 로버트 오펜하이머(Robert Oppenheimer)의 회고록을 읽었는데, 그 당시 과학자와 기술자 등 '원자력 실용화의 아버지'라고 할 만한 전문가들이 얼마나 기술 낙관주의에 매몰돼 있었는지 여실히 느낄 수 있었습니다. 핵폐기물 문제는 시간이 해결해줄 것이다, 걱정하지 마라, 자연스럽게 해결될 것이라고 했습니다. 왜냐하면 군사기술에서도 고준위 핵폐기물이 발생되니까 문제인 것이었지요. 국제무대에서 1950년대 이후 1960년대, '원자력의 평화적 이용'을 강조하는 선언이 나오고 상업 발전용 원자로가 세계적으로 보급되던 역사적 사건들을 지금 돌이켜보면, 대책 없는 '기술적 낙관주의'의 산물이었다고밖에 말할 수 없습니다.

그런데 지금 수십 년이 지나고서도 원자력 기술의 원조인 미국이 핵폐기물 문제를 해결하지 못하고 있습니다. 심지층 처분을 하려고 동굴을 파고 있는 나라가 핀란드이고, 스웨덴이 부지를 선정하고 작업에 들어갔지만 과학적인 합의가 완전히 이루어진 것이라고 보기 어렵습니다. 최근 들어 스웨덴이나 핀란드의 공학자들의 일부가 심지층 처분, 즉 지하 500미터를 파고 들어가는 것이 결코 10만 년의 안전을 담보한다고 보장할 수 없다고 반론을 펴고 있습니다. 그 대안으로 무려 지하 3킬로미터, 4킬로미터를 파고 들어가는 시추공법 제안이 나오고 있습니다. 현재 상황이 이렇습니다.

따라서 우리나라의 공론화 과정에서 중간저장에 대한 기술적 논의도 해야 하겠지만, 우리의 상황에서 에너지 정책이 어떤 방향으로 가닥을 잡는 게 바람직한지, 우리 사회가 감당할 수 있는 수준의 에너지 믹스는 무엇인지 등 기본에 대한 논의도 필요하다고 생각합니다. 실질적으로 공론화위원회가 작업에 착수한다면 결국 이런 문제가 현실적으로 일차적 쟁점이 되지 않을까 예상합니다.

사용후핵연료를 관리한다고 할 때, 그 관리 대상이 어디까지인가, 현재 운영 중인 것, 건설 중인 것, 장기계획 중인 것에 대해 어찌할 것인가가 연관이 될 것이기 때문입니다. 그 모든 경우 사용후핵연료가 발생하게 되는데, 어디까지가 사용후핵연료 공론화위원회가 감당해야 될 대상이냐를 놓고 논란이 생길 것입니다. 만약 계획된 원전에서 나오는 것까지 논의 대상으로 삼는다면, 환경단체 쪽에서는 거부감을 보일 수밖에 없을 것입니다.

이것은 바로 영국의 사용후핵연료 공론화위원회가 직면했던 첫 번째 장애물이었습니다. 영국의 경우에는 'legacy waste'라고 구분해서 기존에 나온 것만 위원회에서 다루는 것으로 범위를 정했습니다. 정부가 계획하고 있는 신규 원전의 사용후핵연료까지 다루게 된다면, 원전 확대를 정당화시켜주는 결과가 될 수 있기 때문입니다. 우리나라에서도 그런 이슈가 쟁점이 될 것 같습니다. 따라서 결국 장기적으로 사용후핵연료뿐만 아니라 원자력 전기에 대해서도 사회적 공론화가 함께 이루어질 것이 아닌가, 그리고 이루어져야 하지 않을까 생각합니다.

공론화위원회가 출범했는데, 일부 언론에서도 반쪽짜리 출범이라고 했습니다. 위원 두 분이 탈퇴하고, 위원장과 위원의 구성에 문제를 제기했기 때문입니다. 이 문제에 오랫동안 관심을 두었던 사람으로서, 찬핵이냐 반핵이냐를 떠나 현 세대가 미래 세대를 위해 어떻게 책임을 다해야 할지에 대한 윤리적 책무를 갖고 있다고 생각합니다. 윤리적 측면이 개입되니 더욱 복잡해집니다. 그래서 공론화위원회가 잘 진행되어야 하는데 현재로서는 낙관하기가 어려운 것 같습니다.

공론화위원회가 임무를 제대로 수행하게 하려면 왜 공론화를 하려고 했는지, 초심으로 돌아가야 한다고 봅니다. 이전에는 몇몇 전문가와 관료가 모여서 결정하면 되었습니다. 그런데 기술적, 과학적, 사회적 한계가 있습니다. 이 시점에서 안전하고 지속가능한 방식으로 사용후핵연료를 관리하고 처분하기를 원한다면 세 가지 방벽이 필요하다고 봅니다.

하나는 과학적 방벽입니다. 지질학적 방벽이 필요하고, 다음으로 기술적 방벽이 필요합니다. 사일로 등의 용기가 그것입니다. 기존에는 이렇게 두 가지만 다루었습니다. 그러나 현재는 사회적 방벽이 필요하다는 문제의식이 전 세계에 퍼져 있습니다. 사회적 방벽에 해당하는 것이 바로 사회적 공론화입니다. 그런데 그 사회적 공론화가 얼마나 진정성 있게 진행될 것인가에서 초반부터 삐걱거리는 형국입니다.

공론화위원회가 제대로 작동되려면 진정성이 가장 중요합니다. 소위 공작적 차원이나 동원, 또는 절차적 정당성 확보의 차원에서가 아니라 진정성이 기반이 되어야 할 것입니다. 그런 의미에서 형식적인 공론화가 아니라 일반시민과 이해관계자를 포괄적으로 논의 과정에 참여시켜, 우리 사회가 풀어야 할 사용후핵연료 장기관리 정책을 함께 만들어가는 방식이 되어야 한다는 바람입니다.

좌장 김명자 이 교수님은 STEPI(과학기술정책연구원)에도 계셨지요. 이제 원자력계에서 말씀해주시지요.

이한수(한국원자력연구원 순환형원자력시스템연구소 파이로 PM) 저는 파이로 공법을 전공하고 있습니다. 이번 포럼에는 관련 기술에 대한 질문에 대해 답변을 드리고자 참여했는데, 논의가 좀 광범위한 방향으로 진행되는 것 같습니다. 말씀하신 내용 중 과학자 또는 전문지식에 대한 논의에 대해 말씀 드리겠습니다. 그리고 사실과 좀 다른 부분에 대해 말씀드리겠습니다.

첫째, 양이원영 처장께서 미래부가 상업화를 전제로 연구개발을 한다고 말씀하셨는데, 현재 정부의 공식적 플랜은 미래장기원자력추진계획입니다. 여기서 2025년까지 파이로 기술 관련해서는 종합파이로실증시설 구축이란 용어를 쓰고 있습니다. 상업화에 대한 언급은 전혀 없습니다. 그리고 그때까지 상업화가 될 수도 없습니다. 이 점을 분명히 말씀드리고 싶습니다.

그리고 과학적인 전문지식이 중요하다는 말씀이 나왔습니다만, 저도 여기 계신 언론인들과 취재도 많이 했었습니다. 그래서 전문지식을 전달해드리려고 노력했는데 그것이 그리 쉽지가 않습니다. 전문지식을 많이 전달하려 하면 너무 어렵다 하고, 쉽게 간단하게 얘기하면 데이터가 틀리다고 하고, 그런 양면성이 있습니다. 예를 들어, 파이로와 고속로가 연계된 경우의 강점 중의 하나가 처분장 면적을 100분의 1 정도로 줄인다고 말하고 있지만, 실은 그 수치도 경우에 따라 약간씩 달라집니다.

예를 들어 미국의 경우, 의회에 보고한 자료에 의하면 225분의 1로 줄어든다고 되어 있습니다. 제가 말씀드린 것보다 훨씬 더 감축효과가 큰 셈입니다. 이처럼 경우에 따라 다른 숫자가 나오는 것은 어떻게 처분장을 설계하고 어떤 식으로 배열하고 어떻게 분리하는가 등의 조건에 따라 달라지기 때문입니다. 설명드릴 때 이 경우는 225분의 1이고, 이 경우는 105분의 1이고 하는 식으로 말씀드릴 수는 없습니다. 또 그렇게 말씀드리면 혼란이 가중되는 등 그런 애로 사항이 있습니다.

제가 이 자리에서 부탁드리고 싶은 것은 결국은 원자력계가 사용후핵연료 관련 모든 정보에 대해 국민과 소통하려면 언론에 주로 의지할 수밖에 없다는 것, 따라서 그러한 통로를 많이 개설하셨으면 합니다. 가급적이면 어렵더라도 기회를 자꾸 만들어서 대화하고 소통하는 자리가 많아지면 서로를 좀 더 이해하게 되리라 믿습니다.

좌장 김명자 박원재 박사님, 더 말씀하실 것이 있으신지요.

박원재 공론화에 깊은 관심을 가지고 있는 방사성 폐기물 전문가의 입장에서 말씀드립니다. 이 자리에 오기 전에 산악인을 만났습니다. 산을 오르다 보면 고비가 많은데, 10킬로미터 전방에 목표한 정상이 보이면 있는 힘을 다해 오른답니다. 그러나 2킬로미터밖에 안 남았는데도 정상이 보이지 않으면 낙오하는 경우가 있다고 합니다. 지금까지 공론화를 많이 논해왔지만, 어떤 목표로 가야 하는지, 명확한 목표가 없었기 때문에 실패한 것이 아닌가 합니다. 다른 나라에서도 비슷하고요.

저는 이렇게 봅니다. 현재로서는 사용후핵연료 최종관리에 대한 기술적, 경제적 측면의 불확실성이 존재합니다. 파이로가 옳은지, 직접처분이 옳은

지에 대해 여러 나라가 갑론을박하는 실정입니다. 분명히 이런 불확실성이 있습니다. 그리고 처분에 대해서 아직 검증된 결과가 없습니다. 말씀하신 대로 시설 설계수명으로 1만 년, 10만 년 이상을 봐야 합니다. 그렇다면 기술적, 사회적, 경제적, 정치적, 외교적으로 다양한 측면이 연관되어 있는 이 문제에 대해 현 시점에서는 명쾌한 결론을 단정적으로 내리기가 사실상 어렵다는 것입니다.

이제 우리 세대뿐만 아니라 미래 세대를 위한 최선의 결정을 내리기 위해 우선 중간저장을 어떻게 할 것이냐가 현안으로 부상되었습니다. 공론화위원회에서는 중간저장뿐만 아니고, 논의를 진행하다 보면 다양한 이슈가 제기될 것 같습니다. 그러나 공론화의 목표를 중간저장으로 정하지 않는 경우 이전의 실패 사례를 답습하게 될 우려가 있습니다.

공론화위원회를 어떻게 구성할 것이냐는 사용후핵연료 관리사업의 실패 사례와 성공 사례를 들여다보면 확연하게 드러납니다. 사용후핵연료 처리 계획을 국가 계획으로 최초로 세웠던 나라가 미국입니다. 1980년부터 계획해서 법안도 여러 개 나왔지만, 현재까지 실패의 늪에 빠져 있습니다. 2045년까지 갈 것으로 예상됩니다. 그 이유는 정치적 영향력이 작용하여 결정이 뒤바뀌었기 때문입니다. 우리나라도 서로 생각이 다른 상태에서 조율하지 못하고 다른 입장에서 다루기 때문에 결론을 내지 못하고 있습니다.

캐나다는 성공 사례라고 봅니다. 캐나다의 공론화 보고서의 제목인 'Choosing a Way Forward'가 제시하는 의미가 크다고 생각합니다. 거기서 배울 점은 앞으로 나아갈 생각이 있는 사람들이 공론화에 참여해서 길을 찾는 것이라고 생각합니다. 서로 생각이 다름에도 불구하고, 현실을 인정하는 선에서 미지의 세계일지라도 한 걸음 더 나가자고 합의할 수 있다면 누구나 공론화에 참여할 수 있다고 봅니다. 공론화에서 누구는 참여해도 되고 누구는 안 된다는 것에서 벗어나는 것이 중요합니다.

그리고 공론화를 어떻게 운영할 것이냐가 심층적으로 논의되어야 합니다. 해외 사례를 보면 공론화위원들이 결정하는 것이 아니라 공론화위원회에서 운영되는 패널로 시민 패널, 전문가 패널, 지역사회 패널 등을 다각적으로 운영하고 있습니다. 그 패널에는 원하는 사람이라면 다 들어갑니다. 원자력에 관심이 있고, 방사성 폐기물을 어떻게 관리할 것인지에 관심 있는 사람들이 모두 들어가서 의견을 개진합니다. 그 결론을 공론화위원회에서 정리하는 것인데, 그런 방식으로 진행되는 것이 바람직할 것입니다.

앞에서 이헌석 위원께서 말씀하신 것처럼, 공론화위원회의 프레임을 어떻게 잡느냐, 어떠한 원칙으로 접근하느냐가 중요하다고 봅니다. 그래서 아쉬운 것은, 양이원영 처장께서 참여하셔서 시민 패널이나 전문가 패널, 지역사회 패널의 구성과 합의도출 과정과 절차 등에 대한 논의를 함께 하는 것이 더 나은 결과를 얻을 수 있지 않을까 생각했습니다. 즉, 사용후핵연료 공론화의 결론은 공론화위원들이 내는 것이 아니라, 1,000명이든 2,000명이든 시민 패널, 전문가 패널, 지역사회 이해관계자 패널이 함께 참여하여 결정해야 하지 않을까 생각합니다.

공론화 관련 법 규정과 위상 등에 대해서 아쉬움이 있는 건 사실입니다. 진정한 공론화를 위해서는 절차의 공정성, 기술의 안전성, 전문성이 바탕이 되어야 합니다. 이런 기반에서 공론화의 결론이 도출되는 경우에는 산업자원부가 단순히 그 결론을 권고 사항으로 받아들이는 것이 아니라 원자력 산업의 나아갈 길로 채택한다는 선언(declaration) 같은 것이 필요하지 않을까 하는 생각도 합니다.

좌장 김명자 때로는 기술적 진보를 고려해서 정책결정을 유예하는 것도 지혜라고 할 수 있습니다. 원자력처럼 미완의 기술로서 기술위험이 큰 경우에는 섣불리 결정하는 것보다는 정책 유연성 차원에서 진행 상황을 보고 결정하는 것이 오히려 합리적이 될 수도 있다고 봅니다. 그런 의미에서 사용후핵연료의 중간저장을 확실하게 안전하게 할 수 있는 정책을 사회적 합의에 의해 도출하는 것이 중요하다고 생각합니다.

그리고 캐나다의 사례를 성공 모델로 말씀하셨는데, 그 경우는 고준위 방폐장의 처분에 관한 공론화였지요. 중간저장이 아니었기 때문에 더 심층적 논의가 필요했습니다. 그런데 기본적으로 캐나다와 우리나라의 여건은 국토 면적 대비 인구밀도에서 천양지차가 있습니다. 국토 단위면적(1제곱킬로미터)당 인구가 캐나다의 경우 3명, 한국의 경우 490명입니다. 그 차이만 보더라도 양국의 정책 추진에서 난관의 정도가 비교가 되질 않는 것입니다. 또한 캐나다는 전부 중수로(CANDU) 모델이라서 사용후핵연료의 재처리는 옵션이 되지 않고 심층처분이 거의 결정적 대안이라는 점도 본질적 차이입니다.

영국의 공론화도 벤치마킹 사례로 꼽힙니다. 영국에서 공론화에 참여했던 전문가들이 2013년에 한국을 방문했었습니다. 국회에서 세미나도 열렸고, 카이스트 과학기술정책대학원 주최로 강연회도 하고 질의응답도 했습니다. 그런데 방금 말씀하신 것처럼, 그분들은 하나의 분과 팀장이라고 할지, 그런 역할을 하면서 3년간 다각적인 공론화를 수없이 여러 차례 했다고 말했습니다.

그런데 이런 논의기구가 도출한 결과가 정부에 의해서 얼마만큼 받아들여지느냐도 중요합니다. 영국과 한국의 거버넌스 리더십 방식에 어떤 차이가 있느냐가 앞으로 또 큰 변수가 될 것입니다. 영국에서 했던 것과 같은 분위기 속에서 그런 절차로 합의를 도출할 수 있겠는가가 중요하다고 봅니다.

이영일(KINS 안전정책실 선임연구원) 오늘 제가 말씀드리고 싶은 것은 세 가지입니다. 첫째, 공론화의 개념과 목표, 절차의 명확성에 대한 의문이 있었습니다. 그런데 이미 여러분들이 말씀을 하셔서 생략하겠습니다. 둘째는 일관된 후행 핵주기 정책이 필요하다는 다소 원론적인 이야기를 오늘 주제와 연결시켜 말씀드리고자 합니다.

사용후핵연료 정책은 원전 부지 내의 임시저장 수조를 거쳐 단기적으로 중간저장 방안, 장기적으로는 최종처분 방안까지를 포함합니다. 그런데, 과연 그동안 국가가 일관적인 정책이나 비전, 또는 마스터 플랜을 국민에게 제시한 적이 있었는가를 돌아보게 됩니다. 그런 것들이 없었기 때문에 이번 공론화를 통해서 그 큰 그림을 그려내야 한다면, 확정된 원칙과 절차에 따라 가급적 많은 이해당사자들이 참여해서 의견을 제안할 수 있어야 할 것입니다. 그런데 국민이 어떻게 공론화 과정에 참여해서 의견을 낼 수 있을 것인가가 확실히 보이질 않습니다.

따라서 현재로서는 지금까지 나온 정책이나 현상을 보고 과거의 경험에 비추어 논의할 수밖에 없는 상황입니다. 그렇다면 이번에 여론 수렴에 의해 공론화위원회에서 후행 핵주기 정책이나 계획을 도출해서 정부에 권고를 할 것으로 보입니다. 우선 공론화 주제를 한정한다니 여기서도 논란이 생길 것 같습니다. 어쨌거나 일단 결론이 나오면 정부가 그 권고를 받아들이든지, 아니면 다른 최종 대안을 내어놓은 뒤 그 결론을 놓고 또다시 국가적 토론(national debate)을 할 것이냐 하는 문제가 제기되는 것 같습니다.

그렇게 된다면 지금까지처럼 공론화를 하고, 그 결과에 대해 다시 또 여론을 듣는 과정을 거치는 것인지 궁금해집니다. 실은 이런 방식은 그동안 십수 년간 해왔던 일입니다. 계속 반복되는 이 순환고리 내에서 누군가가 이제는 주도적(initiative)으로 이끌고 가야 할 시기가 되었다고 생각합니다. 그 주체가 정부가 될 가능성도 있는데, 국민이 무엇을 어떻게 할 수 있을지는 잘 모르겠습니다.

영어 표현을 쓴다면 'Lessons learned from events, Lessons learned from accidents'라는 말이 있는데, 이번 사안에 대해서는 'Lessons learned from lesson learned'가 아닌가 생각합니다. 그동안 많은 공론화와 의견 수렴 절차가 계속 반복되고 있는 현상에 대해 답을 찾아야 할 것 같습니다. 문제는 닭이 먼저냐 계란이 먼저냐를 따지기에 앞서, 국가 차원의 약속이나 비전, 또는 마스터 플랜이 없었다는 것을 짚어볼 필요가 있을 것 같습니다.

스웨덴이 최종처분 결정을 내리면서 못 박은 것은 단기적인 정치적 현안으로 장기적인 후행 핵주기 정책이 영향을 받아서는 안 되고 흔들려서도 안 된다는 원칙이었습니다. 그리고 아무리 최고의 기술을 갖고 있다고 하더라도 정치적, 사회적으로 합의가 이루어지지 않는다면 결코 추진할 수가 없을 것이라고 강조했습니다.

이번 공론화위원회에서 어떠한 방안이 도출될지, 어떤 절차를 제시할지, 합의된 프로세스가 나올 수 있을지, 플랜이 나올 수 있을지 불확실합니다. 그러나 우리도 이제 구체적인 계획을 만들어내고 그것에 대해 얘기해야 하는 시점이 되었고, 그렇게 되어야 한다고 말씀드리고 싶습니다.

한 가지 좀 부차적인 질문을 드립니다. 후행 핵주기 정책은 발등에 떨어진 불이라서, 시급하게 결정되어야 합니다. 그런데 일단 결정이 되면 아주 오랜 기간에 걸쳐 진행되어야 한다는 것이 또 하나의 큰 어려움입니다. 현재 재처리를 하나의 옵션으로 놓고 논의를 하고 있는데, 어떻게 정리가 되는 것인지요? 후행 핵주기 정책에 관련된 여러 토론회에서 이런 질문을 했지만 아직까지 답을 못 들었습니다.

사용후핵연료가 가압경수로(PWR)와 가압중수로(PHWR)에서 몇 톤씩 나오고 있는데, 그것을 파이로를 돌려서 재처리를 하고, 고속로(SFR)에 연결시켜서 다시 돌리겠다는 과학적 논리에 대해 과연 그 세 가지 사이클의 '물질 수지(mass balance)'를 누가 알고 있느냐 하는 것도 분명치 않습니다. 그리고 당장은 사용후핵연료 문제를 그 자체만 논의하는 것으로 국한시키고, 에너지 믹스와 연관시키지는 말라고 합니다만, 과연 그것이 가능할까요? 후행 핵주기 정책이 결정되면 앞으로 수십 년간 지속되어야 하는 것입니다.

그러면 계속 사용후핵연료가 발생되는 상황에서 물질 수지에 대한 정확한 데이터를 제공하지 않으면서 '후행 핵주기에 대한 데이터를 제공하기 위해서 R & D 프로젝트를 한다'고 한다면 과학적, 논리적으로 타당할까요? 그러한 구체적 내용에 대한 데이터를 모르면서 어떻게 재처리가 하나의 대안이 될 수 있는지 의문입니다. SFR이나 파이로를 하시는 전문가들이 그 데이터를 국민이 이해할 수 있는 수준에서 큰 그림으로 제시해주셨으면 합니다. 궁극적으로 믿을 만한 국가적인 약속이 이 난제를 풀어나가는 데 있어 가장 큰 추진력이 될 것이라고 생각합니다.

좌장 김명자 이영일 박사는 원자력 안전에 대해서 심층적인 연구를 하고 있는 여성 원자력 전문인입니다. 전문가의 관점에서 구체적인 문제를 지적해주셨습니다. 다음에는 서균렬 박사님.

서균렬(서울대학교 원자핵공학과 교수) 저는 오늘 많이 듣고자 왔는데, 제 이름처럼 균열이 갈까봐 말씀드리기가 조심스럽습니다. 제가 일찍 말씀드리지 않은 이유는 끝이 잘 보이지 않아서 그랬습니다. 예를 들어 용어부터 정리하면, 사용후핵연료가 맞습니다. 영어로는 이전에는 'spent nuclear fuel'이었는데, 요즘은 'used fuel'이라고 합니다. 더 나아간다면 'reusable fuel'이라고 쓰면서, 재생 가능성을 강조해서 '재활용 가능한 연료'라고 합니다.

사용후핵연료는 폐기물은 맞긴 맞습니다. 쉬운 말로 현재로는 각각 아파트 단지 내에 임시로 쌓아놓고 있지요, 임시저장입니다. 거기 뜨거운 봉지가 보관되고 있는 겁니다. 어찌 보면 마약이나 폭탄일 수도 있습니다. 그렇지만 이것을 잘만 쓸 수 있다면 또한 묘약이 될 수도 있어요. 그런데 김 장관님 말씀대로 삼중고가 있는 게 문제입니다. 다시 잘 쓰려고 하니까 가령 파이로, 재활용 기술이 맞물려 들어가서 문제가 됩니다. 물론 재활용을 할 수 있지만, 한 번만 더 공정을 돌리면 플루토늄이 나옵니다. 겁나는 핵연료에서 플루토늄까지 나와서 핵무기 원료가 만들어지니, 어느 누구도 좋다고 설득할 수가 없는 실정입니다.

둘째, 이것을 태우려면 소각로가 필요합니다. 말하자면 아궁이가 필요한데, 이것이 또 안전성에서 폭발 위험성 등 문제가 많습니다. 앞서 양이원영 처장께서 잘 정리하셨는데, 50년 동안 거의 100조 원을 투입했지만, 여러 나라가 결국 손을 놓고 말았습니다. 과연 대한민국에서 뭔가 새로운 것을 내어놓을 수 있을까, 그래서 연구를 하고 있습니다. 소듐 소각로가 그 하나지요. 제 박사 논문이 소듐 소각로입니다. 당시 연구를 하면서 저는 몬주 설계에서 사고가 날 수 있겠구나 하는 참으로 방정맞은 생각을 했었습니다. 그런데 실제 사고가 났습니다. 그때가 1980년대 중반이었습니다.

그러면 또 다른 움직임은 무엇이 있을까요. 미국, 프랑스, 일본, 러시아를 포함해서, 잘 들여다보아도 재처리의 경제성이 안 보인다는 것입니다. 그래서 플루토늄을 얻는 것은 세 가지 경우에 해당합니다. 우라늄이 고갈될 때, 다른 속셈이 있을 때(웃음), 그리고 정부에서 나오는 연구비를 쓸 때(웃음). 우리나라가 어디에 속한다고 할까요? 우라늄은 거의 절대로 떨어지지 않을 겁니다. 채굴에 비용이 많이 들지만, 바다에 엄청나게 많이 들어 있으니까요. 그리고 토륨까지 있습니다. 미국도 현재 우라늄 대신 토륨을 핵연료로 보고 있습니다. 셰일가스(shale gas)가 있어서, 농담으로 사우디아메리카라고 미국 이름을 개명하는 것 아시는지요?

미국도 사용후연료를 어떻게 할 건지 고차방정식을 푼다고 보시면 됩니다. 제가 볼 때 초기 조건은 다 형성되어 있는 것 같습니다. 이런저런 의견이 있지만, 우리는 공론화위원회가 출범되었으니 풀어가야지요. 경계 조건을 제대로 주지 않는 경우 사용후핵연료 해결책은 세 가지입니다. 영구처분을 하든 재활용을 하든 간에 무조건 묻어야 됩니다. 그것은 피할 수 없는 사실입니다. 그러니까 결국은 공론화위원회에서도 부지가 없는, 부지를 생각하지 않고는 다룰 수가 없게 될 것입니다.

그렇다면 땅을 찾는 해법은 세 가지를 가정할 수 있습니다. 첫째는 시베리아 동토에 묻는 겁니다. 그런데 미국의 허락을 받아야 되니 쉽지가 않습니다. 또 하나 한반도에 있다고 보면 영변 같은 곳도 후보지가 될 수 있겠지요. 그런데 그건 통일 뒤에 다룰 수 있는 것이니, 그것도 가상일 뿐입니다.

세 번째는 서울대학교입니다. 관악산인데 바위가 좋거든요(웃음). 강창순 교수님이 제안해서 떠들썩했던 적이 있었지요.

저는 방법은 있다고 봅니다. 그래서 님비(NIMBY)가 아니라 핌비(PIMBY)가 되면 될 텐데, 'Please in my backyard'가 될 만한 조건을 만들어낼 수 있다면 희망은 있다고 봅니다. 요즘 유행하는 영화, 「판도라의 약속(Pandora's Promise)」처럼 마지막 희망입니다. 그런데 이게 그만 절망이 될 수가 있습니다. 그러니 우리가 풀어내야 할 마지막 숙제라고 생각합니다.

좌장 김명자 서 박사님께서 아주 심각한 주제를 아주 가볍게 이해하기 쉽게 말씀하셨습니다. 그럼 카이스트의 김소영 교수님, 말씀하시지요.

김소영(KAIST 과학기술정책대학원 교수) 저는 연구개발 정책을 담당하고 있습니다. 원자력 전문가라기보다 전문가 그룹 내에서 제너럴리스트입니다.

오늘 계속 논의하는 주제에서 과학적 합리성만큼이나 중요한 전제가 있습니다. 다양한 이해당사자(stakeholder)들의 이해를 충분히 반영해야 한다는 것입니다. 즉 'stake'라는 단어가 들어가 있습니다. 'interest holder'라고 되어 있지 않고, 영어 표현으로 'stakeholder'입니다. 즉 여기서 반영돼야 하는 것이 이해(interest)만이 아니라 가치(value)도 있다는 것을 말씀드리고 싶습니다.

정책을 수립하고 추진할 때 흔히 효용성(utility)을 고려합니다. 어떤 정책을 집행하고 거기서 나오는 경제사회적인 효용성을 논하는 것입니다. 그러나 동시에 정책에서는 공공의 가치(public value)가 매우 중요한 기준입니다. 원자력이 과학기술력의 하나의 상징이자, 우리나라의 경제와 산업의 발전 그리고 에너지 안보에 기여하는 것도 사실입니다. 우리나라 최초의 정부출연 연구기관이 원자력연구원이었다는 것도 시사적입니다.

그런 측면에서 이해당사자들이 과연 누구인가를 찾아가는 과정이 굉장히 중요하다고 봅니다. 그런데 사실 서울에 사는 사람들은 별 관심이 없고, 이해관계자 중에서도 가장 중요한 사람은 자기가 사는 지역에 원전이나 사용후핵연료 중간저장 부지가 들어올지도 모르는 지역의 주민들입니다. 한편 국가 정책 차원에서 볼 때는 이해당사자로서 지역주민만이 아니라 일반 시민들도 분명히 존재합니다.

그런데 우리가 전문가 대 일반시민이라는 이분법적 사고를 할 때, 가장 범하기 쉬운 실수가 전문가들이 단일집단이라고 생각한다는 것입니다. 예를 들면, 이른바 원자력 마피아에 속하는 전문가와는 반대로 환경단체를 자문하는 전문가가 있다고 생각하고, 시민들도 단일집단이라고 생각해서 NGO 말고 나머지 선량한 시민이라는 단순한 구도로 생각하는 경향이 있습니다. 그러나 실상 전문가 내부에서도 그리고 시민 사이에서도 상당한 차별성이 존재합니다.

그래서 말씀드리고 싶은 것은 전문가-전문가 사이에서도 상호학습(mutual learning)이 필요하다는 것입니다. 저와 같은 과학기술 정책의 제너럴리스트가 왔어도 '아, 이 문제가 보통 중요한 게 아니고 굉장히 중요하구나' 하는 것을 배울 수 있고, 시민들도 마찬가지로 이 사안이 지역주민만이 아니라 서울 사람도 관심을 가질 수밖에 없다는 것을 깨달아야만 진정한 공론화가 가능하게 될 것입니다.

그래서 최근에 굉장히 감동을 받은 일화를 하나 말씀드리고 싶습니다. 중국 탐사선 옥토끼가 달에 착륙하면서 세 번째로 무인탐사에 성공했습니다. 유인탐사 사업은 미국이 유일한데, 1969년 아폴로의 달착륙이었습니다. 그런데 그때 재미있는 일화가 있었는데, 1969년에 아폴로가 하늘로 올라갔을 때 그날이……

좌장 김명자 7월 21일이었지요.

김소영 네. 7월 21일, 플로리다 주에서부터 메인 주까지 올라가는 고속도로인 I-95를 따라 올라가다 보면 케네디우주센터가 위치해 있습니다. 바로 그곳에 100여 만 명이 몰려 며칠 전부터 장사진을 치고 구경할 준비를 하고 있었습니다. 전 세계 7억 명이 TV 발사 중계를 시청했고요. 그 당시 TV 보급률을 생각하면 선진국 사람들은 거의 모두 숨죽이며 지켜보고 있었던 셈입니다.

그런데 그 바로 전 해에 암살당한 마틴 루터 킹 목사의 후임을 맡고 있는 랠프 애버내시(Ralph D. Abernathy) 목사가 이끄는 시위대가 100여 만 명의 인파를 뚫고 그 앞에 가서 NASA 국장과 면담하게 해달라고 시위를 했습니다. 이에 대해 놀랍게도 당시 토머스 페인 국장은 시위대를 쫓아내지 않고 들어오게 했습니다. 어떻게 보면 영화 같은 장면인데요.

그런데 이 시위대가 어떤 모습으로 왔는가 하면, 마틴 루터 킹 목사가 죽은 뒤 노새가 관을 끌었던 것과 비슷하게 행진해왔어요. 즉 시위대도 노새들이 이끄는 마차를 앞세워왔던 것입니다. 페인 국장은 요구 조건이 뭐냐고 묻습니다. 그 대답은 "미국 인구의 5분의 1이 가난에서 벗어나지 못하는 상황이다. 달나라로 가는 돈의 100분의 1만 있어도 우리 빈곤 문제를 해결할 수 있다"고 성토를 합니다.

그랬더니 페인 국장은 "정말 공감한다. 만약에 우리가 로켓 발사를 포기하고, 이 돈을 완전히 미국의 빈곤퇴치를 위해서 쓸 수 있다면, 내일 버튼을 누르지 않겠다. 나사의 복잡한 우주개발 기술들을 개발하는 어려움도 미국이 당면한 빈곤과 인종차별의 사회적 문제에 비하면 어린애 놀이에 불과하다"고 말합니다. 그만큼 사회 문제가 어마어마하게 복잡하다는 것을 인정하면서, NASA도 최대한 노력해서 앞으로 사회적 난제 해결에 힘쓰겠다고 약속합니다. 그리고 대신 시위대에게도 내일 출발하는 우주인들의 안전을 기원해달라고 부탁합니다.

발사 당일, 대통령 영부인이나 주지사나 고위층만 앉을 수 있는 VIP석에 시위대를 위한 자리를 마련해주고, 우주선의 발사를 바라보게 합니다. VIP 석에는 공교롭게도 '위대한 사회 프로그램(Great Society Program)'이라는 유명한 빈곤퇴치 운동을 했던 린든 존슨 전 대통령도 앉아 있었습니다.

이 역사적 사실에서 제가 느낀 것은 이해관계가 서로 상충할 수 있고 그것에 대해 진정성 있는 대화를 했던 것까지는 해피엔딩이었지만, 그 다음 과정은 그렇지가 않았다는 점입니다. 그것이 마치 우리 문제의 미래를 보는 것 같아서 암담합니다.

페인 국장은 약속한 대로 NASA의 기술자들을 전국에 있는 도시로 보냅니다. 이 사람들은 '산업 체계 엔지니어링(Industry System Engineering)'이나 마찬가지입니다. 왜냐하면 NASA 프로그램에는 40만 명이 참여했고, 결국은 그 방대한 인력을 조직화하는 과정이 아폴로 프로젝트였던 것입니다. 즉, 아폴로는 기술 프로젝트이면서도 못지않게 매니지먼트 프로젝트였다는 것입니다. 발사 당일을 위해 그 40만 명이 참여해서 누구는 어떤 곳에서 우주인을 트레이닝시키고, 또 누구는 어떤 데서 기술개발을 하고, 또 누구는 어떤 데서 로켓을 만들고 한 종합 계획이었으니까요.

그래서 이 매니지먼트 테크놀로지를 적용하기 위해 전국에 있는 학교에 인력들을 보내고, NASA의 조정기술(coordination technology)이 전국에 적용된 것입니다. 그러나 결국 10년 만에 다 손을 털고 나옵니다. 이유가 뭐냐하면, 도시에 가봤더니 나름대로 검은 정치와 여러 가지 이해관계가 얽혀 너무 힘들더라, NASA에서 그 정도 어마어마한 일을 해내었기 때문에 휴스턴 문제 하나는 금방 풀 줄 알았더니 그렇지가 않더라, 해서 나왔다는 것입니다.

제가 말씀드리는 요지는 진정성 있는 대화는 참 아름다운 모습이었는데, 실제로 사회적인 합의를 이루어가는 과정은 간단치 않기 때문에 지속성을 띠어야 한다는 것입니다. 신뢰가 기반입니다. 그런데 신뢰는 쌓이는 것이 아니고 힘들게 만들어나가는 것입니다. 엄청난 노력을 해야 합니다. 몇 번

해보고 잘 안 된다고 실망하고 포기해서는 안 됩니다. 꾸준히 될 때까지 공들여 해나가는 과정이 중요하고 그것이 결실을 내는 것이라고 생각합니다.

좌장 김명자 말씀하신 것처럼, 그런 반과학기술 동향 속에서 미국 의회가 1970년대 초에 우주개발 예산을 다 삭감하지요. '스카이랩 프로그램(sky lab program)'이 결국 중단됩니다. 지구상에서 헐벗고 굶주리는 사람이 얼마나 많은데, 웬 우주에서 서커스냐 하면서 의회에서 예산이 삭감됩니다.

윤순진 사용후핵연료 정책에 대해 앞서 여러 번 얘기가 나왔지만, 이해당사자로서 지역주민과 일반국민은 다른 점이 있고, 지역주민이 더 이해관계가 크다고 볼 수도 있습니다. 그러나 저는 반드시 그렇지는 않다고 생각합니다. 해당 지역이 오염의 위험성이 더 클 수 있다는 특성은 존재하지만, 사용후핵연료의 위험성은 너무나 오랜 기간 지속되고 결국은 미래 세대는 물론 자연생태와 연결되어 있기 때문입니다.

게다가 사용후핵연료에 대해서 어떤 대책을 세우게 되면, 앞서 'legacy waste'라는 용어가 나왔지만, 그것을 이유로 해서 "우리가 이제 준비가 됐는데 왜 원전을 더 짓지 않나?"라는 확대 해석이 가능할 것이라는 우려가 있습니다. 바로 이 점에서 사용후핵연료 문제를 단지 지역주민만의 문제로 좁혀서 접근해서는 안 된다는 것입니다. 원전이 계속 돌아가게 되면, 우리나라처럼 국토가 좁은 경우, 어디서 사고가 나든 간에 국민 전체가 위험에 노출될 수 있기 때문에 사용후핵연료 관련 의사결정은 지역주민만의 문제가 아니라 전 국민의 문제가 되어야 합니다.

여기서 염두에 두어야 할 점은, 향후 원전 정책이 불투명하기 때문에 사용후핵연료 공론화는 의미가 없다는 뜻이 아니라, 이런 상황에도 불구하고 현 상황에서는 원전에 대한 찬성이나 반대와는 무관하게 사용후핵연료에 대한 제대로 된 정책을 세워야 하며, 그것은 특정 지역의 이해가 아니라 국민 전체의 이익에 기반해서 진행되어야 한다는 것입니다. 그리고 국민의 전력 소비로 인해 방사성 폐기물이 나오는 것이므로 사회가 전반적으로 관심을 가져야 합니다. 때문에 일반국민이 참여할 수 있는 개방된 의사결정 과정이 필요하다는 말씀을 드립니다.

그리고 4대강 사업 논란에 참여하면서 느꼈던 점은 전문가의 사회적 책임이었습니다. 한 사안을 놓고 이렇게 극과 극으로 다를 수 있을까라고 생각했습니다. 저는 반대 측에 있었습니다. 4대강 사업을 반대하는 운하반대 전국교수모임의 집행위원이었는데, 정부와 찬성하는 전문가 그룹에게 계속해서 토론을 요구했었습니다. 그런데 한번도 응해주지 않았고, 만날 자리가 없었습니다. 어느 쪽 주장이 옳은지 검증받을 기회가 없었던 것입니다.

그런데 또 문제는 반대하는 쪽은 자기 시간과 비용을 들여야 됩니다. 사용후핵연료 논란에서도 정부와 다른 입장을 가진 경우 마찬가지일 것 같습니다. 이런 의미에서 불공정한 게임이라고 생각했습니다. 찬성하는 쪽에 대해서는 정부가 재원을 제공했었습니다. 우리 국민 전체의 안전 문제라면 반대 측에 대해서도 제대로 연구할 수 있는 기회와 지원이 필요하다고 생각합니다.

저는 기후변화 분야도 연구하고 있는데, 방사성 폐기물 처분장에 대해 논할 때 지질만 봐서는 안 된다고 봅니다. 어느 지역에 대한 기후변화 연관성을 봐야 합니다. IPCC 5차 보고서에 따르면, RCP(Representative Concentration Pathways)라는 4가지 시나리오를 쓰고 있는데, 그중 RCP 4.5와 8.5 시나리오가 가장 널리 쓰입니다. 4.5는 보다 적극적으로 대응했을 때이고, 8.5는 지금처럼 사는 상황에 해당됩니다. 제 학생이 그것을 분석했는데, 노력을 해서 4.5가 된다 하더라도 영광 원전이 잠길 가능성이 높게 나옵니다. 8.5 시나리오에서는 말할 것도 없습니다.

이 결과는 한국환경정책평가연구원의 연구 보고서에도 들어 있습니다. IPCC 시나리오를 우리나라에 적용한 결과 2100년까지 해수면이 1.02미터 상승하는 것으로 나타납니다. 방사성 폐기물 처분장은 특히 100년은 비교도 안 되는 기간입니다. 1.02미터가 상승하는 경우, 인천국제공항, 서해안 지역이 거의 다 잠깁니다.

앞서 기술적 방벽과 사회적 방벽을 말씀하셨는데, 기후변화 요소까지 고려할 필요가 있습니다. 지구온난화, 지표면과 해수의 온도 상승에 따른 해수면 상승 등을 반영해야 합니다. 장기간 운영되는 시설이기 때문에 환경 문제까지 고려해서 다양한 분야의 전문적 시각이 반영되는 공론화 과정이 돼야 할 것입니다.

좌장 김명자 기후변화의 심각성을 놓치기가 쉬운데, 전문가들의 입장에 따르면 그 대응의 중요성이 절실합니다.

이상욱 궁금한 것 하나 말씀드립니다. 지금 중국이 그들의 동해안에 원전을 엄청나게 짓고 있습니다. 앞으로도 계속 지을 테고. 정확히 근거를 언급하기는 쉽지 않지만, 중국의 원전 관리가 어떤지, 만일 사고가 나는 경우 우리가 입을 피해가 엄청난 상황입니다. 그것에 대해 경제 모델링에서 기본 조건(default)으로 놓고, 비용-이익분석(cost benefit analysis)을 하면, 중국 원전의 변수가 워낙 크게 나옵니다. 따라서 실제로 우리의 정책적 변화가 실효성을 갖기가 어렵다는 주장을 몇 번 들은 적이 있습니다. 물론 동의하기 어려울 수도 있겠지만, 그런 경제학적인 모델링을 통한 결과를 말할 때 그 모델링 자체의 문제를 지적하는 것 말고, 그런 식의 사고방식이 가지는 근본적인 문제점은 어떤 것이 있다고 보시는지 의견을 듣고 싶습니다.

좌장 김명자 엄청난 위협 요인인 것은 분명하지요. 현재 돌아가는 것은 18기이지만, 앞으로 멀리 보면 원자로 기수가 거의 200기에 이를 것으로 전망됩니다. 대부분 우리의 서해안 쪽에 병풍을 두르고 있기 때문에, 한겨레에서 시뮬레이션한 것을 보면 중국에서 원전 사고가 발생하는 경우에 편서풍을 타고 한반도로, 특히 서울-수도권 쪽으로 확산되게 되어 있습니다. 그리고 황해를 거쳐 우리 해역으로 직접 이동하게 됩니다. 그러니까 엄청난 위협인 것은 분명하고, 우리가 안전관리를 한다 해도 중국이 더 문제라는 얘기를 안 할 수가 없습니다.

그래서 동북아 원전 협력체계를 구축하고 공동으로 대응하자는 얘기를 여러 채널을 통해 강조하고 있습니다. 그러나 중국이 그렇게 만만한 상대가 아닙니다. 일본도 마찬가지고요. 중국발 미세먼지, 초미세먼지 피해도 새롭게 급부상하고 있는 시점이라 환경 분야의 협력이 가장 중요한 과제로 부각되는 상황입니다. 말이 잘 통하지 않는 상대방이 있다는 것은 결코 간단치 않은 문제지요. 더욱이 원자력 기술 분야는 원래 속성이 폐쇄적이라 정보 공유가 쉽지 않은 분야인 것도 문제입니다.

윤순진 후쿠시마 사고 직후 토론회가 열렸을 때 그 얘기부터 나왔었습니다. 그런데 최근의 미세먼지 피해를 보면서 방사능도 저렇게 오겠구나 하는 생각이 들어서 걱정입니다. 그러나 우리가 제대로 된 정책 없이 위험을 통제하지 않고서는 중국에 대해 뭔가를 요구할 수는 없을 것입니다. 우리부터 제대로 조치를 해야 중국과 대화를 할 수 있는 출발선에 설 수 있다고 봅니다.

중국은 현재 28기를 건설하고 있고, 51기가 계획이 완료되었습니다. 그것만 해도 97기인데, 최근 10년 동안 세계에서 건설된 총 67기의 원자로 가운데 절반이 동북아 3개국에 건설되었습니다. 그래서 동북아 자체의 원전 안전이 정말 중요하고, 엄청나게 위험한 지역이 되고 있습니다. 그래서 3국 공조가 필요한데, 그럴수록 우리가 제대로 된 시스템을 갖추어야 한다고 봅니다.

좌장 김명자 저는 과학자 출신이기 때문에 과학기술 연구개발의 중요성을 인정하는 사람입니다. 현재까지 사용후핵연료 중간관리에서는 치명적인 사고는 없었습니다. 키시팀 사고 등 일부 있기는 했습니다만, 2011년 후쿠시마 사고에서 상업용 원자로의 사용후핵연료 저장수조가 처음으로 문제가 됐습니다. BWR(Boiling Water Reactor) 모델에서 저장수조를 높은 위치에 설치함으로써 결국 물이 빠져서 치명적인 사고로 이어졌습니다. 사용후핵연료의 중간관리에서 특히 건식저장에서는 사고 확률은 낮은 것으로 봅니다만, 아주 긴 장기간의 실제 운영에서 검증된 것은 아니지요. 현재의 기술로 수십 년 동안 중간저장을 건식으로 할 수 있다는 것은 공인되고 있는 사실입니다. 이미 널리 통용되는 기술적 방식이기 때문에 건식저장으로 중간관리까지는 상당 기간 가능하다고 봅니다.

그런데 최종처분은 심지층 300-1,000미터에 깊숙이 묻어버리는 것입니다. 그렇게 생태계로부터 격리시키는 것이 방안이니, 기술적으로는 미완성의 기술인 셈입니다. 스웨덴에 가서 공사 현장을 보니, 그쯤 내려가면 지반이 지구 지각변동에 의해 영향을 받지 않는다고 설명하고 있었습니다. 그런데 이것이 일반 상식에 반한다는 것이죠. 지구 역사에서 10만 년 안에 무슨 일이 일어날지 알 수가 없는데, 어찌 그렇게 단언할 수 있을까 불안한 것입니다. 아직 검증된 것도 아닙니다.

지금 한국은 중간저장이 매우 시급하고도 중요한 과제입니다. 앞으로 40년, 50년 후가 되었을 때는 원전의 지속가능성을 위해서 안전을 훨씬 더 강화시킬 수 있는 기술적 돌파구가 나와야 한다고 생각합니다. 과학기술 지상주의는 아니지만, 사회적 필요에 의해서 보다 나은 기술이 나오지 않고서는 경쟁력을 잃을 것이기 때문입니다. 그런데 그동안 진행된 경과를 보면 기대에 훨씬 못 미치고 있어서, 과연 앞으로 얼마나 달라질까에 확신이 적다는 것이 걸림돌입니다.

고준위 방사성 폐기물 관리 기술로서는 심지층 처분과는 좀 다르게 'deep

borehole(장심도 시추공)' 공법도 논의되고 있습니다. 일단 땅속 깊숙이 집어넣었다가 도로 꺼내서 핵변환에 의해 고준위를 중저준위로 떨어뜨린다는 시나리오를 상정하는 것입니다. 그러니 현 시점에서 취할 수 있는 대안은 제한이 될 수밖에 없습니다. 아예 풀지 못하는 단계가 아니라면 현재 기술 수준에서 중간관리를 하는 것이 한국이 선택할 수 있는 길이라고 봅니다. 그렇게 범위를 좁혀놓고, 차츰 시간이 가면서 범위를 넓힐 수 있는 가능성을 살펴야겠지요. 그렇지 않고 이 모든 질문을 끌어안고 한꺼번에 풀려고 한다면 대책이 나오기가 너무 어렵다는 것이 원자력의 현실이라고 봅니다.

박원재 중국 동해안의 원전 얘기가 나왔는데, 당연히 우려할 수 있는 문제입니다. 일본에서 방사성 방재 담당기구가 시뮬레이터를 운영하고 있는데, 후쿠시마 사고 전에 거기서 회의를 했습니다. 24시간 계속 모니터링을 하면서, 한국에서 사고가 날 경우를 시뮬레이션 했답니다. 그 결과는 비밀인데 영향이 있더라고 했습니다. 얼마나 영향이 있는지는 말하지 않았습니다.

마찬가지로 우리나라에서 가장 인접한 중국 원전에서 사고가 나면 어떻게 될 것인가, 저희도 2009년부터 연구를 했습니다. 그 결과 가장 방사능이 강한 물질(즉 반감기가 짧은 핵종)이 가장 큰 영향을 미칠 것이라는 것이 기본적인 분석 결과입니다. 중국에서 우리나라까지 500-1,000킬로미터 떨어져 있고, 한반도 횡단거리는 250-300킬로미터입니다. 한반도에 빨리 도달한 방사선이 빨리 빠져나간다는 결과입니다.

바람이 천천히 부는 경우의 예를 들어보면, 영향이 큰 방사선은 반감기가 짧아 비교적 빨리 소멸되기 때문에 우리나라에 미치는 영향이 적고, 반감기가 긴 방사선의 경우는 반감기에 비해 바람이 더 빠르게 불기 때문에 한반도를 그냥 지나가버리는 경우가 많아서, 한반도에 미치는 영향이 적다는 것입니다. 그러니까 어떠한 경우든지 유사한 결론이 나온다는 뜻입니다. 그럴 경우 중국에서 우리가 떨어진 거리가 500-1,000킬로미터 정도이므로 중국의 사고에 대해서는 상당히 안전 마진이 있다는 잠정적인 결론을 얻었습니다.

그럼에도 불구하고 중국이 앞으로 200기 이상의 원전을 운영하게 되는 경우 문제가 간단치 않습니다. 2008년도부터 TRM 미팅을 진행하고 있는데, 'Top Regulators Meeting'(한중일 원자력 고위 규제자회의)의 약칭입니다. 원자력 규제기관장들이 모여서 원자력 안전과 방재에 대해서 논의하는 자리입니다.

최근에 합의된 내용(제6차 한중일 TRM)은 사고가 나는 경우 무조건 사실을 공개하고, 실체에 대해서 논의하자는 것입니다. 그 시스템이 어떻게 운영되는지는 기밀 사항이 많아 공개할 수 없지만, 사고가 났을 때는 3국이 협력체계를 운영해서 사고의 내용, 전개 과정, 방사능 물질의 확산 등에 대해 공개한다는 사항을 의무화했습니다.

윤순진 현재 일본으로부터 우리가 모든 정보를 받고 있나요? 아니지요.

양이원영 후쿠시마 원전 사고가 난 후에 오염수나 원전 내부의 상황에 대해서 제대로 정보를 제공받지 못하는 것에 대한 문제 제기를 계속 했습니다. 그런 것을 의무화한다 하더라도 지켜질 것인가는 또 다른 얘기입니다.

그리고 방사성 물질이 우리나라로 유입되는 것에 대한 시뮬레이션은 할 수 있는데, 그때 미세먼지는 고려하지 않았을 겁니다. 지금 미세먼지가 위협인데, 우리 몸속에 들어오면 나가지 않는 것도 그렇고, 온갖 오염 물질과 결합해서 들어온다는 것입니다. 미세먼지 자체가 아니라 방사성 물질이나 대기오염 물질이 결합되어 있기 때문에 심각한 것입니다.

조홍섭 가상적인 얘기지만 기류에 따라 달라지는 것 아닌가요? 가령 빠른 기류가 느린 기류로 바뀌는 찰나에 사고가 나서 우리나라까지 빨리 오고

우리나라에 온 다음에 정체할 가능성도 있는 것이 아닌지?(웃음)

윤순진 후쿠시마 사고를 보아도 우리의 상상력을 뛰어넘는 일들이 너무 많았습니다. 전기 공급이 안 되는 것은 그들의 시나리오에는 없었던 상황이거든요.

양이원영 공론화위원회에 대해 조금 더 말씀드리면, 첫 번째 계획을 세운 것이 해외탐방이었습니다. 저도 2004년에 언론사와 함께 시찰 기회를 가졌고, 그렇게 둘러보는 것도 중요하기는 합니다. 그러나 다른 나라 사례는 전문가를 초청해서 들을 수도 있지요. 보다 더 중요한 것은 국내 협상에서 이 문제를 어떻게 할 것인지에 대한 토론과 이해관계자들과의 대화인데, 한 달 만에 계획 디자인을 끝내고 해외시찰이라고 하니, 중요도에 대해 생각이 크게 다르다는 느낌이 들었습니다.

박원재 저는 에너지위원회 사용후핵연료 공론화 TF팀을 했습니다. 그때 느낀 것은 '아, 이것은 정말 원자력의 장래를 위해서 한번은 꼭 논의되어야 할 사항이다'라는 점이었습니다. 공론화위원회가 어떻게 구성이 되든 간에 실질적인 핵심은 거기에 들어가는 시민 패널, 전문가 패널, 이해관계자 패널 등 다수 패널의 구성입니다. 그 패널이 결정을 하는 체계라고 생각합니다.

원자력에 대한 사회적 분위기가 후쿠시마 이후 좋지 않습니다. 공론화위원회에서 어떻게 규칙이 결정되고, 최종적으로 누가 결정을 하고, 합의된 결론은 어떤 방식으로 반영되고, 국가 정책은 최종적으로 어떻게 되느냐에 대한 관심과 도움말이 많이 제공되었으면 좋겠습니다.

강철형 많은 분들이 생각하고 있는 공론화에 대한 정의와 기대는 다양합니다. 그러나 공통되는 부분이 있습니다. 즉, 일반국민을 포함한 다양한 이해당사자의 의견 수렴을 통한 신뢰와 공정성입니다. 이를 위해 공론화위원회에서는 다양한 프로그램을 계획하고 있습니다. 또한 여러분들이 우려하는 금년 말이라는 시한 문제도 공론화위원회에서 결정하면 연장할 수 있도록 되어 있습니다. 양이원영 처장님과 윤기돈 처장님은 공론화위원회에 직접 참여하셔서 내부에서 의견을 내시고 우리 전문가 원탁회의 같은 모임에서는 외부에서 의견 제시 및 감시 등의 견제를 하면 좋은 결과가 나오지 않을까 생각합니다.

윤평중(한신대학교 철학과 교수) 오늘 회의는 사회적으로 민감한 이슈에 대해 중요한 논점들이 주장되고, 이견이 교차하는 가운데서도 차분한 공론화 과정의 한 전형을 보여주었다고 생각합니다. 물론 관변단체(부정적으로 사용한 말이 아닙니다)는 참여했지만 정부 핵심 관계자가 참석하지 않았다는 것과, 사용후핵연료 중간저장 장소를 정하는 등의 긴박한 현안 자체가 이 회의의 본격적 의제는 아니었다는 사실과도 관련됩니다. 그런데 정부 측과 해당 지역주민이 참여하는 실제 토론장에서 긴박한 현안을 놓고 논의하는 상황이 닥친다면 오늘과 같은 수준으로 차분히 진행될 수 있을지가 문제가 될 것입니다.

흔히 우리 사회를 갈등 공화국으로 지칭하기도 합니다. 정부가 국책사업을 수행하는 도정에서 공론화 과정 자체를 건너뛰거나 요식화하면서 빚어지는 갈등이 천문학적인 사회적 비용을 야기합니다. 그래서 입법, 사법, 행정의 3부에서 독립된 국가인권위원회와 비슷한 위상의 국가공론위원회 같은 기구의 신설 필요성이 제기된 바 있습니다.

앞서 말씀하신 내용 중에 사용후핵연료 공론화위원회에 대해 건설적이고 생산적인 제안들이 여럿 나왔는데, 위원회는 물론이거니와 정부 관계자들이 이런 비판과 성찰의 목소리를 경청하는 자세가 필요하다고 생각합니다.

또한 공론화의 핵심이 정부가 신뢰를 회복하는 노력을 얼마나 진정성 있게 보여주느냐에 달려 있는 만큼, 공론회위원회에서 사퇴한 두 시민단체가 다시 위원으로 복귀할 수 있는 공간을 열어주는 과감한 조치를 취하는 것이 바람직하다고 생각합니다.

무엇보다 사용후핵연료 공론화위원회를 통해 사용후핵연료 관리 문제를 풀어나가도록 하는 한국 사회 전체의 집합적 노력이 있어야 할 것 같습니다. 앞으로 국책사업과 연계된 갈등 문제를 풀어나가는 데 있어 공론화위원회가 그 시범 사례가 될 것이기 때문입니다. 그러기 위해서는 정부의 전향적 조치가 선결되어야 하고, 시민단체들도 적극적으로 위원회 활동에 참여해야 합니다. 시민단체가 위원회 바깥에 머물지 말고 그 안에 들어가서 비판하고 항의하면서 대안을 제시하는 것이 필수적입니다. 이런 조치가 한국 시민운동의 정향을 한 단계 격상시키는 움직임이 될 수 있다는 NGO의 인식 전환을 권유하고 싶습니다.

앞서 여러 전문가께서 지적하셨듯이, 과학기술 자체, 나아가 과학자 공동체도 결코 가치중립적이 아니며 단일한 조직체가 아닙니다. 사용후핵연료 문제 같은 전문적 이슈를 다룰 때 가장 먼저 과학자들의 의견이 중시되어야 하겠지만, 그것과 함께 시민단체와 언론계 등의 공론 영역에서 엄격한 여과 과정이 함께 이루어져야 합니다.

마지막으로, 이런 공론화 과정의 충분 조건이 일반시민들의 참여입니다. 특히 저는 평범한 시민들이 공론조사에 능동적으로 참여할 수 있는 제도적 공간을 만드는 작업이 매우 중요하다고 봅니다. 이는 사용후핵연료 공론화위원회의 성패를 넘어, 한국 민주주의의 미래를 가늠하는 잣대가 될 수 있기 때문입니다.

좌장 김명자 네, 총론적 정리를 해주셔서 참으로 감사합니다. 오늘 이 전문가 원탁회의에는 한 분도 빠짐없이 모두 오셨고 두 분이 추가로 더 오셨습니다. 제가 토론회를 많이 하는데, 이런 회의는 참 드물다는 말씀을 드립니다.

지금까지 여러 관점에서 좋은 말씀을 해주셔서 이 난제에 대한 이해의 폭을 넓혀주신 데 대해 주최 측으로서 심심한 감사의 말씀을 드립니다. 다양성과 다원화의 시대에서 소통과 협력에 의해 조화와 균형을 찾는 것이 얼마나 중요한가를 실감합니다. 그런데 아직 우리 사회는 그 솔루션 찾기에 미숙한 것 같습니다. 이런 자리가 우리 사회의 협상 능력을 높이는 데 기여할 수 있기를 기대하면서, 다음 모임을 기대합니다. 더욱 건승하시기 바랍니다.

제4장

원자력과 사용후핵연료 관련 언론 인터뷰(2011-2014)

이 장에서는 2011년 후쿠시마 원전 사고를 계기로 펴낸 두 권의 책, 『원자력 딜레마』(2011년 5월, 사이언스 북스)와 『원자력 트릴레마』(2013년 5월, 까치글방)의 출간을 계기로 언론에서 다룬 인터뷰와 서평의 몇몇을 실었다. 리스트는 아래와 같다.

언론사	날짜	제목
과학동아	2014년 3월호	핵쓰레기, 더 이상 버릴 곳이 없다
중앙일보	2013.10.12	[기고] 일본산 수산물, 신뢰가 먼저다
주간경향	2013.6.19	유인경이 만난 사람 : 김명자 전 환경부 장관
매일경제	2013.6.14	매경이 만난 사람 : 『원자력 딜레마』 이어 『트릴레마』 펴낸 김명자 여성과기단체총연합회장
TV조선 뉴스 1	2013.6.6	'원전 비리' 어떻게 해결해야 하나?
조선일보	2013.6.5	'설마~주의'와 '原子力 마피아'가 원전 비리 불렀다
아시아경제	2013.5.27	김명자 전 환경부 장관, 『원자력 트릴레마』 출간
교수신문	2013.5.27	'여성 과학자'의 시각에서 접근……贊反 떠나 '중간적 입장'에서 대안 모색
조선일보	2011.9.19	최보식이 만난 사람 : 『원자력 딜레마』 김명자 전 환경부 장관
주간조선	2011.6.6	고준위 방폐물 이대로 놔둘 것인가-『원자력 딜레마』 책 펴낸 김명자 전 환경부 장관
서울신문	2011.6.3	김문이 만난 사람 : 김명자 前 환경부 장관에게 들어본 '원전 해법'
동아일보	2011.5.28	원자력, 공포의 핵인가 에너지의 샘인가
조선일보	2011.5.28	사용후핵연료 처리, 스웨덴처럼 30년 끝장토론 해서라도 해결 봅시다

핵쓰레기, 더이상 버릴 곳이 없다

──『과학동아』, 김규태 기자, 2014년 3월호

겨울. 모두 뜨거운 벽난로 주변에 모여 몸을 녹인다. 다 탄 숯덩이를 꺼내 바구니에 넣고, 새 땔감을 넣는다. 다시 시간이 지나 새로운 숯덩이를 빼내고, 새 땔감을 넣는다. 바구니에는 아직도 열기가 남은 숯덩이가 가득이다. 뜨거운 숯덩이는 아무데나 버릴 수 없다. 불이 나지 않도록 깊은 구덩이를 파야 하지만, 모두들 "우리 집은 안 돼"라고 말한다. 며칠 지나면 저 바구니도 가득 찰 텐데…….

원자력 발전소에서 나온 폐기물인 '사용후핵연료'가 딱 저 모양이다. 사용후핵연료는 아직도 많은 양의 우라늄과 소량의 플루토늄으로 구성된 위험한 방사성 물질이다. 이것이 안정되려면 긴 시간이 필요하다. 지난 수십 년간 우리에게 풍부한 전기를 제공한 원전은 이제 10만 년 동안 관리해야만 하는 독성 쓰레기를 남겼다. 우리가 외면한 사이, 원전 안에 있던 임시저장고는 곧 넘칠 지경이다. 이제 우리는 어떤 선택을 해야 하는가.

파트 1. 핵 쓰레기통이 넘친다

우리나라는 고리, 영광, 울진, 월성 등 4개 지역에 23기의 원자력 발전소를 가동 중이다. 원전은 전기와 함께 방사능을 가진 폐기물도 쏟아낸다. 경수로 원전 19기는 매년 약 1,000다발, 중수로 4기는 약 1만6,000다발의 사용후핵연료를 배출한다.

10년이 지난 사용후핵연료 한 다발에서도 1시간에 약 100시버트(sv)의 방사선이 나온다. 사람이 쬐면 하루 만에 사망할 정도로 위험하다. 발전을 마친 핵연료 다발은 원전에 설치된 임시저장 수조에 보관한다. 물은 해로운 방사선을 막을 뿐 아니라, 아직 뜨거운 연료 다발을 식히는 역할도 한다. 이를 습식저장 방식이라고 하며 5년 이상 이렇게 하면 핵연료 다발은 비교적 안정된 온도로 떨어진다. 우리나라는 1979년 고리에서 첫 번째 상용 원전을 가동한 이후 대부분의 사용후핵연료를 이렇게 보관해왔다.

제대로 된 저장고 없이 임시변통에 의존했던 이 방식도 이제 한계다. 한국수력원자력에 따르면 2013년 12월 말 사용후핵연료 저장량은 39만2,784다발이다. 총 저장 용량의 75%가 찼다. 정부가 전력의 원전 비중을 29% 이하로 낮추겠다고 발표했지만, 현재 건설 중인 원전과 전력사용량 증가 등을 감안하면 곧 임시저장고는 꽉 차게 된다.

• 2016년, 2024년……언제 포화될 것인가

정부는 그동안 임시저장 수조의 포화시점을 여러 차례 수정해 발표했다. 하루빨리 처분장 부지를 선정해야 했지만, 정치적인 부담 때문에 매번 '다음 정권으로' 연기했다. 그때마다 임시저장 수조의 저장 용량을 새롭게, 즉 늘려 계산해서 포화시점을 뒤로 늦췄다.

논의는 올림픽이 열렸던 1988년으로 거슬러 올라간다. 당시 원자력위원회는 1997년까지 사용후핵연료 중간저장 시설을 짓기로 합의했다. 그러나 이 합의는 지켜지지 않았다. 10년이 지난 1998년 위원회는 방사성폐기물 종합관리시설 부지를 2008년까지 선정한 뒤 2016년까지 사용후핵연료 중간저장고를 준공한다는 계획을 세웠다. 익명을 요청한 원자력계 전문가는 "2016년 포화설은 정책 목표를 잡아놓고, 역산으로 임시저장 수조의 용량을 계산했기 때문에 나온 것"이라고 설명했다. 즉 2016년에 중간저장소를 설치한다는 계획을 먼저 세우고 나머지 작업을 진행했다는 것이다.

그런데 지난해 한국원자력학회 등이 발표한 자료에는 포화시점이 2024년으로 늦춰졌다. 현실적으로 사용후핵연료 중간저장 시설이나 처분장 건설이 2016년까지 힘들기 때문이다. 한국수력원자력 관계자는 "임시저장 수조의 저장 간격을 핵반응이 일어나지 않는 수준에서 촘촘하게 좁히면 더 많이 저장할 수 있다"고 포화시점이 길어진 이유를 설명했다. 또 폐연료 다발 일부를 신규 원전의 임시저장 시설로 옮기면 시점을 늦출 수 있다고 덧붙였다.

그렇게 하면 고리 원전은 2028년, 영광 2024년, 월성 2025년, 울진 2028년으로 포화시점을 늦출 수 있다. 원자력 전문가들은 기술 발달에 따라 2030년대까지 포화시점을 늦출 수도 있지만, 현재로서는 2024년이 실질적인 한계라는 데 의견을 같이하고 있다. 여하튼 임시저장 방식 계산을 놓고 정부는 '양치기 소년'이 됐다. 이번에 포화시점을 2024년으로 늦추는 것을 두고도 '말바꾸기'라는 비난을 들을까 두려워 발표하지 말자는 의견이 나왔다는 후문이다.

• 영구처분, 중간저장, 재처리……우리는 어디로?

아무리 방식을 바꿔도 임시저장 용량이 곧 한계에 이른다는 것은 기정사실이다. 지금이 사용후핵연료를 장기적으로 저장하는 방법을 찾아야 할 마지막 시점이라는 것이다. 사용후핵연료를 관리하는 방법으로는 '재처리 후 처분' '직접처분' '위탁재처리' 등을 꼽을 수 있다. 스웨덴, 핀란드, 독일 등은 직접 영구처분하기로 했으며, 이 중 스웨덴과 핀란드가 부지를 선정한 상태다. 사용후핵연료 양을 확 줄일 수 있는 재처리는 프랑스, 영국, 러시아, 인도 등 주로 핵무기 보유국과 일본 등이 시도하고 있다. 그러나 재처리는 핵무기를 만들 수 있다는 문제와 재처리된 연료를 사용하는 또 다른 원전, 즉 고속증식로를 지어야 한다는 부담이 있다. 네덜란드, 벨기에 등은 다른 국가에 맡기려고 했지만 비용과 운송 등의 문제로 사실상 중단했다.

우리나라는 영구처분장을 건설해 완전히 밀봉해버리거나 중간저장 시설에 옮겨 오랫동안 보관한 뒤 재활용하거나 처분하는 것이 현실적이다. 국내에서는 건식 재활용 방식인 '파이로 프로세싱' 기술을 밀고 있지만, 미국의 반대로 아직은 실현하기 어렵다.

그렇다면 사용후핵연료를 어떻게 영구처분할 수 있을까. 핀란드는 고준위 폐기물을 직접처분한다는 원칙하에 2001년 '심지층 처분장' 부지를 선정하고 2020년 준공을 목표로 지하 500미터에 건설하고 있다. 스웨덴은 2009년 처분장 부지를 선정한 뒤 2015년경 건설에 착수해 2023년부터 운영할 계획이다. 이처럼 영구처분을 결정한 나라들은 지하 수백 미터에 처분장을 건설하는 심지층 처분방식을 추진하고 있다. 그러나 최근 이 결정이 성급할 수 있다는 의견이 많이 나오고 있다. '심층시추공 처분' 등 대안기술이 많이 발전하고 있기 때문이다. 원자력 전문가들은 우리나라는 일단 '중간저장'을 통해 시간을 번 뒤 선발 국가의 동향을 벤치마킹하는 게 효과적일 것으로 보고 있다(파트 2 참고)

또 건식 중간저장을 이용하면 생각보다 시간을 많이 벌 수 있다는 주장도 최근 나오고 있다. 강정민 KAIST 원자력 및 양자공학과 초빙교수는 "기존의 건식저장으로도 사용후핵연료를 수십 년 이상 저장할 수 있으며 최근에는 100-200년 정도까지도 가능하다는 연구가 있다"고 말했다. 더구나 사용후핵연료의 열량이 대체로 30년마다 반으로 줄어들기 때문에 100년이 지나면 원래의 10%로 줄어든다는 것도 중간저장의 장점이다. 사용후핵연료의 최종 목적지인 영구처분장 부지가 그만큼 줄어들기 때문이다. 이영희 가톨릭대 사회학과 교수는 "사용후핵연료 처분방식은 10만 년이라는 시간을 염두에 둬야 한다"며 "가능한 모든 기술적 대안을 고려해보고 결정해야 할 것"이라고 강조했다.

• 기존 원전 부지에 중간저장해야

중간저장 시설은 새로운 부지를 선정하거나 현재 원전 부지 내에 만드는 방식이 있다. 어떤 방식이든 공론화를 통해서 지역사회와 시민들의 합의를 도출해야 한다. 정부는 공론화위원회를 본격적으로 운영하고 현재 원전이 아닌 지역에 중간처분장 건설을 추진할 것으로 보인다.

문제는 현실성이다. 원전 등에서 사용한 작업복, 장갑, 폐 필터 등 중저준위 방사성 폐기물 처리장을 위한 부지 선정에만 무려 19년이라는 긴 시간이 들었다. 이보다 훨씬 위험한 고준위 폐기물은 얼마나 많은 시간과 사회적인 비용이 들지 가늠하기 힘들다. 공론화 1.5년, 부지 선정 3년, 건설 7년 등을 감안해 최소 11년 이상이 걸릴 것이다. 게다가 사용후핵연료의 이동 경로도 갈등의 현장이 될 것이다.

기존 원전 부지에 건식저장 시설을 설치하고 중간저장을 하는 방식도 공론화 과정을 거쳐야 하고 지역주민에게 보상금을 줘야 한다. 그러나 새로운 부지 선정보다는 쉬울 것으로 전문가들은 보고 있다. 지역사회만 합의한다면 건설 시간도 줄일 수 있다. 실제로 여론조사에서도 원자력 발전소 인근의 지역사회가 저장시설에 대한 수용성과 이해도가 다른 지역에 비해 높은 것으로 나오고 있다고 전문가들은 전한다. 이미 원자력 관련 시설에 일상적으로 접하고 있어 원전이 위험하다는 인식이 다른 지역에 비해 덜하기 때문이다.

• 인터뷰 : 김명자 한국여성과학기술인지원센터 이사장, 전 환경부 장관

"사용후핵연료 중간저장, 분산식 관리 검토 불가피할 것"

"사용후핵연료 문제를 더 이상 덮고 가기는 어렵습니다. 이제는 구체적인 계획을 세우고 사회적 합의를 거쳐 부지, 시설 등을 결정해야 합니다."

환경부 장관과 국회의원을 지낸 김명자 한국여성과학기술인지원센터 이사장은 과학동아 인터뷰에서 사용후핵연료 중간관리와 관련해 "그동안 미뤄오면서 이미 상당히 늦었다"고 했다. 김 이사장은 2009년부터 1년여에 걸쳐 수행된 '사용후핵연료 관리대안 마련 및 로드맵 개발'에 참여하기도 했다.

"사용후핵연료 관리는 원전사업에서 특히 어려운 과제로서, 선진국에서도 상당한 시행착오를 거쳤습니다. 최종처분 사업은 핀란드와 스웨덴 등 극히 일부 국가에서 추진단계에 들어섰고, 대부분의 국가는 관망하는 처지

에 있습니다. 원전 수가 적은 나라는 임시저장 수조에 보관하면 되니까 그리 시급한 문제는 아니지요."

김 이사장은 우리나라는 현재 여건상 중간저장 정책을 확실히 정하는 것이 중요하다고 밝혔다. 그는 "외교안보상 재처리 여부를 결정하기도 어려운 상황이라 더욱 복잡하며 독일은 원전 부지 외에 집중식으로 건설하는 방안을 추진하다가 반대운동에 부딪혀 부지 내와 부지 외 방식을 병행하고 있는 실정"이라며 "해외 사례를 보건대 결국 원전 부지 외에 '집중식'으로 하는 방안과 부지 내에서 다루는 '분산식 관리'가 검토돼야 할 것"이라고 말했다.

한 곳에 중간저장 시설을 짓는 집중식 관리는 부지 선정에 몇 년이 걸릴지 불확실하고, 적합한 부지가 어디일지, 인센티브가 얼마나 될지, 원전 부지로부터 핵폐기물 수송은 어떻게 할지, 중수로와 경수로에서 나오는 사용후핵연료는 어떻게 따로 할지 등 어느 하나도 간단치 않은 과제라 지금까지와 질적으로 다른 리더십이 필요할 것이라고 김 이사장은 내다봤다.

그는 건식 재처리 방식, 즉 파이로프로세싱도 상용화까지 오래 걸리고 국제 기준으로는 재처리의 범주에 포함되기 때문에 현실적으로 수용이 어려울 것이므로, 한미원자력협정 협상에서도 보다 현실적인 접근이 필요할 것으로 전망했다. 미국이 핵비확산을 기치로 재처리를 하지 않고 있으며, 최근 영국도 재처리를 하지 않는 방향으로 정책을 바꾸고 있기 때문이다. "역사적으로 보아도 원자력 정책의 핵심은 결국 정부와 원전 규제에 대한 신뢰로 귀결됩니다. 정부가 신뢰를 얻으려면 구체적인 내용에 대해 실현성 있는 이야기를 해야 합니다."

파트 2. 사용후핵연료 최종 저장고는 어디에?

• 지하 500미터도 위험하다

사용후핵연료가 독성을 잃고 안전하게 되기까지는 매우 오랜 시간이 필요하다. 일부 핵폐기물은 10만 년 뒤에도 남아 있다. 인류가 이렇게 오랜 시간을 관리할 수 있을까. 그래서 나온 것이 '수동적 관리'다. 사용후핵연료를 100-200년 동안 능동적으로 관리해 비교적 안전한 수준으로 독성을 떨어뜨린 뒤 안전한 장소에 장기처분하는 것이다. 현재는 지하 약 500미터 이하 암반층에 장기저장하는 '심지층 처분'이 가장 유력하다. 최근 이보다 더 깊은 3-5킬로미터에 묻는 '심층시추공 처분' 방법도 유력한 대안으로 떠오르고 있다.

• 심지층 처분

지하 500미터 암반층에 '보관 심지층 처분'이란 말 그대로 사용후핵연료를 지층 깊은 곳에 묻어두는 것이다. 먼저 30-50년 이상 습식 및 건식 방식으로 중간저장을 한 사용후핵연료를 부식이 잘 되지 않는 금속용기에 넣는다. 이후 지하 깊숙이 만든 처분장 내 공간에 넣고, 완충재를 채운 뒤 밀봉한다. 용기 사이에는 두꺼운 방벽이 있어 서로 열 등이 전달되지 않도록 만든다. 지하는 산소가 적어 용기가 부식될 가능성도 적다. 단단한 암반층에 있기 때문에 지하수가 침투할 가능성도 적다.

이 방법이 처음 제시된 것은 1977년 스웨덴에서다. 당시 스웨덴은 원전 승인 조건으로 핵폐기물의 최종처분 개념을 개발하도록 요구했다. 원전회사들은 약 9개월간 450명의 과학자를 동원해 안전한 핵폐기물 처분 시스템을 개발했다. 이 방안이 정부의 승인을 받았고, 나중에는 세계적으로 가장 안전한 방법으로 알려졌다.

그러나 최근 매립 처분기술이 발달하면서 반론이 나오기 시작했다. 스웨덴 환경단체인 MKG는 홈페이지에서 "심지층 처분방식이 원래 계획만큼 안전한 것이 아닐 수 있다"는 주장을 제기했다. 스웨덴은 구리용기에 사용후핵연료를 담아 500미터 암반층에 처분하는 방식을 채택했는데, 당시 가정과는 달리 구리용기가 부식될 수 있다는 주장이 나온 것이다. MKG는 "사용후핵연료에서 나오는 열이 산소가 없는 상태에서도 구리통을 부식시킬 수 있다"며 "단지 몇백 년 만에도 방사성 물질이 누출될 수 있다"고 밝혔다. 만일 지하수가 근처로 흐른다면 방사성 물질이 표층으로 올라와 생태계를 해칠 수도 있다. 이 단체는 심지층 처분법 말고도 새로운 대안이 나오면서 원점에서 새로 검토해야 한다는 의견을 제기했고, 스웨덴 환경법원 등이 이 문제를 놓고 고심 중이다.

• 심층시추공 처분

지하 3-5킬로미터 암반층에 보관 심지층 처분법의 대안으로는 심층시추공 처분이 꼽힌다. 미국, 스웨덴을 중심으로 논의가 시작된 이 개념은 지하 3-5킬로미터 구간에 사용후핵연료 등 고준위 폐기물을 처분하는 것이다. 이 방식도 개념은 비슷하다. 다만 묻는 깊이가 다르고 세부적인 사항에 조금 차이가 있다. 먼저 30-50년 이상 보관돼 비교적 안정적인 사용후핵연료 다발을 부식이 잘 되지 않는 용기에 넣어 지하 3-5킬로미터 구간에 차곡차곡 매립하고, 벤토나이트와 같은 점토 물질로 채운다. 처분 구간이 다 채워지면 그 구간을 방벽으로 막고, 그 위부터 지표면까지 콘크리트로 막는다.

심층시추공 처분은 심지층 처분보다 훨씬 깊은 곳에 매립한다. 이 정도 길이의 지하 암반에는 지하수층이 별로 없고 산소도 적어 저장용기의 부식 가능성을 더 줄일 수 있다. 지성훈 한국원자력연구원 연구원 등이 2012년 3월 『방사성폐기물학회지』에 실은 '고준위 방사성 폐기물의 시추공 처분 개념연구 현황'에 따르면, 스웨덴은 3개 부지에 시추공을 설치해 연구하고 있는데, 지하 1.5킬로미터를 경계로 지압, 단열 시스템, 지하수의 화학 성분이 크게 변한 것으로 조사됐다.

이 기술을 사용하면 고준위 방사성 폐기물과 생태계의 물리적인 거리가 훨씬 멀어진다는 것이 장점이다. 저장용기에서 방사성 물질이 흘러나와도 지상까지 영향을 미치기 어렵다. 또 지층 아래 암반은 물이 잘 빠지지 않아 누출된 방사성 물질이 멀리 퍼지지 않으며, 이곳에 있는 밀도 높은 지하수는 무거워서 지상까지 올라오기 힘들다. 테러 집단 등 인간의 침입도 막기 쉽다.

지진의 영향도 적게 받는다. 강정민 교수는 "지하 몇 킬로미터로 내려가면 지진으로 흔들리는 정도가 지층에 비해 적어 처리장에 물리적 손상이 적을 것"이라고 설명했다. 이 방식 역시 1970년대에도 있었지만, 기술과 비용 등의 문제로 대안으로 꼽히지 못했다. 그러나 시추 기술이 석유 개발과 함께 발전하면서 사정이 달라졌다. 독일은 이 방식을 연구하기 위해 9킬로미터 깊이의 시추공을 설치했으며, 석유 시추공은 지하 10킬로미터 이하로 내려가기도 한다. 비용 역시 앞으로는 심지층 처분 등과 크게 차이나지 않을 것으로 전망된다.

그러나 심층시추공 처분방식은 심지층 처분보다 아직 체계적인 연구가 부족하다. 강정민 교수는 "이 방식은 1990년대 초 구소련이 핵무기 해체 후 남는 플루토늄을 처분하는 방식으로 검토하면서 연구가 재개됐기 때문에 아직 실증 자료가 많지 않다"고 말했다. 심층시추공 처분을 우리나라 환경에 어떻게 적용할 수 있을지에 대한 근거와 자료는 거의 없는 실정이다.

• 인터뷰 : 파트릭 하데니우스 스웨덴 과학잡지 편집장

스웨덴은 사용후핵연료 등 방사성 폐기물 처리와 관련해 가장 많은 기술을 보유한 국가다. 현재 가장 연구가 많이 된 고준위 방폐물 처분방법인 '심지층 처분법'을 고안한 것도, 대안인 '심층시추공 처분' 논의가 가장 뜨거운 것도 스웨덴이다. 스웨덴 최고 과학잡지인 『연구와 진보(*Forskning & Framsteg*)』의 파트릭 하데니우스 편집장과 e-메일 인터뷰를 통해 스웨덴의 상황을 들었다

"100년은 더 기다렸다가 최종 폐기물 처리방식을 결정해야 합니다. 그때쯤이면 기술이 문제를 해결해줄 수도 있겠지요. 당분간 지상에서 핵폐기물을 보관하면서 안전한 폐기방법을 찾아야 합니다."

하데니우스 편집장은 10만 년 이상 관리해야 하는 사용후핵연료 처분과 관련해 지금 성급하게 최종처분 방식을 결정하기보다, 더욱 안전한 방법을 연구해야 한다며 이 같이 밝혔다.

그는 "현재 스웨덴에서는 오래된 원전 대신에 새로운 원자력 발전소를 세워야 하는지에 대해서 논의가 진행 중이지만 2-3년 전에는 사용후핵연료 처분과 관련해 논란이 뜨거웠다"고 말했다. 당시 스웨덴은 사용후핵연료 폐기장 부지를 선정했고, 심지층 처분법이 유력한 상황이다.

"스웨덴이 핀란드처럼 심지층 처분방식을 채택할 가능성이 큽니다. 아직 심지층 처분법이 전문가들 사이에서는 지지를 받고 있고, 심층시추공 처분법은 원자력 산업계나 연구계의 연구가 활발하지 못한 상황입니다."

심층시추공 처분법이 대안기술로 제시된 지 얼마 되지 않은 데다, 이 방법의 장단점에 대한 연구가 아직 부족하기 때문으로 풀이된다. 그는 한발 더 나아가 "(심지층 처분법처럼) 심층시추공 처분도 아직 확실하지 않아, 더욱 안전한 폐기방법 연구가 필요하다"고 강조했다.

부지 선정시 사회적 갈등이 없었냐는 질문에 대해 하데니우스 편집장은 "현재도 선정된 사용후핵연료 폐기장 부지에서는 시위가 있다"고 말했다. 그러나 그는 "폐기장 부지가 원전 근처로 이 지역에는 원자력에 우호적인 여론이 강했기 때문에 큰 문제없이 결정될 수 있었다"고 말했다.

하데니우스 편집장은 또 사용후핵연료를 재활용하는 파이로프로세싱이 큰 호응을 얻고 있지 못하다고 밝혔다. 그는 "현재 원전을 옹호하는 입장이 근소하게 여론의 우위를 차지하고 있기는 하지만 압도적이지 않다"면서 "재활용의 문제도 정부 입장에서는 최소한으로만 생각할 것으로 보인다"고 덧붙였다.

일본산 수산물, 신뢰가 먼저다

— 김명자, 「중앙일보」 기고, 2013.10.12

일본 후쿠시마 원전 사고 이후 2년 반이 지난 지금 방사능 오염 사태가 새 국면으로 번지고 있다. 정부는 지난달 6일 일본산 수산물 수입을 금지했지만 한국 수산물 시장도 직격탄을 맞았다.

일본은 오는 16-17일 제네바 세계무역기구(WTO) 산하 식품·동식물위생검역(SPS)위원회에서 '수산물 수입 금지는 과학적 근거가 부족하므로 철회해야 한다'고 문제를 제기할 것이라 한다. 이제 양국은 서로 과학적 근거를 놓고 싸움을 벌여야 하는 상황이다.

며칠 전 한국여성과학기술단체총연합회와 한국미래소비자포럼은 '방사능과 식품안전'에 대한 토론을 벌였다. 어머니이자 과학자, 그리고 소비자로서 어떻게 시시비비를 가릴 것인지 열띤 공방이 벌어졌다. 핵심은 '과학적 해석'과 '일반적 인지(認知)' 간의 차이가 너무 크고 이를 해소할 책임이 있는 정부와 전문가 그룹의 역할이 보이질 않는다는 것이다.

현재 방사성 물질인 세슘-137에 대한 한국의 과학적 관리기준인 킬로그램당 100베크렐(Bq)은 발암 가능성이 있는 방사능 수치의 1%이자 자연방사선량의 3분의 1 수준이다. 이는 국제 기준(1000Bq)보다 10배, 미국(1200Bq)과 유럽연합(500Bq) 기준보다 각각 12배와 5배가 강화된 것이라는 게 정부 설명이다. 그러나 시민단체와 소비자 반응은 냉랭하다. 데이터를 믿기도 어려울뿐더러 기준치 이하라도 검출 사실 자체가 불안하다는 것이다.

방사능 공포는 다른 환경오염 피해에 대한 불안과 질적으로 다르다. 대형 재난의 역사적 기억이 있고 다음 세대까지 변이, 발암을 일으킬 수 있다는 트라우마가 있다. 그 틈새를 비집고 과장된 픽션이 파고든다. 이러한 현실을 '괴담에 의한 과도한 반응'이라고 보는 것으로는 해법이 나오지 않을 것이다. 소비자의 방사능 공포와 불안은 실체적 현실이기 때문이다.

현실을 인정하고 커뮤니케이션 능력을 갖추는 것이 정부의 과제다. 이에 대한 경제협력개발기구(OECD)나 국제원자력기구(IAEA) 등의 진단과 처방이 시사적이다. '정책결정자와 전문가 그룹은 일반인을 어떻게 대해야 하는지 모르고, 일반인은 과학적 정보를 모른다' '방사능 위험 인지는 역사적 사고와 기억에 뿌리를 두고 있어 과학은 호소력이 없다' 등의 진단으로부터 '알아들을 수 있는 쉬운 말로 투명하게 정보를 전달하라' '신뢰받지 못하는 사람이나 기관의 발표는 소용없다' '국민을 홍보와 설득의 대상으로 보는 것은 금물이다' '이해당사자들과 함께 숙의해나가는 자세가 되어야 한다' '시간이 걸리더라도 신뢰를 쌓아가는 것이 첫걸음이다' 등이다.

1986년 체르노빌 원전 사고 뒤 유럽 5개국을 대상으로 언론 보도가 국민의 원자력 인식에 어떤 영향을 미쳤는가를 10년에 걸쳐 조사한 결과가 흥미롭다. 방사능처럼 이미 널리 알려진 기술위험의 경우에는 정부에 대한 신뢰가 사회적 반응에 더 큰 영향을 미친다는 결론을 내렸기 때문이다. 물론 원자력 위험의 사회적 수용성은 사회문화적 여건에 따라 차이가 난다. 그래도 결국 키워드는 신뢰다.

한국 사회의 신뢰는 어느 정도일까. 후쿠시마 사고 뒤 일본에서 조사한 엔지니어와 과학자들에 대한 신뢰도는 이전 80%의 반 토막이 났다. 한국 설문조사에선 과학자에 대한 신뢰가 가장 높게 나왔지만 그 수치는 실추된 일본 과학자에 대한 신뢰도보다 낮았다.

멀리 돌아가는 것 같아도 결국 신뢰를 얻는 게 지름길이다. 모든 정보를 투명하게 있는 그대로 공개하고 소비자를 설득의 대상이 아니라 동반자로 대하는 자세를 가져야 한다. 또 정부가 방사능 오염 피해를 줄이기 위해 최선의 예방조치와 필요한 절차를 성실하게 이행하고 있음을 믿을 수 있도록 해야 한다. 공자는 "신뢰가 없으면 아무것도 없다(無信不立)"고 했다.

유인경이 만난 사람 : 김명자 전 환경부 장관

——『주간경향』, 유인경 기자, 2013.6.19

대한민국 관료들은 국민들의 학구열을 자극한다. 윤창중 전 청와대 대변인이 grab이란 영어 단어를 알려주더니 이제는 원자력 분야까지 공부시켜(?)준다. 국무총리까지 나서서 '원자력 마피아'란 말을 언급할 만큼 지독하고 무서운 원전 비리가 터졌기 때문이다. "원전 마피아의 탐욕이 거의 방사능 피폭 수준의 재앙을 초래할 것"이란 지적도 있지만 정작 대중들은 그동안 원자력에 대해선 정보도 관심도 없던 게 사실이다. 원전 비리 여파로 일부 원전 가동이 중단되어 유난히 덥다는 올 여름에 선풍기를 트는 것조차 걱정할 형편이라니 짜증만 낼 것이 아니라 원자력과 원전에 대한 궁금증이 더해졌다.

2년 전 『원자력 딜레마』란 책을 펴낸 김명자 전 환경부 장관이 지난 5월 『원자력 트릴레마』란 책을 펴냈다. 부제도 '여론, 커뮤니케이션, 해법의 모색'이다. 현재 그린코리아21 이사장과 한국여성과학기술단체총연합회 회장을 맡고 있는 김 전 장관으로부터 원자력에 대한 과외공부를 받았다.

Q. 원자력에 관심을 갖게 된 특별한 계기가 있나.

A. 전공은 화학이지만 1980년대부터 '과학사'를 강의하면서 원자폭탄 개발에 관심을 갖게 된 게 계기다. 왜 과학자들이 사용해서는 안 되는 구극(究極) 무기를 개발했을까 궁금했다. 20년 전 『현대사회와 과학』을 저술하면서 원폭 개발사로 다루었다. 맨해튼 프로젝트 얘기다. 당시 과학기술을 총괄한 오펜하이머는 '과학자들은 원폭 투하로 죄악이 무엇인가를 알게 되었다'고 회고했다. 지금도 원자력을 다루면서 '과학자의 사회적 책임'을 다시 생각하게 된다.

Q. 원전이 원자폭탄과 어떻게 관련되나.

A. 원폭 투하 이후 원자력 정책은 1953년 '평화적 이용'으로 방향을 돌렸다. 노틸러스 잠수함 개발을 거쳐 원자로 개량으로 상업 발전의 시대가 열렸다. 그 태생적 한계 때문에 원전의 본바닥인 미국에서는 원자로 모델이 취약하다는 비판을 받았다. 핵폭탄에서 개량된 모델이 아니었더라면, 진작 제4세대 모델에 가깝게 개발되지 않았을까 하는 생뚱맞은 생각도 든다. 더 안전하고, 고효율이라서 사용후핵연료 발생도 적은 그런 소형 원자로 말이다.

Q. 환경부 장관, 국회의원을 마치고 원전 문제로 왔다는 것은 흥미롭다.

A. 고난도의 퍼즐을 푸는 학생처럼 문제가 있으면 답도 있어야 한다는 생각이 들었다. 원전은 환경 문제이기도 하다. 우리나라의 원자력은 고준위 방폐물이라고 하는 사용후핵연료를 저장수조에서 꺼내서 중간관리해야 하는 단계로 들어섰다. 그런데 이게 워낙 '뜨거운 감자'라서 제대로 손을 못 대는 형편이다. 환경부 장관 경력이 좀 부담스러울 때도 있다. 반핵 또는 친핵 어느 한쪽으로 보이지 않나 싶어서다. 원자력에 대해서 양극으로 맞설 것이 아니라 중간지대에서 답을 찾아야 할 것 같다. 17대 국회의원 때는 내내 국방위원회에 있었기 때문에 북핵 문제, 핵비확산, 비대칭 전력 등을 다루었다. 그러고 보니 두 자리가 모두 원자력과 무관한 게 아니었다.

Q. 2009년에 사용후핵연료공론화위원회 위원장으로 내정되었다는 기사를 본 것 같은데…….

A. 맞다. 그런데 공론화위원회 계획은 일단 수정되어 일반 공론화에 앞서 원자력계 등의 전문 분야 간 공론화를 위해 추가적인 과정을 밟게 되었다. 우리나라는 중저준위 방폐물 처분장 부지를 선정하기까지만도 19년이 걸렸다. 앞으로 고준위 방폐물 중간관리 사업은 어떻게 전개될는지……. 정부와

원자력계의 진단과 처방이 주목된다.

Q. 후쿠시마 원전 사고를 겪은 뒤, 일본의 간 나오토 전 총리는 '원전에 의존하지 않는 사회를 만드는 게 목표'라고 말했다. 그것이 가능한가?

A. 단답형으로 답하기는 어렵다. 그 목표를 언제쯤 달성한다는 것인지, 원전 의존도를 낮추기 위한 대안은 무엇인지, 그 대안에도 불구하고 필연적으로 발생하게 될 국민적 부담은 어느 정도이고 수용할 태세가 되어 있는지……등등의 조건과 맞물려 있기 때문이다.

원전에 대한 사회적 여론의 추이를 수십 년간 추적한 데이터를 보면 국가별로 시기별로 큰 차이가 나는 게 흥미롭다. 에너지 부존자원, 산업구조, 인구밀도, 국민소득, 정책 효율성, 국민의식, 리더십 등등의 변수가 현실화 가능성을 좌우한다. 선진국도 원전 정책은 정권이 바뀌고 사회적 여론이 바뀌면서 오락가락했다. 어느 정권에서 단기간에 달성할 수 있는 성격이 아니다. 국민적 합의와 참여가 뒷받침되는 전제 아래 장기간에 걸쳐 일관성 있게 추진될 때 달성 가능하다.

Q. 원자력 전문가로서 원전을 지어야 하나, 중단해야 하나?

A. 친핵이냐 반핵이냐의 입장 표명처럼 들린다. 어정쩡하게 보일 수 있지만, 그 중간지대에서 해법을 찾아야 한다고 말하고 싶다. 미리 정하고 하향식 접근을 하는 것보다는 에너지 정책 전반을 두루 살피는 상향식 접근이 유효하다. 할 거냐 말 거냐부터 정해놓는 건 세월이 흐른 뒤 틀린 말이 될 것 같아서다. 정확한 답변은 우리나라의 에너지 환경에 대해 치우침 없이 진단하고, 국가 에너지 계획을 바로 세우고 그 속에서 원전의 위상을 결정하는 것이 맞다는 게 개인적 소견이다.

Q. 에너지 계획을 바로 세운다는 게 무슨 뜻인가.

A. 우리 에너지 정책의 지난날을 돌아보면 에너지 빈국이면서도 단기적 공급 위주에 치우쳤다. 에너지 수요관리 정책은 있었으되 성과를 못 올렸다. 에너지 효율이 매우 낮은 상태로 제자리 걸음을 하고 있는 것에서 드러난다. 단위 GDP를 올리는 데 드는 에너지 양이 일본의 3배이다. 에너지 효율이 OECD 국가 평균의 56% 정도다. 에너지 수입 의존도는 원전 가동국 30개국 가운데 벨기에, 대만, 스페인에 이어 4위(86%)다.

또한 에너지 가격 체계의 특성상 가장 값비싸게 생산되는 전기 가격이 상대적으로 낮게 매겨져 있어 전기 의존도가 높다. 물리적 조건의 제약을 고려하더라도 재생 에너지의 비중이 너무 낮다는 사실도 그간의 에너지 정책과 무관치 않다. 이들 취약성에 대한 근본적 접근과 해법이 없이, 원전을 할 거냐 말 거냐부터 결정하는 것은 국민에게 큰 부담으로 얹힐 것이다. 국가 에너지 기본 정책도 어느 정도의 사회적 합의를 바탕으로 결정되는 것이 시대 변화에 맞다고 본다.

Q. 앞으로 우리나라 원전의 과제는 무엇인가?

A. 핵연료 후행주기 관리가 과제이다. 지금까지는 이른바 핵연료 선행주기, 즉 원전을 지어 돌리는 데 초점이 맞추어졌으나, 앞으로는 거기서 타고 남은 고준위 방사성 물질을 중간관리하고 최종관리하는 후행주기 단계로 진입하면서 사회적 수용성에서 새로운 도전에 직면할 가능성이 있다. 만일 이 과정이 순조롭게 진행되지 못하는 경우 선행주기에도 영향을 미칠 가능성을 배제할 수 없다. 우리 원전은 2009년에 해외로 진출하는 전환기에 섰다. 글로벌 시장에서의 경쟁이 치열한 가운데 국내 원전관리 역량은 국제사회에서의 이미지에도 상당한 영향을 미치게 될 것이다. 이래저래 중요한 시기다.

Q. 몇 년 뒤부터는 차례로 원전 저장수조가 포화된다고 들었다. 어떤 해답이 있을까?

A. 한계 조건 내에서 해법을 찾아야 하기 때문에 어렵다. 우리나라의 사용후핵연료 관리의 한계는 최종관리 정책을 결정할 수 있는 분위기가 무르익지 않았다는 사실이다. 원전 가동 상위 순위 10개국 가운데 최종관리 정책을 결정하지 못한 국가는 미국과 우리나라뿐이다. 우리나라가 결정하지 못하는 이유는 북핵 문제, 한반도 비핵화 선언, 한미원자력협정 등에 얽혀 있기 때문이다. 그러나 최종관리 정책을 결정하지 못한 나라들도 중간저장은 널리 시행하고 있다. 기술적으로 상용화된 방식이 보급되어 있기 때문이다.

Q. 이처럼 국민 생명은 물론 국가의 미래가 달린 원자력에서 왜 원전 마피아 등의 문제가 생길까.

A. 원자력은 기술공학 분야에서도 특히 전문성과 폐쇄성이 크다. 원전을 방문하면 누구나 느낄 것이다. 유해한 방사선으로부터의 보호는 물론 보안과 기술유출 방지 등 이중 삼중의 장치가 필요한 것에서도 짐작할 수 있다. 그런데 원자력 전공은 다른 학과에 비해 대학 배출 정원이 소수이다. 원자력은 거대산업으로서 현장에서는 전기, 화공, 건설 등 다른 여러 분야 전공과 융합되는 종합기술이다.

그런데 원자력 진흥과 안전 관련 업무에서 소수의 인력이 유동하면서 독립적으로 기능해야 할 관리 업무가 유착되고, 이번 비리사건으로 인해 그러한 유착관계가 비리의 온상이 되고 있다는 사실이 밝혀진 것이다. 그러나 원자력계 전체를 비리집단으로 보는 것은 적절치 않다. 사기 저하로 인해 원자력 안전에도 악영향을 미칠 수 있다. 조속한 수습이 필요하다. 원자력 관리 행정에서는 정부의 역할이 매우 중요하다. 그런데, 정부는 5년 주기로 바뀌고 부처 공무원은 1년마다 순환보직을 하고 있는 실정이라 정책의 일관성과 책임성이 취약하다.

Q. 헌정 사상 최장수 여성 장관이자 김대중 정부 최장수 장관 기록을 갖고 있다. 소회는……

A. 1999년 6월부터 2003년 2월까지다. 가장 기억에 남는 건 정부부처 업무평가에서 2001년 제1회, 다음해 제2회에 잇따라 최우수부처로 대통령 표창을 받은 일이다. 환경부 직원들이 장관 앞에서도 무슨 말이건 할 수 있는 분위기를 만들었고, 그걸 경청한 덕분이다. 남의 능력을 끄집어내는 능력이 최고의 능력이라고 생각한다. 퇴임사에서 개근상에 우등상까지 받게 해줘서 고맙다고, 일 잘하라고 못살게 군 것 이해해달라고 말하는데 눈시울이 뜨거워지더라. 여성이 장관직을 잘할 수 있다는 것을 보여준 사례라고 언론이 평가해준 것에 감사한다.

Q. 장관 재임 시절 가장 기억에 남는 일이라면?

A. 4대강 수계특별법이 가장 기억에 남는다. 그리고 업계·관련부처 협의 등 수많은 난관을 극복하면서 천연가스 버스 보급사업을 추진한 것, 폐기물 관리에서 생산자책임재활용제도를 도입한 것 등이 무던히도 애를 많이 먹였던 정책사업이다. 지금도 천연가스 버스를 보면 감격스럽다. 2003년 노무현 정부가 출범하면서 건설교통부 장관으로 내정이 돼서 언론에도 모두 발표가 됐다. 그런데 발표 전날 청와대에 전화해서 사양했다. 새로운 도전의 기회였고 일에서 무서운 건 없었지만, 몇 가지 망설여졌다. 옆에서 토끼가 호랑이굴로 들어가는 거라고 하는 분도 있더라. 여하튼 장관 끝내고 1년간 치과를 다녔다. 즐겁고 보람차게 일했지만 아마 이를 악물고 일했던가 보다. 이후에도 몇 번 입각 기회가 있었으나 일단 들어간 국회에서 커리어를 마쳤다.

Q. 회장을 맡고 있는 한국여성과학기술단체총연합회(여과총)가 올해로 창립 10주년이다.

A. 여성과총은 2003년 창립돼 전국 조직으로 40개 단체가 활동하고 있다. 작년부터는 '융합, 소통, 과학외교'를 모토로 '과학기술과 사회'에 관한 프로젝트를 하고 있다. 소프트 터치가 산업기술 등 모든 부문에서 핵심 가치가 되었고, 여성 특유의 섬세함과 유연성, 직관력은 질적으로 다른 창의성을 의미한다. 여성과학자를 지원해야 한다는 목소리를 내는 것만으로는 한계가 있다. 호텔에 모여 강연 듣는 행사에서 벗어나 여성과학자가 무엇을 할 수 있는가를 보이는 데 주력하고 있다.

Q. 여성과학기술인들이 정규직으로 일하는 비율이 10%대다. 왜 전문가들의 고용률이 이토록 낮은가.

A. 다른 분야보다 훨씬 더 조건이 나쁘다. 실험실에서 고강도 집중을 해야 하니, 가정과 일의 양립에서 경쟁력이 떨어지게 된다. 안타깝다. 국가와 사회 차원에서 우리나라의 가장 중요한 밑천이 인력이다. 우수한 여성인력을 제외시키고 가능하겠는가. 특히 여성은 특유의 섬세함으로 남성이 보지 못하는 영역을 볼 수 있다. 포용력도 뛰어나다. 선진국으로 가려면 모성보호와 육아 등 사회적 시스템이 중요하다.

Q. 평소 영국 엘리자베스 1세 여왕의 리더십을 강조했다. 박근혜 대통령도 엘리자베스 여왕을 롤 모델이라고 하던데…….

A. 스페인 무적함대를 무찌르는 등 탁월한 리더십과 강렬한 카리스마를 가졌지만 엘리자베스 여왕은 연설할 때 항상 'My loving people'이란 말로 시작했다. 화려한 치장은 왕실의 권위를 위해서였다. 식생활을 비롯해 매우 검소했다. 특히 기상이변으로 흉년이 들었을 때 귀족과 부자들에게 '수요일과 금요일 저녁을 먹지 말고 그만큼의 식량이나 돈을 내놓아 굶주린 국민들

에게 나눠주라'고 한 것이 가슴에 와 닿는다. 그런 마음씀씀이, 그런 리더십을 널리 알리고 싶다. 이제 여성들도 스스로 자신의 역량을 최대한 계발해야 한다. 특정 분야의 전문성과 기능성을 갖추는 것은 기본이고, 더욱 통찰력을 갖추고 상대방과의 의사소통 능력, 애로 타개 능력, 조직을 이끌고 화합을 이루어낼 수 있는 리더십을 갖추는 것이 중요하다.

원자력 분야의 전문성이나 장관 시절의 리더십만큼 김명자 전 장관의 나이를 잊은 아름다움과 멋진 패션 감각이 부러웠다. 명예남성 같은 여성 리더들과 달리 빨간 립스틱 등 화장과 옷차림에도 신경을 쓰는 이유를 묻자 이렇게 말했다.

"아름다움은 여성의 특권이니까요. 자신에게 성의 없게 보여서는 안 되죠."

성공하는 사람들은 다 이유가 있다.

매경이 만난 사람 : 『원자력 딜레마』 이어 『트릴레마』 펴낸 김명자 여성과기단체총연합회장

——「매일경제」, 원호섭 기자, 2013.6.14

헌정 사상 최장수 여성 장관이자 현재 여성과학기술단체총연합회를 이끌고 있는 김명자 회장(69)은 원자력과 인연이 깊다. 일본 후쿠시마 원전 사고 직후인 2011년 5월, 그는 『원자력 딜레마』라는 책을 내면서 원전에 대한 찬반론을 객관적으로 전달하려 노력했다. 꼭 2년 만이다. 그는 지난달 24일 『원자력 트릴레마』라는 책을 냈다. 공교롭게도 원전 납품 비리사건이 발생하기 꼭 나흘 전이었다.

김 회장은 "딜레마에서 원전을 계속해야 하느냐 마느냐에 관한 문제 제기를 했다면 트릴레마에서는 중도적 입장에서 원전의 찬반 주장이 어떻게 만나야 하는지를 모색하고 싶었다"고 했다. 찬반이 팽팽하게 맞서고 있는 논란의 해법을 찾으려면 새로운 장소에서 두 분야가 만나야 한다. 딜레마가 아닌 트릴레마가 돼야 하는 이유다. 김 회장은 "서로가 버릴 것들, 받아들일 것들을 제3자 입장에서 바라봐야 한국이 나아갈 길을 찾을 수 있다는 생각이 들었다"며 "원자력과 관련된 전 세계 여론의 변화를 살펴보고 우리나라가 배워야 할 점, 받아들여야 할 점은 무엇인지를 찾고자 했다"고 말했다.

지난 11일 서울 중구 한옥마을 인근에서 김 회장을 만나 최근 불거진 원전 비리 문제에 대한 해법과 우리나라의 원자력 정책 방향에 대해 이야기를 나눴다. 그는 "올해는 한미원자력협정과 사용후핵연료, 월성 1호기의 수명 연장 등 원자력계에 많은 일이 있는 해"라며 "하지만 원전 부품 비리사태로 신뢰를 크게 잃어 어려운 처지에 빠졌다"고 말했다. 만 69세의 나이가 무색할 정도로 현장에서 활발하게 활동하고 있는 그는 정부 대책의 문제점을 얘기할 때 목소리 톤을 높이기도 했다. 신뢰와 소통이 부족하다는 것이다. 김 회장은 인터뷰 내내 신뢰라는 단어를 다섯 번이나 사용하며 정부에 바른 태도를 가질 것을 주문했다.

Q. 원전 부품 비리가 끊이지 않으면서 『원전 마피아』라는 용어가 이슈가 되고 있다.

A. 원전 마피아는 오래전부터 있던 표현이다. 2011년 3월 일본 후쿠시마 원전 폭발 사고가 났을 때도 '겐시료쿠무라(原子力村)'가 문제가 됐다. '원자력촌'은 원전 마피아와 비슷한 개념이다. 원전 마피아라는 단어가 나오게 된 배경에는 부처와 사업자 사이의 유착으로 운영과 규제 간 견제가 제대로 이루어지지 못한 탓이 크다.

Q. 원전 마피아를 어떻게 보는가.

A. 원자력계를 모두 마피아 집단으로 보는 것은 곤란하다. 소수 때문에

사회적 비난의 대상이 된다면 사기 저하로 유능한 젊은이들의 원자력계 진출을 막을 수 있다. 자신의 일터에 자긍심을 잃게 된다면 결국 원전 안전에도 악영향을 끼칠 수 있다. 잘못을 저지른 사람에게 책임을 지우고 제도적으로 비리를 차단할 수 있는 예방 시스템을 갖추는 것이 중요하다. 무엇보다도 직업윤리가 중요하다.

Q. 원전 비리근절을 위해 정부가 다양한 대책을 내놨다.

A. 정부가 작년부터 다섯 차례 원전 비리근절 대책을 내놨다. 그동안 대책이 발표됐을 때 문제가 해결됐다면 이렇게 많은 대책이 나올 리 없었을 것이다. 지난 7일 발표한 대책이 가장 강도가 높은 것 같다. 한수원 퇴직자 재취업 제한, 비리 대상자에 대한 징벌적 손해배상 도입, 원전 부품 최고가 낙찰제 도입 등이 담겼다.

국회에서도 여러 입법안들이 나오고 있다. 그러나 정책의 합리성도 고려해야 한다. 국내 모든 원전에 있는 12만5,000건의 시험 성적서를 전수조사한다고 하는데 시간과 비용의 투입 대비 성과도 고려할 필요가 있다. 원전 안전에 직결되는 핵심 부품은 전체의 약 10%에 해당된다. 이것들에 대한 표본조사를 하는 것이 오히려 합리적이지 않을까 생각한다.

Q. 원자력안전위원회의 위상 격하도 문제로 지적된다. 이번 정부 들어 장관급에서 차관급으로 격하됐다.

A. 이번 사태가 원안위의 위상 격하 때문인 듯 말하는 것은 타당하다고 보지 않는다. 장관급일 때도 문제는 존재했다. 국제원자력기구(IAEA)는 원전의 규제와 운영을 분리하도록 권고하고 있다. 후쿠시마 원전 사고가 일어날 때까지 원전의 운영과 규제가 분리되지 않았던 나라는 한국과 일본밖에 없었다. 지금은 분리가 됐는데 이번 정권 들어 원안위를 미래부로 이관한다고 해서 깜짝 놀랐던 기억이 난다.

원안위가 차관급이 돼 이런 문제가 터졌다기보다는 ‘원안위가 산업 쪽에서 있다’라는 인식이 문제다. 규제기관이 산업을 중시한다는 인상을 불식시켜야 한다. 원안위가 지역주민과 국민의 안전을 먼저 생각하며 일을 해야 하는데 지금까지 그렇지 못했다. 차관급, 장관급 등 지위보다 중요한 것은 원안위가 지역주민과 국민의 신뢰를 받으며 일할 수 있느냐다.

Q. 한미원자력협정, 사용후핵연료, 월성 1호기 재가동 문제 등 올해 원전과 관련된 이슈가 많다.

A. 중요한 과제를 앞에 두고 이런 일이 터져 정부도 곤혹스러울 것이다. 다른 산업이라면 걱정하지 않겠지만 한 번의 실수로 돌이킬 수 없는 피해를 불러오는 원전에서 이런 일이 벌어져 국민들도 굉장히 불안할 것이다. 신뢰는 쌓기도 쉽지 않지만 일단 훼손되면 회복하기는 더 힘들다. 일찍이 링컨은 남북전쟁을 치르고 극심한 사회분열과 불신을 두고 이런 말을 했다. “민심을 얻으면 (어떤 일이건) 실패할 수가 없고, 민심을 못 얻으면 성공할 수가 없다.”

Q. 우리나라 원전 내에 있는 사용후핵연료 보관 장소도 곧 가득 찬다고 한다.

A. 이제 중간저장 단계로 넘어가야 한다. 우리나라는 사용후핵연료를 재처리할 것인가, 아니면 중간저장을 할 것인가 결정하지 못했다. 이는 사용후핵연료의 재처리를 막고 있는 한미 원자력협정과도 관련이 있다. 2016년이면 고리 원전부터 사용후핵연료 재처리 보관 장소가 포화된다고 한다. 얼마 전 연구에 따르면 사용후핵연료를 조금 더 빽빽하게 보관하면 이 기간을 연장할 수 있다는 결론이 나왔다. 그 기한에 맞춰 중간저장 시설을 마련해야 한다.

정부는 경주에 용지를 선정하면서 고준위와 중저준위 폐기물을 분리했다. 정작 문제는 고준위 폐기물 처리인데 뒤로 밀린 것이다. 결국 중저준위 용지 선정에만 19년이 걸린 셈인데 세계적으로 그런 나라가 없다. 우리나라는 원전을 지속하려면 부처 간 의견을 조율해 국가 정책 방향에 대해 검토하고 리더십을 발휘하는 것이 선행돼야 한다.

Q. 사용후핵연료의 재처리 문제도 해결해야 한다. 한미원자력협정 개정 협상을 진행하면서 우리는 재처리 기술에 자신 있다고 주장하지만 미국은 반대하고 있다.

A. 전략을 세우는 것이 중요하다. 재처리 여부를 지금 결정하려고 하면 해결하기 어려울 것이다. 북핵 문제가 걸려 있고 핵주권을 주장하는 목소리가 나오고 있어 미묘하다. 세계에 있는 원자로 435기 가운데 미국은 100여 기를 돌리고 있는데 재처리를 하지 않고 있다.

민감한 시점에서 우리나라가 재처리를 하겠다고 하면 관철하기 어려울 것이다. 재처리 자체에 대한 기술성과 경제성 논란도 정리되지 않았다. 재처리를 한다고 해도 최종적으로 발생하는 고준위 방사성 폐기물은 영구처분장에 보관해야 한다. 지금 시점에서 사용후핵연료 저장 면적이 줄어든다며 재처리를 해야 한다고 주장하는 것은 설득력이 별로 없다.

Q. 월성 1호기 수명 연장을 위한 스트레스 테스트가 진행 중이다. 원전의 수명 연장을 어떻게 봐야 하나?

A. 원전 수명 연장과 관련된 국제 기준을 살펴보면, 계속운전 비용이 새로 짓는 것에 비해 경제적이면 계속운전 인가를 내주는 방식이다. 단 안전성을 보장하는 조건에서다. 원전 납품 비리로 원전 3기의 가동이 추가로 중단됨으로써 우리나라는 설계수명을 다한 원전의 계속운전 여부도 주요 관심사가 되고 있다. 결국 안전성이 확실하게 보장되는지가 중요하다. 그런데 이렇게 원전 비리가 터지고 있으니 국민들의 신뢰가 땅에 떨어졌다. 유

럽을 대상으로 한 여론조사에 따르면 원전에 대한 이미지는 사업자보다는 정부에 대한 신뢰에 의해 결정되는 것으로 나타난다.

Q. 전력 계획상 우리나라 원전은 늘어나게 된다. 정부는 원전에 대한 국민의 신뢰를 얻기 위해 어떤 정책을 펼쳐나가야 하나.

A. 정부와 원자력계가 환골탈태해서 새로운 이미지를 구축해야 한다. 국민이나 원전이 들어서는 지역주민을 홍보나 설득, 또는 교육의 대상으로 생각해선 안 된다. 함께 의사를 결정하는 동반자로 봐야 한다. 말로만 그렇게 해서는 안 된다. 그런데 이게 쉽지 않다. 실제 국민들이 느낄 수 있는 방안을 찾고 실행해가는 것이 중요하다.

더불어 중요한 것이 우리나라에 적합한 에너지 자원 지도를 만드는 것이다. 당장 원전을 줄이면 우리나라는 화력과 같은 화석 에너지의 비중을 늘릴 수밖에 없다. 재생 에너지 비중이 낮은 탓이다. 이를 위해 지역별로 적합한 재생 에너지가 어떤 것이 있는지 파악해야 한다. 가령 태양광 에너지는 어떤 지역에서 효율이 높은지, 풍력 발전은 어디에 지어야 하는지 등을 알 수 있는 지도가 필요하다는 것이다.

미국은 '에너지 효율을 위한 국가행동 계획(national action plan for energy efficiency)'을 진행하고 있다. 정보통신 기술(ICT)과 에너지 기술을 융합해 각 부분의 에너지 효율을 높이는 작업이다. 우리나라도 이런 걸 만들어야 한다. 그래야 에너지 수요 관리에 대한 효과적인 대책을 마련할 수 있다. 우리나라 특성에 맞는 한국형 모델을 만들어나가야 한다.

저술에 목마르다. 전문서적· 번역서 18권 출판…… 지금 쓰는 책은 '인터넷 중독'

김명자 한국여성과학기술단체총연합회 회장은 대학과 대학원 시절 모두 화학을 전공했다. 그랬던 그가 자타가 공인하는 원자력 전문가가 됐다. 이제는 해법이 보이지 않는 뜨거운 감자인 사용후핵연료 중간저장 시설 공론화 위원장(2009년)으로 거론되고 있다. 그의 이력을 살펴보면 2011년 3월 일본 후쿠시마 원자력 발전소 폭발 사고 이후 50여 회에 가까운 강연과 토론, 정책 과제에 참여하면서 원자력 분야에서 왕성한 활동을 이어왔다.

김 회장이 원자력에 관심을 갖게 된 계기는 1980년대 숙명여대에서 과학사를 강의하면서부터다. 그는 "원자폭탄은 개발되면 안 되는 것이었는데 과학자들의 힘으로 세상에 나타났다"며 "과학자의 사회적 책임에 대해 고민하면서 원자력에 관심을 갖게 됐다"고 말했다. 17대 국회의원 시절에는 국방위원회 간사를 맡으며 '핵(核)' 문제까지 접했다.

하지만 그의 관심 분야는 원자력에만 한정되지 않는다. 김 회장이 지금껏 출판한 책과 번역서 등은 모두 18권. 분야도 과학사부터 여성학까지 스펙트럼이 매우 넓다. 대표적으로 『여성학』, 『과학기술의 세계』 등을 썼으며 『과학혁명의 구조』, 『엔트로피』 등 유명 과학서적을 번역했다.

2013년 8월 출간을 목표로 최근 준비하고 있는 책은 『인터넷 바다에서 우리 아이 구하기』다. 청소년 인터넷 중독이 심각한 사회 문제로 떠오르고 있는 가운데 인터넷, 스마트폰 중독으로 고통받고 있는 학부모와 청소년을 위한 전문가들의 제언을 담았다.

이처럼 다양한 분야에서 발자취를 남길 수 있는 것은 '워커홀릭(Workerholic)' 기질 덕분이다. 그가 저술활동에 매진하다가 손목 인대가 늘어났던 일화는 유명하다. 김 회장은 만 70세를 1년 앞두고 있지만 외모는 실제 나이보다 10년 이상 젊어 보인다.

힘들다고 하지만 타고난 일벌레 기질로 삶의 활력을 찾고 있는 것만 같았다. 건강은 어떻게 챙기고 계시느냐는 질문에는 수영을 조금 한다는 답이 돌아왔다. 그는 인터뷰 말미에 "8월에는 '사용후핵연료(Spent Fuel), 폐기물인가 자원인가'라는 제목의 책도 출판할 예정"이라며 웃었다.

‘원전 비리’ 어떻게 해결해야 하나?

——「TV조선 뉴스 1」, 2013.6.6

원전 부품 위조 성적서 파문이 갈수록 커지고 있습니다. 문제의 검증업체가 지난 1년 반 동안 23건의 원전 부품 성능 검증을 수행했다죠. 검찰은 한국전력기술을 압수수색하고 간부를 긴급체포했는데요. 전방위적인 원전 전수조사가 불가피할 것으로 보입니다. 원전의 갈등 상황과 해결방안, 자세히 짚어봅니다. 김명자 전 환경부 장관 나오셨습니다.

Q. 원전 비리, 원자력 마피아……총체적인 문제는?

A. 원전 비리가 불거져나오면서 그 중심에 ‘마피아’가 있다는 요지로 보도되고 있습니다. 현재 여론 동향을 보면, 작금의 심각한 원전 비리사태에 대해 일차적으로는 거대한 원자력 산업계의 좁은 인맥과 학맥 등이 원인이라는 데 동의하는 것 같습니다. 그러나 원자력계 전체를 매도하는 결과가 되는 것은 바람직하지 않다고 봅니다.

원자력 분야는 특히 전문성과 보안성이 크고, 핵심 전문가 숫자도 적습니다. 때문에 소수의 원자력 전문인력이 원전 설계, 건설, 운영, 연구개발 등의 진흥 영역과 시험, 인증 등의 규제 영역에서 이동하는 과정에서 직업윤리를 지키지 못한 결과 빚어진 사건이라고 볼 수 있습니다. 후쿠시마 사고 이후 원자력계가 하나의 분수령을 맞고 있는 셈인데, 계속 논의가 여기에 머문다면 위기가 깊어질 우려가 있습니다. 이제 조속히 수습하는 것이 중요한데, 정책 관계자와 원자력계가 위기를 기회로 만드는 일을 반드시 해내야 한다고 봅니다.

Q. 그렇다면 원전 비리는 근본적으로 어떻게 해결해야 하나요?

A. 비리근절 대책으로 원자력 전문인력의 유동성을 제한하고 비리 차단

장치를 강화하는 것만으로 해결될 수 있을지는 의구심이 듭니다. 이번 사건을 계기로 원자력 산업계의 잘못된 관행과 인식은 바로잡아야 하지만, 원전비리에 대해서 보다 근본적인 원인을 짚어볼 필요가 있습니다. 우리 사회에 전반적으로 만연되어 있는 안전문화의 취약성과 연관되어 있다고 보기 때문입니다. 모든 조직문화에서 정직성과 투명성이 미흡하고, 안전에 관한 사회적 인식이 미흡한 데 기인한다고 보는 것이지요.

불산 누출 사고 등의 화학 사고의 경우를 보더라도 최고의 일류 기업에서도 거듭해서 발생하고 있습니다. 그런데 다른 산업 부문에서 발생하는 사고와 사건과는 달리 원자력 기술위험에 대한 공포와 우려가 큽니다. 때문에 원자력 비리가 특별히 우려되는 측면이 있습니다.

또한 안전규제 당국과 기관의 전문성과 정책 역량에 대한 신뢰도 별로 없습니다. 이번 기회에 안전의 생활화를 위한 소통과 교육, 안전관리에 대한 시설과 운영이 철저하게 이루어지고 있는지를 점검하고 근본적 인식부터 새로 다져야 한다고 봅니다. 규제활동에서도 정부의 전문성과 정책 효율성을 강화하고 인식 전환을 위한 과감한 투자와 교육, 규제기술 등이 개발되어야 할 것입니다.

Q. 그들만의 리그 또는 '원자력 마피아'의 이미지를 벗어나려면?

A. 원자력은 고도의 기술공학 분야라서 전문성이 큽니다. 그리고 원자탄 개발사에서 비롯되어 '비밀주의' 색깔이 더 강합니다. 때문에 일부 소수 전문가의 독점 분야로 굳어지고, 상업 발전에서도 안전관리상 그런 특성이 남아 있습니다. 최근의 명예롭지 못한 이미지를 벗어나려면 돌아가는 것 같더라도 원자력계의 신뢰회복이 우선이라고 생각합니다.

지역사회와 국민과 진정으로 소통하면서, 정직하고 투명하게 원자력 사업을 하고 있다는 것을 증명해 보여야 할 것입니다. 물론 오랜 시간이 걸리고, 거듭나는 혼신의 노력이 필요하지요. 그러나 지금부터라도 그렇게 해야 하고, 국민은 인내를 갖고 서로 신뢰를 쌓을 수 있어야 할 것입니다.

이런 작업에는 과학기술계를 비롯한 다양한 분야의 전문가들이 정부와 원자력 사업자 측에 조언하고 격려를 하는 등 역할을 하는 것이 중요하다고 생각합니다. 미국이 세계 최고로 100여 기의 원자로를 가동하면서도 국민 지지가 세계적으로 가장 높은 이유는, 물론 다른 요인도 있지만, 전반적으로 안전규제 등 관리에 대한 신뢰도가 상당 수준 뒷받침하기 때문이라고 느꼈습니다.

Q. 세계적인 원자력 관리 동향은?

A. 국제적으로 원자력 관리는 그 어느 분야보다도 진흥과 규제 사이의 철저한 분리가 기본 원칙입니다. 거대기술의 전형으로서 잠재적 기술위험이 가장 심각하고, 소수의 전문가 그룹이 주도하는 까닭에, 원자력 진흥과 안전규제 주체 사이의 유착으로 비리가 저질러지는 경우에는 심각한 사태를 빚을 수 있기 때문입니다. 그리고 작은 사고에 대해서도 국민의 반응이 매우 민감하고, 대형 사고가 발생하는 경우 국경이 없이 그 파장이 커지기 때문입니다.

Q. '사용후핵연료' 공론화, 과제는?

A. 현재 사용후핵연료 중간관리 정책을 수립해야 하는 시점을 더 이상 미루기가 어렵게 몰려 있습니다. 공론화는 말하기는 쉽고 좋은 말이지만, 우리의 사회적 분위기에서 성과를 거두기는 쉽지 않을 것입니다. 우선 공청회의 개념 정리가 필요하다고 봅니다. 정부가 이미 방향을 정해놓고 의사결정권이 없는 민간자문위원회에 맡겨 이 민감한 문제를 풀 수 있을지 확실치 않습니다.

스웨덴의 경우 소통을 맡은 사업자 쪽에서 지역주민을 대상으로 1만1천 번의 만남을 가졌다는 말은 시사하는 바가 큽니다. 우리나라의 경우에는 이런 노력과 함께 정부가 부처 간의 의견을 조율하여 국가 차원의 정책 방향에 대해 검토하고 리더십을 발휘하는 것이 중요하다고 봅니다.

Q. 전원 믹스에서 원자력 에너지 비중은 어느 정도가 적정할지? 재생에너지 효율은 낮고 전력은 부족한 상황에서 원자력 에너지 비중을 마냥 낮추기는 현실적으로 쉽지 않을 텐데, 원자력 에너지 비중은 장기적으로 몇 %가 바람직하다고 보는지?

A. 원전 비중을 논하려면, 결국 다른 발전원에 대한 논의로 번지게 마련입니다. 우리나라의 에너지 여건과 안보를 고려하면서 재생가능 에너지원과 화석연료 등 모든 에너지원에 대한 장단기 차원의 비교 분석이 선행되어야 한다고 봅니다. 비교 지표는 경제성, 자원 확보 가능성, 오염 부담, 지속가능성 등의 광범위한 개념을 포함해야 할 것입니다.

이런 방식으로 모든 가용 에너지원에 대한 LCA(Life Cycle Assessment)를 시행하여 에너지 믹스 결정에 대한 과학적이고 합리적인 근거를 제시할 필요가 있습니다. 이러한 과학적 근거에 대해서도 사회적 신뢰를 얻을 수 있어야 할 것이고, 그 큰 그림 속에서 원자력과 재생 에너지의 비중이 검토되어야 할 것입니다. 이런 근거와 절차에 의해 국가 에너지 정책에 대한 사회적 이해를 구하고 수용성을 높여야 할 것입니다.

‘설마~주의’와 ‘原子力 마피아’가 원전 비리 불렀다

— 조선일보, 김윤덕 기자, 2013.6.5

여성과학기술단체총연합회 창립 10주년……김명자 前 환경부 장관

관련자 문책만으론 해결 안 돼……

너무 좁은 학맥의 전문가 조직, 매뉴얼조차 확립되지 않은 현실도 문제

해외 연료 수입률 97%인 한국, 원자력 개발 손 뗄 수 없는 이유

원자력 정책, 정부 신뢰에 달려……

부처 이익이 아닌 국민을 위한 내 가족의 일처럼 업무 임해야

“원자력 정책의 성공은 결국 국민이 정부를 신뢰하느냐 신뢰하지 않느냐에 달렸습니다.” 박근혜 대통령이 “용서받지 못할 일”이라며 개탄한 최근의 원전 비리에 대해 김명자(69) 전 환경부 장관은 “비리 관련자만 문책한다고 해결될 일이 아니다”라고 일갈했다.

“한국 원전의 가장 큰 문제가 무엇이냐고 해외 전문가들에게 물어본 적이 있어요. 전문가 풀(pool)이 너무 좁은 학맥으로 이뤄져 있다고 하더군요. ‘원자력 마피아’라는 거죠. 거대위험 기술을 ‘온정주의’, ‘설마~주의’ 정신으로 관리하는 실태도 매우 심각합니다. 원전 부품만 100만-200만 개라는데 우리는 그에 대한 표준, 운영 체제와 안전규제에 대한 매뉴얼조차 제대로 갖고 있지 않습니다.”

17대 국회의원이었고 역대 최장수(3년 8개월) 여성 장관 기록을 가진 김명자 전 장관은 자타가 공인하는 원자력 전문가다. ‘사용후핵연료 중간저장시설 공론화위원회’ 위원장으로 거론되고 있으며 『원자력 딜레마』에 이어 최근 『원자력 트릴레마』도 펴냈다. 그가 회장으로 있는 한국여성과학기술단체총연합회 창립 10주년을 기념해 발간한 총서의 첫 책이다.

서울대 화학과를 졸업한 그가 원자력에 관심을 갖게 된 것은 1980년대

숙명여대에서 과학사를 강의하면서다. "'왜 과학자들이 원자탄이라는 무기를 개발했을까' 하는 의문에서 시작됐죠." 환경부 장관, 국회 국방위원회를 거치면서 원전에 대한 고민은 깊어지고 세분화됐다. "원자력 산업은 대표적인 기술위험 산업이지만 그렇다고 안 할 수도 없는 딜레마에 갇혀 있어요. 재생 에너지요? 고밀도, 고층, 고집적 주거 형태인 한국에서 주요 에너지원으로 태양과 바람을 쓸 가능성은 매우 희박합니다. 화석연료 의존도 84%, 해외 수입률 97%인 나라에서 유일하게 가진 게 원자력 에너지 기술인데 이걸 어떻게 줄이겠습니까."

새 책의 제목을 '트릴레마'로 바꾼 것은 '원자력에 대한 찬성과 반대 사이의 중간 지대에서 해법을 찾고 싶은' 소망 때문이었다. "여성이 남성보다 원자력을 반대해요. 그래서 아기를 낳고 살림을 하는 여성 과학자의 시각에서 원자력을 다루는 것이 의미 있다고 생각했죠." 내일모레 칠순인데도 '일벌레' 습성을 버리지 못한 그는 인공눈물을 넣어가며 글을 썼다고 했다. 컴퓨터 앞에 오래 앉아 있는 것을 막으려고 타이머를 설치했을 정도다. 지난달엔 한국여기자협회 이슈포럼 참석차 스웨덴 원전 현장을 둘러보고 왔다. "원전강국이라 해도 기술적으로는 여전히 시행착오를 겪고 있더군요. 다만 국민의 신뢰를 얻기 위해 정부와 기업이 기울이는 어마어마한 노력과 인내에 감동했습니다."

김 전 장관을 만난 지난 3일은 '한미원자력협력 협정' 7차 개정협상이 시작된 날이기도 했다. 그는 "우리 정부가 미국 측에 강력히 요구하는 재처리, 농축 권한 허용은 그리 시급한 일이 아니다"라고 했다. "미국, 스웨덴 등 원전 강국들도 재처리를 하지 않습니다. 경제적, 기술적으로 실용성이 떨어지기 때문이죠. 외교적 상황만 더욱 복잡하게 만드는 재처리에 매달리기보다는 포화 상태에 이른 우리 원전의 방사성 폐기물의 중간저장 해법을 마련하는 것이 시급합니다." '우리도 핵주권국이 돼야 하지 않겠느냐'는 질문에는 "공포의 균형(The balance of Terror)은 20세기가 빚어낸 시행착오로 끝나야 한다"고 답했다.

그는 장관 재임 시절 '3대강 물관리 특별법'을 둘러싼 정부와 지역주민의 첨예한 갈등을 끊임없는 소통으로 풀어낸 주역이기도 하다. 장관 화형식까지 불사했던 주민들을 일일이 만나 허물없이 대화하고 수백 통의 편지를 써서 합의점을 도출해낸 일화는 유명하다. "내가 여성이었고, 교수 출신인데다 과학자였기 때문에 가능했다고 생각해요. 직원들에게도 모든 업무를 내 가족의 일처럼 여기며 하라고 부탁했죠. 원자력 문제도 신뢰의 실마리부터 찾아야 합니다. 정치적 결정, 부처별 이익이 아니라 국민을 위한 가장 좋은 선택이 무엇인지부터 토론해야 합니다."

김명자 전 환경부 장관, 『원자력 트릴레마』 출간

—「아시아경제」, 조인경 기자, 2013.5.27

원전시설, 주민에 선택권 줘야

"원전시설을 계획하면서 지역주민들을 설득의 대상, 교육의 대상으로 봐서는 안 됩니다. 있는 그대로 투명하고 객관적인 사실만을 전달하고 선택은 주민들 스스로가 할 수 있도록 맡겨야 하는 거죠."

김 전 장관은 "전문가들이 보는 원자력 위험도와 지역주민이 체감하는 안전도 사이에는 큰 차이가 있다"며 "장기간에 걸쳐 막대한 예산이 필요한 일이지만 일반인들은 이해하기도 어렵고 깊은 관심을 가질 만한 여유도 없는 상황이다 보니 더욱 사회적 합의가 중요하다"고 지적했다.

지난 24일 원전 선진국인 스웨덴의 사용후핵연료 처리 현황을 둘러본 김 전 장관은 원전시설이 들어서는 지역에서 주민들의 반대 여론에 어떻게 대응해야 하는지 다시 한 번 확인할 수 있었다.

스웨덴은 주민들의 합의를 통해 사용후핵연료를 지하 깊은 곳에 매장하는 '직접처분' 방식으로 처리하기로 결정한 상태. 하지만 처음부터 모든 과정이 순조로웠던 것은 아니다. 현지 방사성 폐기물 관리회사 SKB 측은 최종 후보지였던 포르스마르크와 오스카르스함 지역주민들을 한명한명 직접 찾아가 궁금해 하는 부분을 쉽게 설명해주고 반대 의견에도 귀를 기울인 결과 사용후핵연료를 영구처분할 수 있는 부지를 확보했다.

김 전 환경부 장관은 "우리나라는 일반국민을 대상으로 한 원전에 대한 여론조사는 좋게 나오지만 실제 원전 관련 사업을 추진하는 데는 많은 어려움을 겪고 있다"며 "지역주민들이 얼마나 잘 이해할 수 있도록 설명하고 신뢰를 줄 수 있는가가 기본 자세"라고 강조했다.

이번 책에서 김 전 장관은 각 국가에서 시기별로 원자력 산업에 대한 여론이 어떻게 출렁거리고 정책에 어떤 영향을 미쳐왔는지를 살펴봤다. 또 후쿠시마 사고 이후 우리나라의 여론은 어떤 방향으로 변화해왔는지, 이 같은 사회적 여론이 원전 정책에 어느 정도 영향을 미치는지 등을 심층 분석했다.

김 전 장관은 앞서 후쿠시마 원전 사고 직후인 2011년 5월에도 『원자력 딜레마』라는 제목의 책을 출간한 바 있다. "딜레마가 원전을 하느냐 마느냐를 고민하는 것이라면 트릴레마는 거기에 하나 더 붙여 중도적 입장이라고나 할까요. 원전에 대해 찬성 또는 반대하는 양쪽이 상대방에 대해 서로 어떤 점을 배려해야 하고, 찬반 논리와 관련해 서로 짚어볼 부분은 무엇인지 서로 지적을 하면서 나아갈 길을 찾자는 것이 이 책의 메시지입니다."

김 전 장관은 오는 28일 오후 4시 프레스센터 19층 기자회견장에서 출판기념회를 가진다.

여성 과학자'의 시각에서 접근…… 贊反 떠나 '중간적 입장'에서 대안 모색

——「교수신문」, 최익현 기자, 2013.5.27

화제의 책 『원자력 트릴레마』

"원자력 여론을 좌우하는 요소는 무엇인지, 전문가들과 일반인의 원자력 인식이 왜 그렇게 다른지, 여성과 남성의 원자력에 대한 반응은 왜 그렇게 차이가 나는지 등등을 파헤치다 보면, 우리 사회의 쟁점으로 대두된 원자력 찬반의 본질을 이해하는 단서를 잡을 수 있다."

한국여성과학기술단체총연합회 주관 전문가 여론조사

과학기술계 원자력 인식조사(2012. 8)

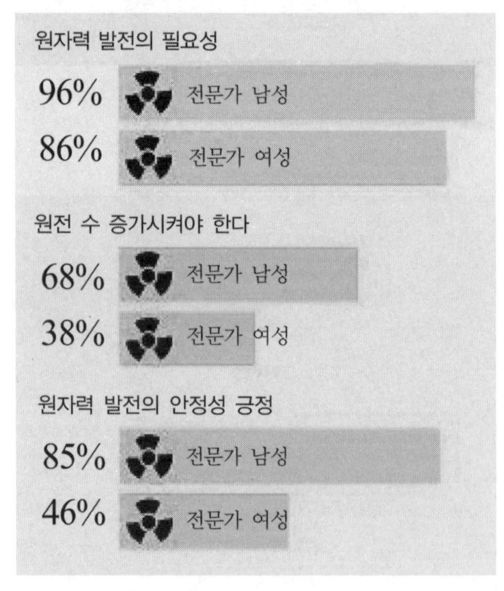

숙명여대 교수를 하다가 환경부 장관으로 국민의 정부 때 입각해서 최장수 여성 장관의 기록을 세운 김명자 한국여성과학기술단체총연합회 회장이 한국여성과학기술단체총연합회의 최경희 사무총장과 함께 펴낸 책 『원자

력 트릴레마 : 여론, 커뮤니케이션, 해법의 모색』(까치 刊)은 세 가지 점에서 흥미로운 책이다. 첫째는 단순한 찬반 논의가 아니라 '중간지대에서의 해법'을 제시했다는 점, 둘째는 '여성과총'의 '여성적' 시각을 반영했다는 점, 셋째는 원자력에 대한 각국의 여론조사를 분석했다는 점에서 그렇다. 저자들이 말하듯 이 책은 '후쿠시마 사태'에서 촉발됐다

"후쿠시마 사태는 원전의 '안전신화'에 치명타를 입혔다. 원전 사고는 다른 산업 사고에 비해서 공포와 불안의 트라우마가 크다. 원자력의 실체는 형체가 없는 비가시적인 이미지의 거대한 공포, 그 무엇이다. 유전자 돌연변이의 형태로 나에게, 우리 아이들에게 언제, 어떻게 닥칠지 모른다는 심리적 불안과 위협이 원자력 특유의 공포의 원천이다. 그래서 특히 여성이 민감하다." '여성과총'에 몸담고 있다는 현실적인 여건을 떠나 근본적으로 원자력 문제에 '여성'이 나설 수밖에 없음을 보여주는 대목이다.

민감한 여성의 눈으로 원자력 문제에 접근한다는 것은 어떤 것일까. 단순히 원전을 하자, 말자의 논의에서 벗어나서 이들은 '중간적 입장'에서 찬과 반의 논리를 짚었다. 저자들은 이렇게 말한다. "원자력이라는 민감하고 복합적인 정책을 다룰 때는 특히 '균형'이 중요하다고 생각한다. 이른바 친원전과 반원전에서 주장하는 대립되는 두 논거 사이에서 균형적 시각을 가져야 보다 합리적인 결론이 나올 수 있을 것이기 때문이다." 그래서 원자력을 '청정 에너지'라고 강조하는 것이 자승자박이 될 수 있다고 우려한다.

또, 핵연료 후행주기의 고준위 방사성 폐기물의 방사능을 처리할 수 있는 기술이 없다고 솔직히 인정한다. 그렇다고 반원전의 논리에 문제가 없는 것도 아니다. "원자력의 부정적 측면만을 부각시켜 폐기해야 한다는 주장은 우리의 에너지 안보의 현실을 직시하는 현실적 대안이 되기 어렵다. 화석연료 이외의 기저부하 에너지원으로서 대안을 내놓을 수 있는 사정이 못 되는 형편에서, 원자력은 자원 빈국인 우리가 가진 거의 유일한 경쟁력 있는 에너지 기술이기 때문이다.

따라서 미완의 기술임에도 불구하고 현존하는 기술로서 인정하고, 어떻게 합리적 운영방안을 찾고, 중장기적으로 대안 에너지원을 확보할 수 있겠는가에 초점을 맞추어야 한다고 본다." 이 책이 말하는 '중간적 입장'에서의 조심스러운 해법은 의외로 간단하다. "원자력 공학의 차가운 합리성과 시민운동의 뜨거운 감성이 만나 화해를 통해서 원자력의 난제들을 풀어나갈 수 있을 것"이라고 말하는 걸 보면 그렇다. 그래서 이들은 소통과 합의도출을 위한 메커니즘의 필요성을 강조한다. 이 메커니즘이 대화, 투명성, 민주성 위에 놓여야 한다는 주장이다.

책의 구성도 '원자력 커뮤니케이션과 PR' 부분을 강조하고, 이어 후쿠시마 사고 전후 국가별, 시기별 원자력 여론 동향도 분석했으며, 이를 바탕으로 '여성과학기술계'를 중심으로 한 원자력 여론조사 원탁 대화록을 제시하고 있다. 이 책이 분석한 원자력 여론조사도 흥미롭다.

특히 후쿠시마 사태 이후 이웃한 우리나라의 여론조사는 주의 깊게 볼 필요가 있다. 과학기술정책연구원 여론조사(2011. 12), 한국원자력문화재단 여론조사(2012. 5), 현대경제연구원 원자력 에너지 안정성에 대한 대국민 조사(2012. 3), 시민단체 여론조사 등과 '여성과총' 주관 전문가 여론조사 등을 분석한 뒤, 일본의 원전 사고, 반핵운동의 영향력이 큰 상황에서도 '부정적 반응'이 크지 않은 국내 여론의 이유를 짚었다. '발전 지향성과 에너지 안보의 필요성'에 대한 국민들의 공감이 작용하고 있다는 설명이다.

이 때문에 이 책은 무엇보다 '원자력 커뮤니케이션 모델'을 마련해야 한다고 강조한다. 이렇게 본다면 이 책은 한미원자력협정의 개정, 사용후핵연료의 중간관리 방안을 해결해야 하는 작금의 원자력 정책의 분수령에서 얽히고설킨 실타래를 풀 수 있는 '정공법'과 혜안이 필요한 정부가 먼저 필독해야 할 것이다.

최보식이 만난 사람 : 『원자력 딜레마』 김명자 전 환경부 장관

—— 「조선일보」, 최보식 기자, 2011.9.19

"전기가 끊긴 세상의 혼란을 봤다……그러나 原電에는 냉담하다"

'脫 원전 선언' 뒤 대부분 번복……프랑스, 원전 비중이 가장 높아

한국은 전력 생산 3분의 1 담당……원전시설 공격은 곧 '핵 테러'

국내 원전 점검 뒤 권고 사항 20개……'사용후핵연료' 처리 시점 임박

나는 가장 딱딱한 주제로 인터뷰를 하기 위해 김명자(67) 전 환경부 장관을 만났다. 단전 사태가 빚어진 다음날이었다. 그는 이렇게 말했다.

"전기가 끊긴 세상의 혼란을 봤다. 우리 삶은 갈수록 전기에 더 의존한다. 국내 전력 3분의 1을 원전(原電)이 만들어낸다. 그런 전기를 값싸게 쓰면서 정작 원전에는 냉담하다. 저장수조에 임시보관된 '사용후핵연료'를 꺼내 중간저장해야 하는 단계에 들어섰지만 아무도 말을 못 꺼내고 있다."

그는 장관(DJ 정부 시절 3년 8개월)과 국회의원직에서 물러난 뒤로 원자력 전문가가 되어 있었다. 곱상한 외모와는 별개다. 대학교수 시절 과학사(科學史)를 20년간 강의하면서 원자폭탄 개발에 관심을 갖게 됐다고 한다. 그녀는 얼마 전 『원자력 딜레마』라는 책을 썼고, '사용후핵연료 공론화위원장'으로 내정(2009년)되기도 했었다.

"원전에서 전기를 만든 뒤 타고 남은 핵연료를 어떻게 저장할지가 당면 과제다. 수조는 거의 포화 상태다. 중간저장 시설을 짓는 데만 20년 이상 걸린다. 지금 시작해도 한참 늦었다. 지난여름 경주에서 공개토론회를 처음 열었다. 개회사만 한 채 파장이 됐다. 지역주민들이 몰려와 단상을 점거했다."

Q. 김 전 장관은 원자력 옹호론자인가?

A. 원자력에서 보수와 진보가 갈린다. '반핵(反核)'은 좌파, 환경단체의

상징이다. 환경부 장관을 지낸 입장이라 조심스럽다. 다만 원전을 대체할 수 있는 에너지가 개발되기 전까지 우리에게는 다른 선택이 마땅치 않다는 것이다. 경제 침체와 불편한 일상, 더 비싼 전깃값을 감수하겠다면 몰라도.

우리나라에는 고리 원전 1호기(1978년)를 시작으로 현재 기준으로 21기의 원전이 가동 중이다. 전력 생산에서 석탄 비중(43%)이 가장 높고, 이어 원자력(34%)이다.

"2011년 기준 30개국에서 441기의 원자로를 가동하고 있다. 이 중 원전 비중이 가장 높은 나라는 프랑스(75%)다. 우리나라는 10위다. 원전 발전량으로는 미국, 프랑스, 일본, 러시아, 한국, 독일 순이다."

그녀의 말은 또랑또랑했다. 통계 인용은 정확했다. 그대로 받아 적어도 완벽한 문장이 됐다.

Q. 원전 강국이 프랑스인가?

A. "드골 대통령(1958-69) 때 국가위상 회복을 위한 산업진흥 정책으로 추진했다. 국민적 자부심의 대상이었다. 유럽에서 최대 전기 수출국이다."

Q. 추석 연휴 때 프랑스 마르쿨 원전의 핵폐기물 처리시설에서 폭발 사고가 있었다. 5명의 사상자가 났다. 여섯 달 전 후쿠시마 원전 사고의 기억을 떠올렸다.

A. 방사성 누출은 없었다고 한다. 폭발 원인은 아직 정확히 알려지지 않았다.

Q. 후쿠시마 원전 사고를 겪었던 일본의 간 나오토 전 총리는 "원전에 의존하지 않는 사회를 만드는 게 목표"라고 말했다.

A. 그 목표를 언제쯤 달성하겠다는 건지, 원전 의존도를 낮추기 위한 대

안은 무엇인지, 국민들이 그 부담을 얼마나 수용할 태세가 되어 있는지 등과 맞물려 있다. 이런 목표는 어느 정권에서 단기간에 달성할 수 있는 성격이 아니다.

Q. 회의적으로 보는 것 같다.

A. "당장 전깃값이 뛴다. 다른 대체 에너지를 확보해야 한다. 선진국 사례를 보면, 탈(脫)원전 정책은 정권이나 여론이 바뀌면서 오락가락했다.

Q. 후쿠시마 사태 이후, 독일은 2022년까지 원전을 폐기하는 것으로 확정하지 않았나?

A. 경제대국이 원전 없이 에너지 수요를 감당할 수 있을지 시험대에 올랐다. 처음은 아니다. 독일은 1999년 사민당, 녹색당 연립정부가 출범하자 탈(脫)원전을 선언했다. 그러나 기민당과 자민당의 연정이 승리하자 그 법안을 폐기했다. 원전 가동 시한을 12년 더 연장했다. 이번에 또다시 입장을 바꾼 셈이다.

Q. 미국도 원전 건설계획을 전면 재검토하겠다고 했다.

A. 미국은 원전 104기를 가동하고 있다. 원전 비중이 20%다. 당장 신규 건설계획이 지연될 가능성이 높다. 탈(脫)원전 바람은 그전 체르노빌 사고(1986년) 전후에도 불었지만, 늘 현실의 벽에 부딪혔다. 이탈리아, 스웨덴, 스위스, 벨기에 등이 그런 예다.

Q. 탈원전을 선언하고 지키지 못했다는 것인가?

A. 그렇다. 스위스, 네덜란드, 벨기에는 원전시설의 수명을 계속 연장하는 조치를 취하고 있다. 스웨덴은 원전을 폐쇄하기로 한 국민투표 결정을 수정해 신규 원전 건설을 승인했다. 비싼 전기료에다 전기를 수입하는 이탈

리아도 손을 들었다. 탈원전의 고통이 너무 컸던 것이다. 하지만 원전 부활 계획을 최종 승인하는 국민투표를 앞두고 후쿠시마 사태가 터졌다. 다른 정치적 이슈와 한데 묶어 투표에 들어갔고, 원전계획도 부결되었다.

Q. 원전 옹호론자는 '경제성'을 내세운다. 전기를 만드는 데 돈이 가장 적게 든다는 뜻이다. 하지만 최근 조사를 보면 꼭 그렇지도 않았다.

A. 외국의 경우 원전을 짓는 데만 평균 23-35년이 걸렸다. 설계, 인허가, 부지 선정, 건설 기간 등을 포함한 것이다. 개량형 원전의 시설수명은 가동 후 60년쯤으로 본다. 물론 발전 과정에서는 단가가 낮다. 하지만 수명이 끝나면 '사용후핵연료'를 처리하는 일이 또 남는다. 경제성 평가는 어느 단계까지 비용 산출을 하는가 등에 따라 달라질 것이다.

Q. 그럼에도 원전 건설 붐이 식지 않는 이유가 뭔가?

A. 가장 큰 명분은 기후변화 대응이었다. 화석연료에 비해 온실가스 감축 효과가 크다. 좁은 공간에 연료를 대량 비축할 수 있는 장점도 있다. 또 재생에너지(풍력, 조력)와는 발전시설 면적에서 비교가 안 될 정도로 작다. 후쿠시마 이전까지는 '원전 르네상스'가 예견됐다. 중국은 현재 11기에서 129기, 러시아는 44기에서 31기, 인도는 17기에서 44기를 추가 건설할 계획이었다.

Q. 후쿠시마 사고의 사망자가 100만 명에 이를 것으로 영국 일간지 「인디펜던트」가 보도했다. 사고 한 방이면 모든 것을 잃는다. 원전의 강점이 이런 '고(高)리스크'를 상쇄할 만한 걸까?

A. 흔히 과학적으로 원전 사고 확률은 100만 분의 1이라고 말하고 있었다. 그러나 원전 사고가 발생하는 순간 확률 개념은 설 자리가 없어진다. 원전의 생명은 '안전'과 '신뢰'다.

Q. 안전 100%가 존재할 수 있나?

A. 없다. 다만 최고의 안전을 위해 최선의 노력을 다할 뿐, 이로써 일반 사람에게 신뢰를 줘야 한다.

Q. 후쿠시마 사고가 터졌을 때 국내 원자력 전문가 중에는 "우리 원전은 절대 안전하다"고 강조하는 이도 있었다. 세상에 우리만 특별하다는 것이 맞는 소리인가?

A. 지난여름 국제원자력기구(IAEA) 시찰단이 우리 원전을 점검했다. 당시 시찰단장을 만난 적이 있다. 점검 결과, 권고 사항이 20개쯤 나왔다. 다른 선진국에 비해 좋은 평가였다. 하지만 '절대 안전'을 강조하는 것은 비합리적이다.

Q. 원전의 자체 사고위험뿐만 아니라 어떤 적대세력에 의한 원전시설 공격은 곧 '핵 테러'가 될 수 있지 않은가?

A. 내년에 '핵안보 정상회의'가 서울에서 열린다. 원래는 핵테러 방지와 핵확산 방지 등이 중심 개념이었다. 그러나 원전의 안전 문제도 핵안보 영역에 들어가는 분위기다. 후쿠시마 원전 사고를 보면서 핵 테러의 가상적 상황을 실감했기 때문이다.

Q. 대선 후보군에 속하는 어떤 정치인은 '원전 폐지'를 진지하게 고민해볼 필요가 있다고 말했다. 향후 대선에서 이런 공약이 제시될 수 있지 않을까?

A. 원자력은 정치와 무관할 수 없다. 그런 공약은 대중의 감성을 건드릴지 모른다. 하지만 책임 있는 리더라면 그 파장을 생각해야 한다. 우리나라의 에너지 안보가 특히 취약하다는 점을 고려해야 할 것이다.

Q. 노르웨이, 오스트리아 등에는 아예 원전이 없다고 들었다.

A. 노르웨이는 인구가 우리의 10분의 1, 오스트리아는 6분의 1이다. 작은 인구에 비해 국토가 넓다. 굳이 원전을 안 해도 된다. 재생 에너지 활용에도 유리한 조건을 지니고 있다. 우리 산업은 에너지 다소비 구조다. GDP 1달러를 올리는 데 드는 에너지 양이 일본의 3배다. 전기료도 대체로 싼 편이다. 지난 25년간 우리나라 일반 물가는 3배 가까이 올랐다. 전기료는 10% 정도 올랐다. 그나마 이렇게 전기료를 붙들어맨 것이 원자력이다. 앞으로는 오르게 될 것이다.

Q. 정치 지도자가 원전을 찬성하면 괜찮고, 반대하면 포퓰리즘이 되는가?

A. 우리의 에너지 환경을 정확히 진단하고 국가 에너지 계획을 바로 세운 뒤에 원전 정책을 결정하는 것이 맞다. 원전을 할 거냐 말 거냐부터 결정하면 국민에게 큰 부담이 될 것이다. 이런 문제는 사회적 합의를 바탕으로 결정되는 것이 옳다.

Q. 원전 정책결정에서 사회적 합의를 거친다는 말을 많이 하는데, 너무 모호하다.

A. 맞는 지적이다. 무엇을 어떻게 한 것을 두고 사회적 합의라고 할지 기준이 모호하다. 원전사업에서 지역사회와의 갈등을 예방하고 해소한 성공 모델은 있다. 영국, 캐나다, 스웨덴, 프랑스 등에서 설계한 모델을 벤치마킹할 수 있을 것이다. 그러나 한국적 상황을 고려해야 할 것이다.

Q. 우리 현실에서 솔직히 그런 모델이 통할 것으로 보나?

A. ……사실 자신이 없다. 중저준위 방사성 폐기물(원전에서 사용됐던 장갑, 작업복 등 쓰레기) 처리장을 선정하는 데만 10년 넘게 난리가 벌어졌다.

외국에는 이런 사례가 없다.

Q. 주민투표로 결정짓는 것은 어떤가?

A. 하다 하다 안 되니까 국내외를 막론하고 주민투표 방식이 도입됐다. 그렇게 결론 내는 것이 민주적으로 인식되는 경향이다. 하지만 이런 투표에도 허점은 있다. 행정구역상 시설 입지에서 먼 쪽 주민의 비율이 높은 상황에서는 지지율이 높게 나타난다. 결과가 왜곡될 소지가 있다. 또 작은 표 차이로 선정된 부지가 입지 조건상으로는 탈락 부지보다 훨씬 못한 경우가 생긴다. 결국 사회적 협상 능력의 미흡함이 투표로 귀결되는 측면도 있다.

Q. 현실적으로 원전 외에 다른 대안이 없다 해도, 앞으로 우리나라에서 과연 원전을 지을 수 있을까?

A. 나도 그게 의문이다. 지금까지는 원전을 지어 생산하는 데만 초점이 맞추어졌다. 하지만 수명이 다 되어가는 원전들이 나오고 있다. 그리고 무엇보다도 거기서 타고 남은 고준위 방사성 폐기물(사용후핵연료)을 관리해야 하는 단계로 진입한다. 우리 사회의 수용성이 새로운 도전에 직면할 것이다. 이 과정이 순조롭지 못하면 원전을 새로 짓는 것이 더 어려워질지 모른다.

Q. 현 정권에선 이런 논의가 진행되지 않나?

A. 뜨거운 감자를 누가 만지려고 하겠나.

Q. 다음 정권에서는 불가피하게 직면할까?

A. 더 이상 미뤄둘 순 없는 시간이 다가오고 있다. 아무도 반가워하지 않겠지만.

고준위 방폐물 이대로 놔둘 것인가—『원자력 딜레마』 책 펴낸 김명자 전 환경부 장관

——『주간조선』, 박영철 차장, 2011.6.6

최근 『원자력 딜레마』란 책을 펴낸 김명자 전 환경부 장관은 "미국이 스리마일 섬 원전 사태 때 폐로 문제까지 해결하는 데 14년가량이 걸렸다"며 "일본 후쿠시마 원전 사태는 몇 년 단위가 아니며, 최소 스리마일 원전보다 더 오래 걸릴 것"이라고 전망했다.

김대중 정부 때 환경부 장관을 지낸 김 전 장관은 '헌정 사상 최장수 여성 장관'이란 타이틀을 갖고 있다. 경기여고와 서울대 화학과를 졸업하고, 미국 버지니아 대학에서 박사학위를 받았다. 한국과학기술한림원 종신회원으로 『과학혁명의 구조』, 『엔트로피』 등의 외국 서적을 번역하고, 『동서양의 과학 전통과 환경운동』 등 다수의 저서도 펴냈다.

김 전 장관은 이론과 정책 입안, 정책 집행의 삼박자를 갖춘 여성 과학자로 손꼽힌다. 지금도 한국과학기술원(KAIST) 과학기술정책대학원 초빙교수로 강단에 선다. 지난 5월 31일 서울 시청 인근 한 식당에서 그를 만났다. 67세 나이에도 그는 각종 수치와 과학 용어를 섞어가며, 일본 후쿠시마 원전 사태와 국가 에너지 정책에 대한 의견을 밝혔다.

"일본은 후행주기 연구개발"

"1979년 스리마일 섬 원전 사태 때 가장 큰 충격은 원전 사태 그 자체라기보다는 오히려 '어떻게 기술대국 미국에서 이런 일이……'라는 것이었습니다. 이번 후쿠시마 원전 사태도 비슷합니다. '어떻게 안전강국이라고 생각하던 일본에서 이런 일이'란 것이 충격적이었죠. 물론 쓰나미라는 자연재해로 비상사태가 유발된 것은 사실이지만, 사고 대처 과정에서 일부 원인과 사후처리가 '인재(人災)'란 것이 드러났으니까요."

후쿠시마 원전 사고는 김 전 장관에게도 '충격'이었다. 그에 따르면 '기술의 일본'에서 터진 후쿠시마 원전 사태로 원전 사고 확률이 '100만 분의 1' 또는 '100만 분의 2'라는 홍보문구는 신뢰를 상실했다. 100만 분의 1에 해당하는 사고가 실제로 터졌기 때문이다. 일본의 원자력 기술을 기준치로 삼던 우리의 믿음도 허상으로 드러났다.

김 전 장관이 『원자력 딜레마』란 책을 집필한 것도 이 때문이다. 그는 지난 3월 11일 동일본 대지진 이후 후쿠시마 원자력 발전소가 폭발한 지 일주일 만인 3월 18일부터 집필에 몰두했다. 마침 한 토론회에서 일본 마쓰야마대의 장정욱 교수가 "자신이 갖고 있는 원자력 교양서적만 180종인데, 한국의 한 서점에는 세 권밖에 없더라"고 말한 것이 그의 집필 의지를 자극했다.

무엇보다 그는 "원전 사고가 자연재난으로 인한 특수 상황이라고 보지 말 것"을 지적한다. "한국형 원전을 수출했다는 것은 우리도 원자력 선진국 반열에 접어든 것"이라면서도 "일본의 원자력 기술 수준은 우리보다 절대 뒤지지 않는다"고 했다. 일례로 "일본은 핵 재처리에도 손을 대는 등 우리보다 원자력 기술의 보폭이 더 넓다"고 했다.

그는 '핵연료 후행주기 기술'을 화두로 던졌다. 핵 발전에는 핵연료 선행주기와 후행주기가 있다. 선행주기란 핵연료를 원자로에 넣어 타기까지의 과정을 말한다. 후행주기란 타고 남은 재에 해당하는 사용후핵연료를 원자로에서 꺼내 임시저장한 뒤 중간관리하고 처분하는 과정까지를 가리킨다. 현재로는 재처리하는 국가도 있으나, 최종적으로 고준위 방사성 폐기물을 영구처분한 국가는 아직 없다. 우리나라도 원자로의 안전성과 핵연료 효율을 높이는 선행주기에만 초점을 맞추고 있다.

더욱이 고준위 방사능의 사용후핵연료를 중준위로 낮춰 안전성을 높이는 처리 기술은 없다. 원자로의 시설수명이 30-60년에 이르고 원전 건설에 치중하다 보니 후행주기의 연구개발 필요성이 후순위로 밀린 셈이다. 이번 후쿠시마 원전 사고에서는 사용후핵연료를 저장하는 저장수조에서도 사고가 번졌다. 이에 그는 "이번 사태는 사용후핵연료 저장관리의 안전성에 경각심을 일깨우는 계기가 됐다"며 "사용후핵연료의 고준위를 낮추는 연구개발에도 눈을 돌려야 할 것"이라고 말했다.

"안전성에 대한 신뢰가 관건"

원자력 발전의 필요성을 묻는 질문에 그는 "우리나라의 에너지 안보 여건상 최선의 선택은 아닌 건 분명하지만 현재로서는 불가피한 선택"이란 입장을 보였다. "재생 에너지 기반이 잘돼 있는 독일은 원전 정책을 재검토할 수 있지만, 우리는 에너지 해외 의존도가 세계 최고 수준이고, 현재 재생 에너지 비중이 너무 낮아서 단기간에 급격한 정책 전환을 하는 결정을 내릴 여건이 못 되는 것이 고민이다"라고 했다. 김 전 장관은 또 "원전을 축소 또는 폐기하는 논의로 번지겠지만, 전기요금을 비롯한 에너지 가격에 대한 조정이 시급하다. 다른 에너지를 써도 되는데, 가장 비싼 전기를 낭비하고 있는 현실을 타개해야 하기 때문이다. 다만 국민 부담이 커지는 것처럼 보이는 부분에 대해 정확한 내용을 설명할 수 있어야 할 것이다"라고 덧붙였다.

우리나라는 원자로 수와 발전량 기준으로 미국, 프랑스, 일본, 러시아에 이어 세계 5위다. 원전 의존도는 2011년 3월 기준 34%로 일본의 29%보다 높다. 각 원전 부지별로 임시저장 수조에 들어가 있는 사용후핵연료는 몇 년 내에 포화되기 시작한다. "우리의 에너지 환경에서 무턱대고 원자력 발전을 중단하는 것은 현실성이 떨어지나, 원전을 지속하기 위해서는 안전관리에 대한 국민 신뢰를 얻는 것이 필수"란 것이 그의 지론이다.

김 전 장관은 최근 논란이 된 고리 원전의 수명 연장에 대해서도 안전이 기준이 돼야 함을 강조했다. 후쿠시마 원전 사고도 설계수명을 연장한 원전에서 일어나다 보니 수명 연장이 더욱 도마 위에 올랐다. 우리나라의 경우도 계속운전이 허가된 고리 1호기에서 부품 고장이 문제가 되다 보니, 2007년에 설계수명을 연장한 것이 더욱 쟁점이 된 측면이 있다. 고리 원전은 당초 가동 연한이 30년이었고, 안전 점검 절차를 거친 뒤 계속운전을 하도록 허가되었다. 세계적으로 원전의 가동 연한은 60년으로 늘어나는 추세이고, 중간저장 기간도 크게 늘리는 방향으로 가고 있다.

김 전 장관은 이와 관련, "수명을 연장할 것이냐 말 것이냐 하는 논란에 앞서 먼저 안전성을 담보할 수 있다는 것이 확인돼야 한다"고 말했다. "원자로를 폐쇄하는 데에는 짓는 것만큼 큰 비용이 들고 20년 이상이 소요됩니다. 어느 정부도 원전의 경제성을 간과할 수 없습니다. 때문에 안전성을 기준으로 시설을 보강하고 계속 운전하는 방식으로 나가고 있는 것이지요."

그는 또 "스리마일 섬 사고 때는 미국 원자력규제위원회(NRC)가 과도하게 피해를 예측하고 주민을 이주시킨 게 오히려 '오버'라는 비판을 받기도 했다"며 "정부는 모자람도 없고 지나침도 없이 대처하는 것이 중요합니다. 무엇보다도 있는 그대로 보여주고 이해할 수 있도록 해야 합니다. 따라서 정확한 예측 능력과 철저한 대비가 되도록 관리 역량과 기술을 갖추어야 합니다"라고 강조했다.

"에너지부로 통합방안 검토 필요"

김 전 장관은 국가 에너지 정책에 대한 소견도 밝혔다. 원전 정책은 전체 국가 에너지 정책과 맞물려 있기 때문이라는 것이다. 우리의 에너지 해외 의존도는 97%다. 자원 빈국이 수출 위주의 경제구조를 갖고 있고, 국가 에너지 효율은 지극히 낮다. 경제협력개발기구(OECD) 평균치의 56%에 불과하고, 일본의 3분의 1에 머물고 있다. 에너지 생산단가가 가장 높은 전기 의존도를 합리적으로 조정하기 위해서는 에너지 가격의 합리화를 위한 세제 체계 조정이 불가피하는 것이다.

"전기 에너지는 전력 생산과 송배전에서 66%가 상실됩니다. 미국의 계산치인데, 새로운 전력 인프라를 갖춘 나라에서도 별로 다르지 않습니다. 때문에 전력 부문은 세계적으로 기후변화 대응의 녹색기술 혁신에서 가장 눈총을 받고 있습니다. OECD 국가들과 비교하면 우리는 전기요금이 상대적으로 저렴합니다. 이 때문에 전기 보일러와 전기 장판 등을 틀어놓게 되는 셈이죠.

그러나 정부나 정치권은 전기요금 인상을 주저하고 있습니다. 서민생활에서 물가 잡기가 중요한 것은 누구나 알고 있습니다. 전기요금을 올리면 공산품 등이 줄줄이 오르게 될 테니까요. 그러나 실제로 제조업에서 전력이 차지하는 비용은 그리 높지 않은 것으로 조사되고 있습니다. 이런 모든 데이터가 투명하게 공개되고 사회적으로 공론화가 되어야겠지요."

"이 문제를 계속 끌고 가는 것은 결국 에너지 비효율을 계속 끌고 가는 결과가 되고, 그로부터 초래되는 에너지 낭비는 세금으로 때우게 되므로 결국 국민 부담으로 귀결되는 것"이라고 말했다. 그는 에너지 효율을 높일 수 있는 국가 에너지 효율화 계획과 실천방안을 행동에 옮기는 것이 가장 중요한 일이라고 매듭지었다.

김문이 만난 사람 : 김명자 前 환경부 장관에게 들어본 '원전 해법'

──「서울신문」, 김문 편집위원, 2011.6.3

"스웨덴 33년 걸려 방폐장 선정 마쳐. 정부 답 제시보다 국민과 소통해야"

#장면 1 영화 「그날이 오면」은 핵전쟁의 참상을 그린 작품이다. 그레고리 펙과 에바 가드너의 열연도 있었지만 핵이 인류에게 어떤 재앙을 가져다주는가 하는 문제를 심도 있게 다뤄 1962년 개봉 당시 세계적 센세이션을 일으켰다. 이 영화는 2000년에 리메이크가 될 정도로 유명하다. 인상적인 것은 핵전쟁으로 전멸해버린 도시 어디에선가 발신되는 모스 신호를 추적해가는 미해군 잠수함 승무원의 모습이었다. 인류의 생존 가능성을 찾을 수 있다는 한 가닥 기대를 갖고 떠나는 장면이 압권이다.

#장면 2 만약 히틀러가 원자폭탄을 개발했다면? 상상만 해도 끔찍한 일이다. 하지만 실제 그럴 뻔했다. 1938년 독일의 과학자 오토 한과 프리츠 슈트라스만은 우라늄235의 연쇄 핵반응 실험에 성공한다. 그러자 핵무기가 만들어질 것이라는 이야기가 나돌기 시작했다. 이 무렵 레오 실라르드, 유진 위그너 등의 과학자들은 "히틀러가 원자폭탄을 개발하느니 서방 측이 먼저 만드는 것이 낫다"고 생각했고 때마침 나치의 유태인 탄압으로 미국 망명길을 택했다. 실라르드는 미국으로 건너간 뒤 아인슈타인을 찾아가 루스벨트 미국 대통령 앞으로 보내는 원자폭탄 제조와 관련된 편지에 서명해달라고 설득한다. 결국 이 편지가 발단이 돼 미국은 1939년 '우라늄 위원회'를 결성했고, 1941년 일본군의 진주만 공격을 계기로 원자폭탄 개발에 박차를 가하게 된다.

후쿠시마 원전 사고 이후 '원전'이 중요한 화두로 떠올랐다. 원자력이 인류에게 어떤 재앙을 가져올지, 그 비극적인 결과를 생생하게 보면서 일반인들도 높은 관심을 갖게 됐다. 후쿠시마 원전 사고가 비록 이웃나라 일이기는 하지만, 우리나라에서도 그러지 말라는 법은 없으니 말이다. 세계 각국도 원전 정책에서 중대 고비를 맞고 있다.

김명자(67) 전 환경부 장관은 헌정 사상 최장수 여성 장관, 국민의 정부 최장수 장관 등의 기록을 갖고 있다. 당시에도 그의 행보가 화제였지만 지금도 사단법인 그린코리아21포럼 이사장, 사회통합위원, 저탄소 녹색성장 국민포럼 공동대표, 극지포럼 공동대표, 헌정회 이사 등 왕성한 사회활동을 펼치고 있다.

이런 그가 최근에 『원자력 딜레마』라는 책을 펴내 화제가 되고 있다. 후쿠시마 원전 사고를 접하면서 집필을 시작해 두 달 만에 책을 완성할 정도의 놀라운 필력을 과시해 눈길을 끈다. 3년째 그린코리아21포럼 이사장을 맡고 있는 김 전 장관을 지난달 30일 오후 서울 시내 음식점에서 만났다. 자연스럽게 책과 원자력 얘기부터 나왔다.

"이웃나라 일본에서 벌어진 후쿠시마 사태로 인해 전 세계적으로 원전 정책이 고비를 맞고 있습니다. 이것은 특별한 의미를 가지고 있지요. 1979년 미국의 스리마일 섬 사고, 1986년 체르노빌 사고, 후쿠시마 원전 사고 등의 역사적 사건으로부터 무엇을 배워야 할지, 원자력의 안전성 확보를 위해 징검다리 에너지로 어떻게 활용할 것인지, 또한 원전 수출국이 된 전환기에 어떻게 원자력 관리에서 선진적 역량을 발휘할 것인지 다시 생각해야 할 중대 기로에 섰습니다. 뿔뿔이 나뉜 원자력에 대한 '부분의 관점'을 통합해 국가 차원의 '총체적 관점'을 정립해야 할 때라고 봅니다."

책을 내게 된 배경에 대한 설명이다. 김 전 장관은 익히 잘 알려진 여성 과학자다. 그렇다면 원자력에 대해서는 언제부터 관심을 가졌을까. 그는 이 물음에 과학사(科學史)를 공부하면서 원자력을 알게 됐다고 말했다.

"원자력 공학을 전공한 스페셜리스트는 아닙니다. 그러나 20여 년간 제너럴리스트로서 원자력과 인연이 좀 있지요. 1992년 『현대사회와 과학』(동아출판사)을 펴낼 때 원자폭탄 역사를 중점적으로 다뤘고 대학 강단에서 과학사 과목을 가르칠 때 이런 부분을 강조했습니다. 따지고 보면 과학자들이 인류 문명사의 재앙인 원자탄 개발이라는 '해서는 안 될 일'을 했지요. 원자력 과학자들은 연구 목표에만 몰두하여 가공할 파괴력, 즉 인류 역사에 어떤 의미가 될 것인지 인문사적인 부분을 놓쳤다고 생각합니다."

김 전 장관은 책을 내면서 4주 만에 원고를 탈고했다. 그는 이번 책이 '마지막'이 될 것이라고 했다. 눈물이 나는 데다가 평소 원자력에 대한 정열을 한꺼번에 다 쏟았기 때문에 미련이 없다는 뜻이기도 했다. 그는 1994년 석사과정 학생들을 지도하면서 '원자력의 문화사적 이해'와 '원자력의 사회적 이해' 등의 논문을 내놓을 만큼 이 분야에 관심을 가지고 있었다. 이 과정에서 원자라는 비가시적 실체의 원자력에 지구를 몇 번 날리고도 남을 파괴력이 숨어 있다는 사실에 대해 과학자들이 어떻게 인식했는지 살피고자 했다.

이야기를 다시 후쿠시마로 돌렸다. 원전 르네상스라는 말이 앞으로도 통할지 궁금했다. "세계적으로 동력을 얻고 있던 원전 확대 정책에 일단 찬물을 끼얹은 격입니다. 더욱이 안전관리를 잘하는 기술강국으로 알려졌던 일본에서 체르노빌 급의 심각한 사고가 났으니 충격이 클 수밖에 없습니다. 어쨌거나 원전 정책은 사회적 수용성을 중시하지 않을 수 없으므로 정책 추진이 지연되거나 정책이 바뀌는 상황이 벌어질 것입니다."

그렇다면 후쿠시마 사고가 우리나라에 미치는 영향은 어느 정도일까. "우리나라 원전 발전 비중은 전기 에너지의 34%로 세계 5위의 원전국입니다. 재생 에너지 비율은 2%도 안 되지요. 나날이 전기화되고 있는 상황에서 에너지 안보는 매우 취약합니다. 후쿠시마 사고가 발생하면서 세계적으로 원전 정책이 한바탕 고비를 맞게 됐습니다. 우리나라도 마찬가지입니다. 우선은 사회적 비용을 최대한 줄이면서 원자력 담론을 슬기롭게 정리해야 합니다."

우리나라 원자력계가 시급히 대응해야 할 과제는 무엇일까. 그는 "원자력 안전규제 체제의 독립성과 투명성, 그리고 신뢰성을 강화해야 한다"고 강조했다. 아울러 "신규 원전 건설과 기존 원전의 수명 연장 기준을 재검토해서 기술적 보완의 여지를 살피고, 안전과 기술개발 부문의 국제협력 체제를 구축해야 한다"고 말했다.

그는 평소 '에너지 리더십'을 주장했다. 앞으로는 정치권의 역할이 무엇보다 중요할 때가 아니냐고 질문했다. "원전 정책은 에너지 리더십뿐만 아니라 팔로어십까지 갖추어야 풀 수 있습니다. 따라서 정부가 일방적으로 정답으로 제시하는 것이 아니라 일반국민, 그리고 지역사회가 함께 그 답안의 모색을 향해 나아갈 수 있도록 투명한 토론 공간을 마련해야 합니다. 정치권은 그 장을 펼치는 촉매 역할을 해야 합니다."

원자력은 인류 미래의 필요한 에너지로 남아 있어야 할까. 아니면 재앙이 우려되므로 궁극적으로는 없애야 할까. "새로운 지속가능한 에너지 체계가 구축될 때까지 징검다리 에너지로서 원자력의 기능은 여전히 중요합니다. 따라서 원전의 위험성만 부각시키기보다는 최대한 원전의 안전성을 보장하는 부분에서 답을 찾도록 해야 할 것입니다."

원전 정책만 따로 떼어서 보는 것보다는 국가 에너지 정책의 틀을 놓고 따져 보는 '에너지 리더십'이 무엇보다 중요하다고 거듭 강조한다. 이 대목에서 김 전 장관은 정부와 사회의 협력으로 스웨덴의 사례를 설명했다. "최근 스웨덴은 고준위 방폐물의 최종처분 부지 선정을 완료했습니다. 법 제정부터 시작해 33년이 걸렸고, 11년 걸려 시설을 짓는 중입니다. 이처럼 긴 호흡으로 지역사회와 대화하면서 신뢰를 바탕으로 함께 결과를 만들어가야 합니다."

이를 위해 김 전 장관은 "원자력에 관련되는 광범위한 전문가 그룹이 관리방안에 대해 합의할 수 있는 과학적 근거를 도출하고, 다음 단계로 그것에 근거하여 일반 공론화를 추진한다는 얼개가 중요하다"면서 상충되는 모든 의견은 테이블 위에 올려놓고 끝장토론을 거쳐서라도 견해차를 좁혀가야 한다고 말했다.

원자력, 공포의 핵인가 에너지의 샘인가

——「동아일보」, 허진석 기자, 2011.5.28

그렇다. 오늘날 원자력은 딜레마다. 동일본 대지진과 지진해일(쓰나미)은 지나간 일이 됐지만 방사능의 공포는 여전히 현재진행형이다. 형체도 냄새도 없이 후쿠시마를 점령한 방사능은 일대를 유령의 세계로 만들었다. 이곳에서 나온 방사성 물질은 전 지구적으로 확산 중이며 독일 집권연정이 이 영향으로 지방선거에서 연패하는 등 세계가 '원자력 고민'에 빠졌다. 원자력을 이용할 것인가, 폐기할 것인가.

전 환경부 장관으로 2009년 '사용후핵연료 공론화위원장'으로 내정되었던 저자가 인류의 고심거리로 떠오른 원자력 이용 문제를 과학사적, 문화사적 배경과 함께 짚어가며 원자력 이용의 미래를 그렸다.

• 원자폭탄의 개조로 탄생한 원자력 발전

원자력에 대해 일반인이 가지는 이미지는 결코 긍정적이지 않다. 특히 후쿠시마 원자력 발전소 붕괴 같은 사고가 발생하고 나면 원전 반대 여론이 비등한다. 저자는 방사성 물질에 대한 이런 공포에 대해 "인류사회가 원자력에 대해 갖고 있는 공포의 이미지는 사회적 유전자로 전승되고 있는 것인지도 모른다"고 표현했다. 그만큼 뿌리가 깊다는 의미다.

이런 공포의 배경에는 현재의 원자력 발전이 원자폭탄 원리의 변형이라는 사실이 한몫을 한다. 제2차 세계대전 때 미국이 개발한 원자폭탄은 과학적 연구 결과를 폭탄이라는 실물로 실현하기 위해 2년여 동안 3,000여 명의 과학자가 미국의 로스앨러모스에 '원자도시'를 이루어 살면서 급박하게 완성했다.

저자는 "원자폭탄이 먼저 개발되지 않았더라면 원자로는 원자폭탄을 개조한 것이 아니라 효율성과 안정성을 획기적으로 높인 모델로 나왔을지도 모른다"고 말한다. 원자폭탄이 만들어지지 않았더라도 아인슈타인이 질량과 에너지 관계를 밝힌 방정식($E = mc^2$)을 발견했던 이상, 과학자들은 언젠가 원자핵의 극미한 질량 변화를 천문학적 에너지로 바꾸는 일에 성공했을 것이라는 설명이다.

• 방사능의 '원초적' 공포

원자폭탄의 엄청난 파괴력에 대한 짐작은 원자폭탄이 등장하기 전부터 문학작품에 등장해 소수의 고의로 전 세계가 파멸될지도 모른다는 공포를 부각시켰다. 마녀나 악마가 차지하고 있던 악역의 자리를 과학이 대신했다는 것이다. 1913년 영국의 소설가이자 역사가인 허버트 웰스(H. G. Wells)가 공상 과학소설 『해방된 세계(*The World Set Free*)』에서 원자력에서 비롯된 아마겟돈과 황금시대를 동시에 이야기한 것이 대표적이다.

1945년 일본에 투하된 원자폭탄으로 인류에게 원자력의 이미지는 공포 일색으로 각인됐다고 저자는 지적한다. 태평양 전쟁에서 전쟁 통신원으로 일한 존 허시가 1946년 8월 발간한 『히로시마』는 미국에서 베스트셀러가 됐고, 고등학생의 필독서가 되면서 원자폭탄의 공포를 증폭시켰다. 피폭의 참상을 담은 허시의 책은 방사선에 피폭된 사람들의 참상을 그대로 보여줌으로써 방사성 물질에 대한 공포를 키웠다. 원폭에 대한 공포는 이어 「그날이 오면(On the Beach)」 같은 몇몇 영화로 재현됐다.

1960년 이후는 원전에 대한 찬성과 반대의 대결구도가 두드러지는 시기였다. 반핵론자들은 원자력 산업뿐만 아니라 현대사회의 계급구조와 기술로까지 대상을 확대했고, 보수 진영은 새로운 기술을 좀 더 광범위하게 확대시켜야 한다고 맞섰다. 1969년 대도시 뉴욕 인근에서 일어난 스리마일섬 사고와 1986년 옛 소련의 체르노빌 사고는 인류에게 다시 원자력에 대한 공포를 키웠다.

• '징검다리 에너지'로서의 원자력

2003년 8월 미국 동부에서 대규모 정전 사태가 발생했다. 전력의 안정적인 공급이 얼마나 중요한지를 일깨우는 사건이었다. 25시간 동안의 정전으로 뉴욕 시 1,700여 곳의 상점이 약탈당했고 재산 피해만 1억5,000만 달러에 달했다.

전체 발전량 중에서 원자력은 계절 변화에 관계없이 항상 일정한 출력을 유지하는 기저부하 부분을 담당한다. 반면 천연가스와 석유, 석탄 등 화석연료는 전력 수요가 일시적으로 높아질 때만 투입된다. 그만큼 원자력은 온실가스 감축에 기여를 하고 있다.

이 때문에 후쿠시마 사고 이전까지 미국과 유럽의 주요국들이 현실적인 대안으로 원자력을 택한 것이 엄연한 현실이었다. 우라늄의 채굴과 농축, 원전의 운영과 해체 등 전 과정에서 발생하는 온실가스 배출량은 화석연료 발전소의 1-2% 수준으로 재생 에너지와 비슷한 것으로 산출된다. 경제성이나 에너지 안보(에너지 수입이 중단되더라도 화석연료는 20일만 버틸 수 있는 반면에 원자력으로는 2년 이상 가동이 가능) 측면에서도 원자력은 유리한 점이 많다.

지금까지의 기술로는 신재생 에너지로 현대사회의 전력 수요를 감당하기가 아직은 벅찬 상태다. 친환경적인 신재생 에너지로 가기 전까지 기존 산업구조와 도시 인프라를 지탱할 수 있는 '징검다리 에너지'로 원자력을 이용해야 한다고 저자는 말한다.

아울러 한계와 필요성이 동시에 존재하는 원자력 딜레마를 풀기 위해서는 원자력을 다루는 사회적 합의방식을 바꿔야 한다고 지적한다. 권위주의 정부 시절의 사업추진 방식이었던 결정-발표-옹호-포기(Decide-Announce-Defend-Abandon) 방식을 버리고, 시민사회와 정부, 원자력계가 함께 결정하고 추진하는 방식을 하루빨리 도입해야 한다는 데 책의 방점이 찍힌다.

사용후핵연료 처리, 스웨덴처럼 30년 끝장토론 해서라도 해결봅시다

—「조선일보」, 김수혜 기자, 2011.5.28

사용후핵연료 쌓이는데 처리 방향도 못 정해

'강행 → 반발 → 무산' 반복

일본 대지진으로 15미터 넘는 파도가 후쿠시마 원전을 덮쳤을 때 김명자 전 환경부 장관은 생각했다. '자, 터졌다. 이제 뻔하다.' 일본 걱정이라기보다 일본 때문에 한국에 닥칠 어려움 쪽이 선명하게 다가왔다. '우리 국민도 불안해지겠구나', '핵폐기물 처리방법을 공론화하긴 어렵겠구나' 하는 생각이었다.

봄날 서울 용산 연구실에서 만난 김 전 장관은 "앞으로 5년이면 그동안 사용후핵연료를 임시저장해온 수조가 꽉 찬다"고 했다. "정부와 전문가 그룹이 이 문제를 어떻게 차근차근 공론화할지 2009년부터 3년째 연구하고 있었어요. 저도 참여했지요. 최종 보고서를 쓰고 있을 때 하필 일본처럼 안전관리 잘하기로 소문난 나라에서 대형 사고가 터진 겁니다."

방사성 폐기물에는 강한 방사능을 뿜는 고준위 폐기물과 그보다 덜한 중저준위 폐기물이 있다. 사용후핵연료는 고준위다. 지금은 임시저장 수조에 쌓고 있지만 수조가 꽉 차면 ① 재처리 ② 직접처분(깊은 땅에 영구 매장) ③ 중간저장(임시저장하며 처리기술 발전 관망) 중 하나를 택해야 한다. 김 전 장관은 "전 세계 원전하는 나라 30개국 중에서 ①-③ 중 어느 길을 택할지조차 결정 못한 나라는 우리밖에 없다"고 했다. 왜 이런 상황이 벌어졌을까.

정부는 1986년 "고준위와 중저준위 폐기물을 한꺼번에 처리하는 시설을 95년까지 짓겠다"고 했다. 부지 후보로 차례차례 거론된 안면도, 굴업도, 부안 주민들이 격렬하게 반발했다. 결국 정부는 고준위 폐기물은 놔둔 채급한 대로 경주에 막대한 인센티브를 주고 중저준위 폐기물 처리장만 짓고 있다. 그러나 문제를 덮어둔다고 문제의 원인(고준위 폐기물)까지 어디론가 편리하게 사라지진 않는다.

"과거에 정부가 뚜렷한 목표와 원칙을 지키지 못하면서 하향식으로 밀어붙인 결과로 보아야겠지요. 선진국에서도 방폐물 관리는 아주 어려운 정책 과제로서 시행착오를 겪지 않은 경우가 없습니다. 결국 거버넌스 체제로 바꾸면서 해결을 하게 됐지요. 우리도 모든 의견을 테이블 위에 올려놓고 '전 국민 끝장토론'을 벌여야 할 겁니다. 오래 걸리더라도 대다수가 진심으로 수긍할 수 있어야 정책 추진을 할 수 있습니다."

김 전 장관은 책에서 ▲ 국내외 원전의 역사와 현황 ▲ 후쿠시마, 스리마일, 체르노빌 등 역대 주요 원전 사고 ▲ 우리가 당면한 과제를 일목요연하게 정리했다. 다른 나라는 사용후핵연료 문제를 어떻게 풀어가고 있는지도 간명하게 정리했다. 김 전 장관은 "찬성하건 반대하건 모두 납득할 수 있도록 토론 자료를 마련한다는 심정으로 썼다"고 했다.

2011년 기준, 세계 30개국에서 가동 중인 원자로는 총 440기. 이 중 21기가 한국에 있다. 한국은 원자로 수 기준 세계 5위의 원전대국(원자력 발전 비중 34.1%)이다. 자원 없이 수출로 먹고사는 나라에서 에너지도 확보하고 온난화도 잡으려면 무턱대고 원전을 안 지을 수는 없다. 실제로 한국은 최근 100년간 연평균 기온이 세계 평균치보다 두 배 상승했다. 유례없는 속도다.

다만 원전은 일단 사고가 났다 하면 대재앙이다. 우리 안전 수준을 끌어올리는 것도 중요하지만, 우리만 잘한다고 다 해결되는 일도 아니다. 가령 중국은 그들의 동해안에 원전을 집중 건설 중이고 북한은 핵무기를 개발했다. 둘 다 "국제적 안전기준을 철저하게 지킨다"는 소리는 별로 못 들어본 국가다.

우리 앞에 펼쳐진 길은 모두 험로(險路)다. ① 재처리는 현실적으로 '논외'에 가깝다. 재처리 과정에서 플루토늄(핵무기 원료)이 나오는데, 우리는 그걸 막는 한미원자력협정(2014년 만료)에 묶여 있다. ② 직접처분의 경우, 해외에서도 이 길을 택한 몇몇 나라 중에 핀란드가 건설 중이고 부지 선정을 마친 나라는 스웨덴 정도이다. ③ 중간저장 역시 얼핏 들으면 쉬워 보이지만, 간단치 않다. 우리나라 원전 부지가 동해안과 서해안에 분산돼 있는 점을 감안하면 중앙집중식으로 건설하는 경우 사용후핵연료를 수송하는 일부터 보통 난제가 아니다.

김 전 장관은 "지금 당장 ①–③ 중 어느 쪽이 좋다고 왈가왈부할 게 아니라 어떤 방식으로 중지를 모아야 할지부터 고민해야 한다"면서 "스웨덴이 33년 걸려 결정한 뒤 11년 걸려 시설을 짓는 것처럼, 돌아가는 길이 가장 빠른 길"이 될 것이라고 했다.

김 전 장관은 인센티브로 해결하는 방안에 회의적이었다. 해외에서도 낙후된 지역이 처리장을 유치하면 중앙정부가 도로 등 인프라를 확충해주지만, 지역에 직접 현금을 쏟아붓진 않는다. 김 전 장관은 "원전 문제는 결국 리더십뿐만 아니라 '팔로어십(follwership, 추종력)'으로 풀어야 한다"고 했다.

"정부는 '(경주의 경우) 그래도 돈 써서 그나마 일이 된 것 아니냐'고 하는데, 고준위 폐기물은 그런 식으로 해결되지 않을 것입니다. 정부가 국민에게 일방적으로 정답을 제시하려 들지 말고 '정부의 임무는 정부와 시민사회가 힘을 합쳐 정답을 찾을 수 있도록 토론의 틀을 마련하는 데까지'라고 생각했으면 해요."

원자력 트릴레마

여론, 커뮤니케이션, 해법의 모색

김명자, 최경희

**학계, 행정부, 입법부에서 독보적 경륜을 쌓은
대표적 정책 전문가이자 여성 과학자의
원자력 갈등 해법**

2011년 3월, 일본 후쿠시마 원전 사고 이후, 한국 원자력계는 트릴레마(trilemma)에 빠져 있다. 후쿠시마 사고 직후 『원자력 딜레마』를 출간, 원자력 갈등의 성격과 정책 방향을 제시한 저자가 각고의 노력 끝에 상재하는 『원자력 트릴레마』는 한미원자력협정의 개정과 사용후핵연료의 중간관리 방안을 해결해야 하는 원자력 정책의 분수령에서 얽히고설킨 실타래를 풀 수 있는 명쾌한 정공법과 탁월한 혜안을 보여주고 있다. 후쿠시마 원전 비상사태 이후 세계를 뒤흔든 탈도 많고 말도 많은 원자력의 쟁점을 해부한다.

원자력 여론은 왜 국가마다 시기마다 출렁거리는가? 언론보도는 여론의 향방에 어떻게 영향을 미치는가? 원자력 정책은 여론의 영향을 얼마나 받는가? 찬반 갈등의 해소에 원자력 커뮤니케이션은 무엇을 해야 하는가? 우리 사회의 원자력 갈등 해소에 이정표를 세울 원자력 커뮤니케이션 모델은 어떤 것인가? 전문가 그룹과 일반인의 원자력 인식은 왜 다른가? 남성과 여성의 원자력 인식은 왜 그렇게 다른가? 진보와 보수의 원자력 인식은 어떻게 다른가? 원자력 논쟁의 본질을 파헤치고 통합적 시각을 확보하기 위한 단서는 어디에 있는가? 원자력을 두고 대립하는 두 시각을 잇는 세 번째 시각은 무엇인가? 원자력 딜레마에서 트릴레마로……. 찬성과 반대로 나뉜 두 진영 사이에서 제3의 중간지대를 만든다.

인터넷 바다에서 우리 아이 구하기

김명자 편저

'청소년의 인터넷 중독' 이대로 좋은가
어머니의 마음과 과학자의 눈으로
각계의 전문가들이 참여하여 그 해법을 모색하다

우리나라는 세계에서 가장 빠른 인터넷 속도와 가장 높은 스마트폰의 보급률로 앞선 정보통신기술을 자랑하고 있다. 이 이면에는 게임에 중독된 청소년들이 일으킨 살인사건이나 패륜적인 범죄들이 심심치 않게 벌어지고 있다. 16세 미만의 청소년에게 심야시간의 인터넷 게임 제공을 제한하는 제도인 "셧다운제"의 도입과 같은 정부 관계 부처의 정책도 마련되고 있지만, 그 실효성에는 지속적으로 의문이 제기된다. 인터넷 중독과 관련된 이슈에 대해서는 도박 중독이나 알코올 중독에 비해서 관련 연구나 해결 방안에 대한 자료가 미흡한 실정이다.

한국여성과학기술단체총연합회는 어머니의 마음과 과학자의 눈으로 청소년의 인터넷 중독이라는 '뜨거운 감자'에 손을 댔다. 그리하여 정책을 비롯하여 의학, 교육, 심리학 등 관련 분야의 국내외 전문가를 모시고, 정책 수요자인 청소년과 학부모가 함께 하는 대화의 장인 "청소년 인터넷 건전문화 정착을 위한 국제 포럼"을 열었고, 전문가 포럼, 청소년 포럼, 학부모 워크숍이 이루어졌다. 인터넷 중독에 대한 이해를 넓히고, 인터넷 중독의 예방과 치유에 나설 수 있는 계기를 마련해줄 이 책은 전공 연구자들뿐만 아니라 학부모들과 청소년들이 반드시 읽어야 할 필독서이다.